プロダクトマネージャーのしごと
第2版

1日目から使える実践ガイド

Matt LeMay　著

永瀬 美穂、吉羽 龍太郎、原田 騎郎、高橋 一貴　訳

Product Management in Practice

SECOND EDITION

A Practical, Tactical Guide for Your First Day and Every Day After

Matt LeMay

Beijing · Boston · Farnham · Sebastopol · Tokyo

日本語版の内容について、株式会社オライリー・ジャパンは最大限の努力をもって正確を期していますが、本書の内容に基づく運用結果について責任を負いかねますので、ご了承ください。

第2版への推薦の言葉

黙ってこの本を買いましょう。本書では、今日のプロダクト担当者がリモートもしくは対面で直面した現実世界の難問から得た貴重な教訓を余すことなく教えてくれます。プロダクトを作るのがあなたの仕事なら、キャリアを通じて探し続けてきた答えがここにあります。

―― **スコット・バークン**

『イノベーションの神話』著者

21 世紀では、プロダクトマネジメントはいちばん求められている役割の 1 つです。そして、いちばん間違って理解されている役割であり、期待されることもまちまちです。本書では、この役割に必要なこと、期待値、現実を探り、それらを実例を交えながら見事に解説しています。プロダクトマネジメントは選ばれたわずかな人たちしかできないという神話に挑み、誰もが使える「プラクティス」を作り上げています。現在未来のプロダクトマネージャーのみなさんは、今の自分のキャリアに関わらず、本書をリファレンスとしてデスクに備えておくようにお勧めします。

―― **プラニータ・プラカー**

Broadcom Software プロダクトマネジメント担当ディレクター

プロダクトマネジメントの仕事には唯一の正しいやり方はありません。それに気づいて、日々の曖昧さや妥協を乗りこなすための不可欠なガイドとなるのが本書です。マットは、理論の先へとあなたを導き、現実世界で仕事を成し遂げる本当の方法を解説しています。本書に含まれるプロダクトマネージャーの実践者たちの話が、彼の知見を裏打ちしています。

―― **マーティン・エリクソン**
Mind the Product 共同創業者、『Product Leadership』著者

本書には、プロダクト担当者たちが日々経験する複雑さや曖昧さがすべて含まれています。プロダクトマネジメントを一握りのフレームワークに簡略化しようとするものでもありません。代わりに、他のプロダクト担当者がどう仕事に取り組んでいるかを示す現実世界の話が満載で、実践的かつ実用的なガイドになっています。さまざまな業界や組織のシニアプロダクトマネージャーたちから直接学んだ経験を構成し直し、簡潔なまとめや簡単に使えるチェックリストの形で学びを集約しています。

―― **ペトラ・ウィル**
『Strong Product People』著者、プロダクトリーダーシップコーチ

ジュニアなプロダクトマネージャーも経験豊富なマネージャーも、プロダクトマネジメントの世界に詳しくないエンジニアも、プロダクトチームの有効性を上げて素晴らしいイノベーションを推進する良い方法を探している幹部も、本書は必読です。今日の現実に即した説得力のある話、たくさんの実用的なヒントやチェックリストが含まれています。無味乾燥のつまらないマニュアルと違って、本書はこの役割の現実世界での複雑性や、プロダクトマネージャーが日々扱う状況や制約に焦点を当てています。本書は、プロダクトマネジメントの役割の人間的な性質、人やものをつなげる性質、厄介な性質を見事にとらえています。プロダクト組織の読書会にぜひ加えたい 1冊です。

―― **シャーロン・ア・アルバレス**
Salesforce アジャイルデリバリー＆トランスフォーメーション部門
シニアマネージャー

私の知る限り、マットは最高のプロダクト専門家の 1 人で、話をするたびにプロダクトマネジメントの真髄が明らかになります。本書は、そのような会話を幅広いプロダクトコミュニティが活用できるようにしたものです。マットの経験と、日々の困難を

考えるための新しい道を開いて広げるという彼の最高のスキルによって、読者を成長させてくれます。

—— **アダム・トーマス**
Approaching One プリンシパル

マット・ルメイはプロダクトマネジメントの解明における指導的役割です。プロダクトマネジメントのキャリア全体を取り巻く多くの複雑性や不確実性に対する彼の実用的なアプローチを反映したのが本書です。マットは、この仕事が人間性を維持しつつ達成すべき共通のゴールを持つという、複雑なものであることを理解しています。そして、この状況を何とかするための実行可能なステップを私たちに教えてくれます。マットが言うように「不快に足を踏み入れる」のです。マットが書いたものはすべてお勧めです。私たちが作り出したものや規律の進化について語った第 2 版が読めることにワクワクしています。

—— **クリフ・バレット**
ChowNow プロダクト担当 VP

第1版への推薦の言葉

プロダクトに関する日々の仕事の細かいところは、自分でそれをやってみて身に付けるしかありません。マット・ルメイは、経験豊富なプロダクトマネージャーたちのケーススタディとフレームワークを織り交ぜながら、プロダクトマネジメントの仕事の重要な要素を教えてくれるとともに、それを強固なものにしてくれます。

—— **エレン・チサ**

本書は、プロダクトマネジメントの日々の仕事についての素晴らしい実践入門です。マットは、プロダクトマネジメントを具体的な責任や行動へと分解しており、新任のプロダクトマネージャーが全体像を描き、計画を立て、プロダクトを構築し、スムーズなプロダクト開発プロセスを監視できるようにしてくれます。新任のプロダクトマネージャーが最初に手にすべき本です。

—— **ブレア・リーブス**

『Building Products for the Enterprise』著者

本書の特筆すべき点は、専門用語にとどまらず、プロダクトマネジメントの実践的な課題に焦点を当てて、実行可能なヒントを提供してくれることです。私は、章を読み進めるごとに笑顔でうなずいていました。プロダクトマネージャー全員にお勧めの1冊です。

—— **プラディープ・ガナパティラジ**

Sinch プロダクト担当 VP、元 Yammer プロダクトマネジメント部門長

本書は、実際にこの仕事をしたことがあって、プロダクトマネージャーが日々直面する本当の課題を理解している人物による、大胆かつ正直なプレイブックです。マッ

ト・ルメイの実用的なアドバイスは、経験豊富なプロダクトマネージャーも、これから プロダクトマネージャーになりたい人も必読です。

—— **ケン・ノートン**

優れたプロダクトマネージャーになりたいなら、フレームワークやツールの枠を越えなければいけません。本書は、正直かつ謙虚に、深い理解をもとにして、プロダクトマネージャーの日々の現実をとらえることで、これを実現しています。現実の成功例や失敗例、すべてのプロダクトマネージャーが陥るよくある誤解をたくさん紹介しており、素晴らしいプロダクトを作ることは、素晴らしい関係性を築くことに他ならないと気づかせてくれます。プロダクトマネージャーも、これからプロダクトマネージャーになりたい人も、素晴らしいプロダクトを作ることに興味がある人も必読です。

—— **クレイグ・ヴィラモア**

Stash プリンシパルデザインアーキテクト、元 Salesforce プロダクト担当 VP

序文

　「自分はプロダクトマネージャーとして十分ではないのでは？」と初めて悩んだときのことを覚えています。5秒前にカギをどこに置いたのかは思い出せなくても、この経験は自分の脳裏に焼き付いています。2011年のことでした。私は飛行機に乗って、ミーティングのためにサンフランシスコにある会社のオフィスに向かいました。オフィスは、マーケット・ストリートとカーニー・ストリートの交差点のモナドックビルにありました。会議室はライムグリーンの壁で、灰色のソファがあり、壁一面がホワイトボードになっていました。私は、自分の案件のメリットについて、他のプロダクトマネージャー2人と議論していました。2人は、自分たちの案件を魅力的にいともたやすく説明しており、本当に感心しました。彼らは業界や会社の統計データをスラスラと暗唱し、もし聞かれたら「全世界にピアノの調律師は何人いるのか？」といった質問にも答えられそうでした。彼らがアフリカ訛りで「コンニチワ」と挨拶し、彼らの休暇帰りの肌と私の肌を合わせて「あなたくらい黒くなったかも」と言っていても、私は彼らのようになりたいと思いました。それでも私が感心したのは、知識が豊富で自信にあふれていて、馬鹿にされても許せるような人……それが良いプロダクトマネージャーだと思っていたからです。

　私は、自分が準備していた案件について、この2人から暗黙の了解をもらおうとしていました。でも、そうはならず、2人は私を詰めました。

「グレッグの承認をもらうにはNPVの値が低そうだけど、仮説は何？」

「売上原価は自分は使ってない数字なんだけど、どこから持ってきたの？」

「この件の完全なプロフォーマはしたの？　バージョンは？」

「エピックは何？」

「これをサポートチームと一緒にやるって言ったけど、サポートチームはコストセンターなのはわかってます？　サポートチームを巻き込むと経費が増えるんですけど？」

「これって内部向けの機能で、競合相手に優位に立つのには役立たないと思うんですが。これでは単なる底辺への競争では？」

質問がどんどん飛んできて答えられませんでした。気づいたら、私は会話から外されていました。「もう！ この2人にとって十分なくらい速く答えられないなら、グレッグが質問してきたときにどうやって自分の立場を守り通せばいいの？」と思いました。顔から血の気が引くのを感じ、同僚たちの得意げな顔を見て、負けを認めました。「ああ、次のミーティングに遅れちゃう」と言って、全速力で会議室を出ました。

そのミーティングでは、聞かれた質問に答えることができましたが、それ以上に、経験上大きな欠陥に思えるようなことを見つけて解決できることにワクワクしました。サポートチームは重要な検証の源でした。というのも、サポートチームは顧客との最初の防衛線で、顧客のフィードバックをこの問題に結び付けることができるためです。私は、なぜこれが顧客にとって素晴らしいのか、そして結果的にビジネスにとっても素晴らしいのかについて話したかったのです。でも、良いプロダクトマネージャーの定義は、会社中心のBHAG（大きくて、難しくて、大胆なゴール）を持つ新しくて明快な財務モデルを社内に広めることができる人でした。同僚と私は違う言葉をしゃべっていたのです。

プロダクトマネジメントは難しい仕事です。会社によって違った姿になることがあるからです。自分のキャリアをふりかえっても、確かに違っていました。2つ前の会社では、分析的なプロダクトマネージャーが非常に重視されていました。達成しなければいけないゴールがあり、リーダーは売上ゴールに整然とつながる財務モデルを持つ「大きな岩」のアイデアを生み出す方法を知っているプロダクトマネージャーを好んでいました。直近の会社では、関係性の構築に価値を置き、チームをプロダクト、デザイン、エンジニアリングが三位一体で率いるユニットとみなしていました。次の会社では、プロダクト主導の成長戦略を作れることが、重要な評価基準となるでしょう。

でも、どこのデジタル組織でも経験するであろうプロダクトマネジメントの普遍的な真実があります。プロダクトマネージャーはプロダクトを作るわけではありませんが、リリースから結果まで説明責任があります。プロダクトマネージャーはリサーチチームや分析チームと協力して、ビジョンを作り、そのビジョンを**全員に**広め、幹部とプロダクトチームから賛同を得て、障害を取り除く必要があります。

この役割には度胸が必要です。そして忍耐力、謙虚さ、レジリエンスも必要です。この仕事は大変ですが、とてもやりがいがあります。プロダクトがローンチされるのを見ると素晴らしい気分になります。アイデアを最速で検証できるときはなおさらで

す。会社のあらゆる階層と横断的に仕事をすることになります。チームとプロダクト
を作るなかで、顧客やパートナーと話をすることになります。プロダクトマネジメン
トはあなたに自信をもたらし、自分の行動を顧客や会社の成功へつなげることを容易
にします。

　でも、11 年前の鮮明な記憶が示すように、プロダクトマネジメントは人の最悪の
ところを引き出すこともあります。プロダクトを作るというのは、英雄的なミッショ
ンではありません。ステータスや称賛を求めている人にとっては難しいものです。プ
ロダクトの「ミニ CEO」になるとか、他の人に何をするかを伝えるのが仕事だと考
えてこの領域に足を踏み入れる人がたくさんいます。他にも、私がかつて憧れたプロ
ダクトマネージャーのように、他人のアイデアを良くするために協力せず、ケチをつ
ける人たちもいます。

　自分があんなプロダクトマネージャーのようになりたいと思っていたころに戻っ
て、本書を読めたらよかったのにと思います。マット・ルメイは、ユーモアと寛大さ
を持ちながら、実際に良いプロダクトマネージャーを作り出すものは何なのか（コ
ミュニケーション、協力、ユーザーから学ぶこと）、悪いプロダクトマネージャーを
作り出すものは何なのか（防御的、傲慢、幹部に取り入る）を詳細に説明しています。
自分が読んだプロダクトマネジメントに関するもののどれよりも、本書はキャッチー
な略語や単純化されたフレームワークを超えて、私たちの仕事のカオスな現実につい
て語っています。

　Mailchimp で最高プロダクト責任者をしていたとき、マットと一緒に仕事をして、
組織全体でプロダクトマネジメントの実践をレベルアップさせる機会に恵まれまし
た。本書の第 2 版を読むと、前例のない世界的なパンデミックのなかですばやく適応
し顧客にフォーカスするなかで、私たちのチームが乗り越えてきた困難と似たものが
多数含まれているのがわかります。燃え尽き症候群や疲労に悩まされている多くのプ
ロダクトマネージャーに対して、本書は本当に必要とされている慰めとガイドを提供
してくれます。

　私が 20 年のプロダクト経験で学んだのは、財務モデルの詳細化は素晴らしいスキ
ルであるものの、正直なところ、チームの信頼を得られなかったり、顧客の問題を解
決できなかったりしたら意味がないということです。私たちは、自分たちの分野から
縄張り意識や防御意識を取り除かなければいけません。本書は、私たちにより良い道
を示してくれます。本書を楽しんで読んでください！

2022 年 3 月

ナタリア・ウィリアムス

まえがき

　この本の初版を書いたのは 2017 年の春でした。ありがたいことに、そこから大きく変わったことはあまりありませんでした。

　冗談はさておき、本書を改訂し拡張する機会に恵まれたことに非常に感謝しています。初版を読み返してみると、ここ 4 年間で自分の考え方が完全に変わったことに驚きます。この不確実で困難な状況を進むなかで、読者のみなさんも同じような経験をされていると思います。みなさんの経験や見地から、本書の内容に合意できない点もあるでしょう。あなたのプロダクトマネジメントのやり方が成熟を続けている良い兆候です。

　その点について私が驚いたことは、初版でインタビューした人のうちの多くが、唯一の「正しい」プロダクトマネジメントの方法があるという考え方に、真っ当な理由で深い疑念を抱くようになったことです。今回のインタビューの内容をひとことでまとめるとすれば、「会社でプロダクトマネジメントを正しくやらせようとするのは放っておいて、仕事にベストを尽くすことに集中すべきだった」ということです。

　すべてを理解できた人などいない、ということに気づいている組織の数が十分に増えた結果であると私は考えています。またここ 2 年の経験から、「これさえやればうまくいく」という宣言が、それまでよりはるかに絵空事に聞こえるようになったとも考えます。世界はすごい速さで変化していて予測はできないというのは、かつては使い勝手のいいただの決まり文句でしたが、今では経験にもとづく現実であると実感するようになりました。

　私は、今こそがプロダクトマネジメントの喜びを取り戻す良い機会であると信じています。この役割の解消できない曖昧さ、世界の抗うことのできない複雑さには、すごく良い面があります。新たに学ぶべきこと、新たに語るべき物語、新たに対応すべき状況、新たにやらかす失敗、新たに取り組むべき課題、新たに獲得できる適応能力

と粘り強さ……。そういったものが、私たち自身のなかで、そして他の人たちとの関係のなかで尽きることはないのです。次に待ち受けるのがどんなことでも。

ポートランド、オレゴン州

2022 年 3 月

マット・ルメイ

はじめに

なぜ本書を書いたのか？：プロダクトマネージャーとしての初日

プロダクトマネージャーとして初日を迎えるにあたって、私はこれ以上はできないと思うくらい準備を重ねてきたつもりでした。ユーザー体験の基本原則を予習し、プログラミングスキルを磨き、ソフトウェア開発の方法論を学ぶなど、熱心に取り組んできました。アジャイル開発宣言を暗記し、MVP や漸進的な開発といった言葉をいつもの会話のなかで使えるようになっていました。新しい職場の上司はプロダクトマネージャーではありませんでしたが、プロダクトマネージャーと一緒に働いた経験がたくさんあり、プロダクトマネージャーがどんな人たちなのかを知っていました。自席の片づけを終えて、その上司に、付け焼き刃で大量の本を読破した若者らしく、鼻息荒く話しかけました。

「この仕事にガッツリ取り組めることにワクワクしているんです。最新版のプロダクトロードマップはどこにありますか？ 四半期のゴールと KPI は何ですか？ ユーザーニーズをより深く理解したくなったら誰と話したらよいですか？」

彼は疲れた顔で「君は賢いんだから」と大きく息をつき、「自分で考えてください」と言いました。

これは望んだ回答からはかけ離れたものでしたが、プロダクトマネジメントについて重要なことを教えてくれました。実際の現場でアドバイスをもらうのは非常に難しい、ということです。ありとあらゆる本を読み、ありとあらゆる「ベストプラクティス」を学んだのに、デスクに戻って感じたのは「いったい一日何をしたらいいんだ？」でした。ロードマップがなかったら、どうやってロードマップを管理すればいいので

しょうか？　プロダクト開発のプロセスがなかったら、どうやってプロセスを監督すればいいのでしょうか？

　キャリアの初期には、この多くは開発ペースが速く職務定義が緩いせいで起きることで、スタートアップで働くのにはつきものだと思っていました。でも、さまざまな規模や種類の組織にコンサルティングやトレーニングを提供するようになって、同じようなパターンを目にしました。プロセス重視のエンタープライズ企業であっても、プロダクトマネジメントの実際の仕事は、合間時間や陰で行われているようでした。プロダクトのアイデアは、計画会議ではなくコーヒーブレイク中にさかんに議論されていました。厳格に規定された大規模アジャイルフレームワークは、抜け目ない政治で骨抜きにされていました。整ったフレームワークとプロセスより、雑多な人間同士のコミュニケーションが支配的でした。そして、私がプロダクトマネージャーの初日に感じた疑問は、組織の大小、最先端のスタートアップか動きの遅いエンタープライズ企業、新任か経験豊富かに関係なく、どんなプロダクトマネージャーでも、いまだに誰もが一度は抱くものでした。

　理想的なプロダクトマネジメントと実際のプロダクトマネジメントは大きく違います。理想では、プロダクトマネジメントは、人に愛されるプロダクトを作ることです。実際には、直面する非常に多くの根本的な問題を漸進的に改善する戦いを意味します。理想では、プロダクトマネジメントは、ビジネスゴールとユーザーニーズによる三角測量です。実際には、ビジネス「ゴール」が実際に何なのかを明確にする取り組みを粘り強く続けることを意味します。理想では、プロダクトマネジメントは、上級者が行うチェスのようなものです。実際には、100のチェッカーを同時に進めるかのような感覚に陥ります。

　こういったことから、本書は素晴らしいプロダクトを作るためのステップバイステップの手引きではないですし、ましてやプロダクトマネジメントの成功を保証するフレームワークや技術的な概念のリストでもありません。本書は、どんなツールやフレームワーク、「ベストプラクティス」でも対処できない課題をあなたが乗り越えられるようにするのを目的としています。曖昧さや矛盾、しぶしぶする妥協といった、日常的なプロダクトマネジメントの実践についての本です。端的に言えば、私のプロダクトマネージャーとしての初日に必要だった本であり、そのあとも何度も何度も必要としてきた本です。

対象読者

　プロダクトマネジメントは、ユーザーニーズとビジネスゴールをつなぎ、技術的実現性とユーザー体験をつなぎ、ビジョンと実行をつなぐという他に見られない役割です。そのプロダクトマネジメントの「人やものをつなげる」という本質ゆえに、その役割は、つなげようとしている人や視点、役割によって違う見え方になることを意味します。

　このようなことから、何が「プロダクトマネジメント」で何がそうではないのかを定義することさえ、かなり難しいことなのです。本書では、プロダクトとその周辺をつなぐ役割の集まりを全部まとめてプロダクトマネジメントと呼ぶことにします。それは、働く場所と仕事内容によって「プロダクトマネージャー」「プロダクトオーナー」「プログラムマネージャー」「プロジェクトマネージャー」あるいは「ビジネスアナリスト」と呼ばれているかもしれません。

　組織によっては、プロジェクトマネージャーやプログラムマネージャーが、ビジネスによって空いたままになっている戦略的な隙間を埋めるのを非公式に期待していることもあります。かつて働いていた組織の「ビジネスアナリスト」は、ある朝、幹部の命により魔法にかけられたように「プロダクトマネージャー」に姿を変えていましたが、日々の職責がどう変わるかや、理由については明らかではありませんでした。

　肩書きや、ソフトウェアのツール、プロダクトマネジメントの方法論は、役割にほとんどないある種の構造と確実性を与える1つの方法です。しかし、プロダクトマネジメントの成功とは、肩書きやツールやプロセスの問題というより、実践の問題です。私はヨガや瞑想の実践と同じようにこの言葉を使っています。時間と経験によって構築されることで、事例と教育だけでは学ぶことができません。

　本書は、実世界のプロダクトマネジメントの実践に対する理解を深めたいすべての人のものです。プロダクトマネジメントが初めての人には、日常の仕事の現実から何を期待できるか、明確で正確なイメージを提示したいと思っています。経験のある人には、本書が何度も現れる課題と障害にどう対処していくのかの指針を提供できたらと思っています。その他の人には、なぜあなたの周りのプロダクトマネージャーが四六時中疲れ切っているのかを理解する手助けになればと思います。いざ、計画を立てたり、課題を解決しようとしたりしているときには、プロダクトマネージャーが本当に頼りになる存在であることもわかってもらえるでしょう。

本書の構成

　本書のそれぞれの章は、個別のテーマに沿った構成になっていますが、それぞれの
テーマは必然的に重なりあっています。最初のほうの章で紹介するいくつかの概念が
あとの章で参照されていたり、あとの章で詳しく取り上げるアイデアが、始めに提示
されていたりします。実際のところ、プロダクトマネジメントとはきちんと整理され
た教科書ではなく、相互に関連するシリーズ物の小説のように感じられることのほう
が多いのです。

　本書では、ロードマップのための特定のツールや、アジャイル開発の方法論、プロ
ダクトライフサイクルのフレームワークなどの詳細は取り上げません。バグトラッキ
ングのプラットフォームの選び方や、中規模のスタートアップにおけるプロダクト
チームの開発手法、ユーザーストーリーの見積りフレームワークといった非常に便利
な情報は世に満ちあふれています。本書の目的は、プロダクトマネジメントを実践す
るときにあなたが使うであろう何らかの具体的なツールを解説することではなく、ど
んなツールに出会ってもそれをうまく使いこなせるようになってもらうことです。

　同じく、組織全体で見たときに「プロダクトマネジメントがうまく機能しているか
(プロダクト主導で動けているか)」についても、詳細には取り上げません。ほとんど
の現役のプロダクトマネージャーは、組織がプロダクト開発全体をどのように考え
るかという点に対しては、あまり影響力がありません。CxO などのプロダクトリー
ダーすら、あなたが想像するほど、本人が望むような影響力はありません。のちほど
詳しく取り上げますが、組織が「プロダクトを上手に作れない」と嘆いたところで、
たいてい膨大な時間の無駄で、ストレスを溜めるだけです。

　話を単純にするために、プロダクトを届ける対象を「ユーザー」と一般的に表現
し、ときおり「顧客」とも呼びます。すべてのプロダクトが使う人からお金をもらう
わけではないですが、すべてのプロダクトは誰か、あるいは何かから利用されます。
たとえば B2B のソフトウェアの販売では、「顧客」と「ユーザー」は違う場合があ
りますので、両者のニーズを理解し、つなげる必要があります。この区別とプロダク
トデザインへの影響をより詳しく知りたい場合は、ブレア・リーブスが書いた記事
「Product Management for the Enterprise」(https://oreil.ly/i3Jk7) を読むこと
をお勧めします。

　最後に、本書はプロダクトマネジメントへの大まかな入門用の用語集を目指しては
いません。新しい考え方、概念、略語に出会ったら、時間を作って調べてみてくだ
さい。

現役プロダクトマネージャーのストーリー

よく知られていることですが、現役のプロダクトマネージャー同士の会話には、同じ秘密を知っている者同士のような共犯者的な雰囲気があります。気になる人向けに明かしておくと、その秘密とは、プロダクトマネージャーの仕事は、広く誤解されていて、本当に本当に本当に難しいということです。プロダクトマネージャーは「ベストプラクティス」より「苦労話」を共有しがちですし、自分たちが成し遂げた華々しい成功の話よりも、失敗談を話す傾向があります。

このような会話が役立つかもしれない人のために、本書では現役のプロダクトマネージャーの話を載せています。ほとんどの話は「プロダクトマネージャーとしての初日に聞ければよかった話を何か 1 つ挙げてください」という質問から始まりました。ほとんどの話はフレームワークやツール、方法論に関することではなく、人に関することです。数名のプロダクトマネージャーは、プロダクトマネージャーのキャリアで遭遇するであろう、関連しそうな問題を複数に分けて話をしてくれましたが、それを 1 つにまとめると、より全体的なイメージが描けるようになっています。

一部の話は、話してくれた人に直接帰属する話であり、一部は匿名化、一部は複数の情報源から構成されています。しかし、これらすべては、現場の面倒で複雑なプロダクトマネジメントの現実を表しています。私自身、こういった話からたくさん学んできて、今でも学び続けていますし、みなさんにもそうであってほしいと願っています。

チェックリスト

本書の各章は「チェックリスト」という行動可能な ToDo リストで終わっています。プロダクトマネジメントは目まぐるしくて抽象的なものですが、本書の第一の目的は現役のプロダクトマネージャーに役立つこととしています。それぞれの「チェックリスト」の項目は、その章で詳しく説明した考え方にもとづいて行動を起こせるように要約したものです。

オライリー学習プラットフォーム

オライリーはフォーチュン 100 のうち 60 社以上から信頼されています。オライリー学習プラットフォームには、6 万冊以上の書籍と 3 万時間以上の動画が用意されています。さらに、業界エキスパートによるライブイベント、インタラクティブなシ

ナリオとサンドボックスを使った実践的な学習、公式認定試験対策資料など、多様な
コンテンツを提供しています。

https://www.oreilly.co.jp/online-learning/

また以下のページでは、オライリー学習プラットフォームに関するよくある質問と
その回答を紹介しています。

https://www.oreilly.co.jp/online-learning/learning-platform-faq.html

お問い合わせ

本書に関する意見、質問などは、オライリー・ジャパンまでお寄せください。

株式会社オライリー・ジャパン
電子メール：japan@oreilly.co.jp

本書の Web ページには、正誤表やコード例などの追加情報を掲載しています。

https://oreil.ly/prod-mgmt-in-practice-2e（原書）
https://www.oreilly.co.jp/books/9784814400430（和書）

この本に関する技術的な質問や意見は、次の宛先に電子メール（英文）を送ってく
ださい。

bookquestions@oreilly.com

オライリーに関するその他の情報については、次のオライリーの Web サイトを参
照してください。

https://www.oreilly.co.jp
https://www.oreilly.com（英語）

謝辞

メアリー・トレセラー、アンジェラ・ルフィーノ、ローレル・ルマ、メグ・フォーリー、そしてオライリー・メディアのみなさん、「非常に声が大きく意見の多いプロダクトマネジメントの本」という提案を現実のものにしてくれたことに感謝します。

アマンダ・クイン、スザンヌ・マククエイド、そして再びアンジェラ・ルフィーノ、この第2版を実現させるための世話係を買って出ていただいたことに感謝します。

公式・非公式を問わず、執筆中にフィードバックをくれたみなさんに感謝します。

ナタリア・ウィリアムスの図太さと忍耐力、謙虚さ、レジリエンスに感謝します。

ミハイル・ポジンの良い質問をするための支援に感謝します。

ティム・カサロラの良い言葉を見つける支援に感謝します。

ケン・ノートンがドーナツを持ってきてくれたことに感謝します。

マーティン・エリクソンがコミュニティを気にかけてくれたことに感謝します。

ロジャー・マゴウラスが私を仲間に引き込んでくれたことに感謝します。

話を共有してくれたすべてのプロダクトマネージャーに感謝します。そして、話を集めるプロセスを整理するのを手伝ってくれたみなさんに特別な感謝を伝えます（プロダクトマネージャー、ですよね？）。

自分のプロダクトマネジメントのキャリアで、良いときも悪いときも、文字どおりの涙を流したときも比喩表現としての涙を流したときも、これまで共に働くことができたすべての人に感謝します。みなさんの我慢強さと寛大さはいつだって自分にとって世界そのものです。

ジョシュ・ウェクスラーの今までで最高のコーヒーミーティングに感謝します。

アンディ・ワイスマンがかつて私に賭けてくれたことに感謝します。

サラ・ミルスタインがすべてを始めてくれたことに感謝します。

ジョディー・レオの特別に良いタイミングでくれた励ましの贈り物に感謝します。

トリシア・ワンとサニー・ベイツが本物のパートナーシップの力を教えてくれたことに感謝します。

メッセージを小難しくしないでくれた母に感謝します。

嫌々ながらも揺るぎのない学びへの愛をくれた父に感謝します。

ジョアンがくれるすべてのこと、毎日に感謝しています。

目 次

14章 プロダクトマネージャーのなかのマネージャー（プロダクトリーダーシップ編） …………………………………… **229**

15章 良いときと悪いとき ………………………………………… **251**

1章
プロダクトマネジメントの実践

Sinch のプロダクト担当 VP で、かつて Yammer でプロダクト担当部門長だった
プラディープ・ガナパティラジに、入社するプロダクトマネジメント担当者に理解し
ておいてほしい責任について最近聞いたところ、こんな答えでした。

- チームメンバーのベストを引き出す
- 自分と一緒に働く直接のインセンティブがないような、自分の直属のチーム以
  外の人と一緒に働く
- 曖昧さに対処する

3つめについて、「何が必要かを実際に把握するスキルは、そのあとで何かをするス
キルと同じくらい重要だ」と付け加えました。

これらの答えでいちばん衝撃的なのは、どれもプロダクトそのものと関係ないこと
でしょう。多くの人が「みんなが愛するプロダクトを作る」という言葉に魅力を感じ
て、プロダクトマネジメントに飛び込んできます。確かに、人に実際に価値を提供で
きるプロダクトを生み出すのは、プロダクトマネジメントにおける最も重要な側面
の1つで、やりがいもあります！ でも、こういったプロダクトを届けるための日々
の仕事は、コミュニケーションやファシリテーション、支援の仕事のほうが多く、**作
る**という仕事はそれより少ないのです。プロダクトマネージャーがソフトウェア開
発、データ分析、マーケット開拓戦略などの専門知識をどれだけ持っていようと、周
りの人たちの協力がなければ成功できません。こういった人たちも、それぞれが複雑
で理解の難しいニーズ、野心、疑問、制約を抱えています。

本章では、現実世界でのプロダクトマネジメントの実践について議論し、プロダク
トマネージャーが自らの役割への期待と現実が一致しない場合に陥りがちな罠を取り

上げます。

1.1　プロダクトマネジメントとは？

　今やプロダクトマネジメントの定義は、プロダクトマネージャーの数だけあるように思うかもしれません。いずれの定義も、特定の個人や組織がプロダクトマネジメントをどう考えているかを理解するのに役立ちます。多くの定義が互いに、少しずつですがはっきりと矛盾しています。そして、1人のプロダクトマネージャーがこのキャリアを歩むなかで遭遇するであろう日々の幅広い経験をすべて網羅するような定義は、1つとしてありません。

　つまり、プロダクトマネジメントを知りたければ、何か1つ「正しく」定義するだけではダメで、そもそも定義が不可能だということを理解しなければいけません。プロダクトマネジメントをめぐる多くの議論を見てきましたが、そこで「定義」を考えるよりも**説明**について考えるほうが役に立つと思うようになりました。プロダクトマネジメントを説明するあらゆる文章が、その著者独自の視点と経験に根ざしていることがわかったからです。

　プロダクトマネジメントに関する説明のうちで特に役立つのが、メリッサ・ペリの素晴らしい著書『プロダクトマネジメント』（オライリー、原書 "Escaping the Build Trap" O'Reilly）のものです。この本でペリは、プロダクトマネージャーはビジネスと顧客のあいだの価値交換の管理人であると述べています。それがいかに大きくて、重要で、複雑なタスクであるかを考えれば、プロダクトマネジメントがどうしてこんなにも難しいのかがよくわかるでしょう。

　では、この困難な取り組みを果たすための日々の仕事とは、いったいどんなものでしょうか？

　答えは多くのことに左右されます。小さなスタートアップでは、プロダクトマネージャーはプロダクトのモックを急いで作り、委託の開発者との確認のスケジュールを決め、見込み顧客に非公式なインタビューを行うかもしれません。中規模のテック企業では、プロダクトマネージャーはデザイナーや開発者のチームと計画作りのミーティングを実施し、上級幹部とプロダクトロードマップを交渉し、ユーザーニーズを理解するためにセールスやカスタマーサービスの同僚と一緒に働くかもしれません。大企業では、プロダクトマネージャーは機能要求を「ユーザーストーリー」形式で書き直し、分析やインサイトを担当する同僚に具体的なデータの提供を依頼し、片っ端からミーティングに参加するかもしれません。

つまり、プロダクトマネージャーとして働くと、いろいろなタイミングで、いろいろな仕事をすることになります。実際に何をするかはすぐに変わってしまいます。でも、肩書き、業界、ビジネスモデル、企業規模に関係なく、プロダクトマネジメントの仕事に共通するテーマがいくつかあります。

責任は大きいが権限は小さい

あなたのチームが締め切りを守れなければあなたの責任です。あなたが扱っているプロダクトが四半期のゴールを達成できなければ、それもあなたの責任です。プロダクトマネージャーとして、あなたはプロダクトの成否の最終的な責任を負います。これは、組織がどれだけプロダクトの支援をしたかどうかに関係ありません。

大きな責任を持つ立場で働くのは大変ですが、物事をさらに難しくしているのは、プロダクトマネージャーには組織面での直接的な権限がほとんどないことです。チームに、プロダクトの方向性に強く反対するデザイナーはいないでしょうか？ チーム全体に対して有害な態度を取るエンジニアはいないでしょうか？ これらはあなたが解決すべき問題ですが、脅しや命令では解決できず、自分だけでは解決できません。

終わらせる必要があれば、それがあなたの仕事である

「でも……。それは自分の仕事じゃない！」というセリフを成功しているプロダクトマネージャーが口にすることはほとんどありません。職務記述書に書かれていることの枠に収まるかどうかに関係なく、チームとプロダクトの成功のために、終わらせる必要のあることは何でもするのがあなたの責任です。働きすぎのプロダクトチームに、コーヒーと朝食を差し入れるために朝早く出社するかもしれません。チームのゴールの曖昧さを解決するために、上級幹部との緊迫感のある会話をするかもしれません。チームがやらなければいけないことをやるだけの余裕がなく、組織の他の部署に助けを求めるかもしれません。

超初期のスタートアップでプロダクトマネージャーとして働く場合、「プロダクトマネジメント」とはまったく関係ないと思うような仕事にほとんどの時間を費やすかもしれません。超初期のスタートアップで働いている知り合いのプロダクトマネージャーは、その場限りのコミュニティマネージャー、HR リード、UX デザイナー、オフィスマネージャーとして働いています。終わらせる必要があるなら、それを終わらせるのは、驚くことなかれ！ あなたの仕事なの

です。大企業でも、公式にはあなたの仕事でないようなことに取り組まなければいけないときが間違いなくあるでしょう。チームとプロダクトのパフォーマンスに対する責任を持つのはあなたなので、「それは自分の仕事じゃない」はフォーチュン 500 の企業だろうと、5 人のスタートアップだろうと同じ結果になります。

さらに大変なのが、あなたがプロダクトマネージャーとして終わらせなければいけないことのほとんどは、自分だけではできません。数週間の休暇を取って、たくさんの本を読み、スキルアップして、自分だけでプロダクトを届けられるよう準備をするといったような贅沢はできないのです。周りの人たちの支援や指導、ハードワークを求めなければいけません。多くの場合、自分の直属のチームではなく、あなたを助ける明らかな理由もない人たちにです。

あなたが中心になる

プロダクトマネージャーは、ビジネスニーズとユーザーゴールを行き来し、エンジニアとデザイナーの衝突を緩和し、上位の企業戦略とプロダクトにおける日々の意思決定を結び付けるなど、あらゆることの中心になります。プロダクトマネジメントの成功は、さまざまな視点やスキルセット、目的を持つ人たちとの日々のやりとりの積み重ねによるものです。コミュニケーションスタイル、感性、言っていることと本心の違いをうまく乗りこなせるようにならなければいけません。

高度に構造化、システム化された組織や、公平かつ「データ駆動」をうたっている組織でも、いずれ言葉にできない憤りや未解決の対立が絡み合った網の目をくぐり抜けることは避けられません。他の人たちは頭を下げたまま「自分の仕事だけをする」ことができるかもしれませんが、現実世界の厄介な人たちをつなげることがあなたの仕事です。

1.2　プロダクトマネジメントではないこと

プロダクトマネジメントは多種多様ですが、すべてがプロダクトマネジメントなわけではありません。以下では、何がプロダクトマネジメントではないかの普遍的な真実を紹介します。人によってはがっかりするかもしれません。

ボスではない

プロダクトマネージャーはプロダクトの「ミニ CEO」だという記述をよく見

かけます。残念ながら、私が見てきた「ミニ CEO」のようにふるまうプロダクトマネージャーは、責任よりも名誉ある地位により関心がありました。そうです。プロダクトマネージャーとして、あなたはプロダクトの成否の責任を担います。でも、この責任を果たせるかどうかは、完全に、チームの信頼とハードワーク次第です。その信頼も、あなたが偉そうな上司のようにしていると、簡単に失われます。

実際にプロダクトを作るのはあなた自身ではない

プロダクトマネジメントと言えば、才能にあふれる発明家やエンジニアが、世の中を変えるようなアイデアを世に出すために精を出している姿を思い浮かべる人もいるでしょう。もしあなたが、自分の手を動かして実際に何かを作りたい人なら、人やものをつなげて前に進めるというプロダクトマネジメントの側面にかなりストレスが溜まるかもしれません。さらに、技術やデザインの決定に関与したいという悪意のない願いは、あなたがマネジメントしていて、実際にプロダクトの開発をしている人たちにとっては、不愉快なマイクロマネジメントに思えるかもしれません。

これは、プロダクトチームの技術やデザインの決定への関心をゼロにすべきという意味では決してありません。自分の同僚の作業に純粋に関心を持つのは、プロダクトマネージャーとしてできるいちばん重要なことの 1 つです。しかし、プロダクトマネジメントは、「気にしないで。自分でやるから」という問題解決をする流派の人たちに難題を突き付けます。学校でのグループプロジェクトが大嫌いで、なるべく多くの作業を自分でやりたいと思う私のような人であれば、プロダクトマネジメントから信頼、コラボレーション、委譲について、難しいけれども重要なことを学ぶことになるでしょう。

誰かがやるべきことを言ってくれるまで待てない

私がプロダクトマネージャーの初日に学んだのは、この役割についての明確なガイドラインや指示を与えられることは極めてまれだということです。大企業、特にプロダクトマネジメントに長く取り組んできた企業であれば、プロダクトマネージャーの役割について期待値がうまく定義されているかもしれません。しかし、そのような会社でも、自分が何をすべきか、誰と話すべきか、チームの特定の人と効果的にコミュニケーションするにはどうしたらよいかといったことを理解するのは大変です。

シニアリーダーの指示が不明確でも、それを明確にするまで座って待っている

ことはできません。モックアップに問題があると思うなら、誰かがそれを指摘するまで待っているわけにはいきません。チームがゴールを達成する能力に影響を与えるようなことを明らかにし、評価して優先順位をつけて対処するのはあなたの仕事です。そうするようにはっきり言われているかどうかは関係ありません。

1.3　優れたプロダクトマネージャーのプロフィール

　プロダクトマネージャーの候補者の特定のプロフィールを好むことで有名な組織がいくつかあります。たとえば、Amazon は歴史的に MBA を好んでいます。一方で、Google はスタンフォードでコンピューターサイエンスの学位を取った候補者を好んでいることで知られています（両社が現在これらをどの程度重視しているかは、よく議論になります）。一般的には、プロダクトマネージャーの「古典的な」プロフィールは、ビジネスの知識を多少持っているエンジニアか、ビジネスに精通していて開発者を困らせない人かのいずれかです。

　このプロフィールにある程度当てはまるプロダクトマネージャーは山のようにいますが、私が会った最高中の最高のプロダクトマネージャーは、Amazon や Google で経験を積んだ人を含めて、この「古典的な」プロフィールのいずれにも当てはまりません。実際のところ、素晴らしいプロダクトマネージャーはどこからでも生まれます。私が会った最高のプロダクトマネージャーのなかには、音楽、政治、非営利団体、映画、マーケティングなど、さまざまなバックグラウンドを持つ人がいました。おもしろい問題を解決し、新しいことを学び、賢い人たちと一緒に働くのが好きな人たちでした。

　優れたプロダクトマネージャーは、経験や直面した問題、一緒に働いた人たちから生まれます。常に進化を続け、現在のチームや組織の具体的なニーズに合わせて、自分のやり方を変えています。学ぶべき新しいことが常にあると考えるような謙虚な姿勢を持ち、周りの人たちから継続的に新しいことを学ぼうとする好奇心があります。

　プロダクトマネージャーの役割の候補者を社内で見つけたいと考えている組織から相談を受けたとき、私はよく、会社のなかでの情報伝達の経路を図にしてもらいます。これは公式の組織図ではなく、人が互いにどのようにコミュニケーションしているかを示す非公式な概略です。すると、必ずいつも中心にいる人が出てきます。情報のブローカーであり、人やものをつなげる人であり、積極的に新しい視点を求めている拡大思考の人です。プロダクトマネージャーの「伝統的な」プロフィールに当ては

まることはまれで、多くの場合、まったくエンジニアではありません。でも、そのような人たちは、プロダクトマネジメントを成功させるカギとなる、人やものをつなげるという難しい仕事をすることに関心とやる気があることをすでに証明しています。

1.4　悪いプロダクトマネージャーのプロフィール

　優れたプロダクトマネージャーは1つのプロフィールに当てはまらない一方で、悪いプロダクトマネージャーはかなり一貫しています。ほぼどんな種類の組織でも見かけるであろう悪いプロダクトマネージャーの典型を紹介します。

ジャーゴンジョッキー[†1]

　　ジャーゴンジョッキーは、ハイブリッドのスクラムバン手法を使っている環境で働いているのであれば許容できても、PSM III の認定を受けたスクラムマスターにとってはまったく受け入れられないようなことをあなたに知っておいてほしいと考えます（これを調べなければいけないようだと、ジャーゴンジョッキーはあなたの無能さにショックを受けます。どうしてこの職に就けたの？と思うのです）。ジャーゴンジョッキーは、あなたが聞いたことのない言葉をあなたが聞いたことのない他の言葉で定義し、大事なことに合意してもらえなかったときには、さらにそのような言葉を使ってまくしたてるようです。

スティーブ・ジョブズ信奉者

　　スティーブ・ジョブズ信奉者は "Think different™" します。スティーブ・ジョブズ信奉者は、椅子に寄りかかって、偉そうに挑発的な質問を投げかけるのを好みます。スティーブ・ジョブズ信奉者は、iPhone が欲しいとわかっている人など誰もいなかったことを念押しします。スティーブ・ジョブズ信奉者は、速い馬を作りたいとは考えません。スティーブ・ジョブズ信奉者は、少なくともユーザーは馬鹿だなんてストレートに言いません。ユーザーは、スティーブ・ジョブズ信奉者と同じようにビジョナリーではありません。

英雄のプロダクトマネージャー

　　恐れなき英雄のプロダクトマネージャーは、会社全体を救うような素晴らしいアイデアを持っています。英雄のプロダクトマネージャーは、そのアイデアが

---

†1　訳注：ジャーゴンは業界用語、ジョッキーは操る人を意味することから、ジャーゴンジョッキーで業界用語を駆使する（怪しげな）人を指す。

うまくいかない理由や、すでに過去に何度も議論して探索したということを聞かされても、特にそれに関心を示しません。英雄のプロダクトマネージャーが、最後にいた会社で何をしたか聞いたことがありますか？ ほぼ1人で全部もしくは少なくとも目玉の部分を作ったそうです。でも、その会社の人たちは、英雄のプロダクトマネージャーに、その素晴らしい約束を果たすのに必要なリソースや支援をまったく提供していないそうです。

頑張り屋さん

頑張り屋さんはくだらないことでもやり抜きます。頑張り屋さんのチームが昨年50個の機能をリリースしたのを知っていますか？ 三日三晩チームを率いてプロダクトのメジャーリリースを予定どおりに間に合わせたのを聞きましたか？ 頑張り屋さんは**たくさんのもの**を届けられるやり手として、経営陣からは尊敬されていますが、それがビジネスやユーザーの目的を実際に達成したかどうかはまったく定かではありません。そして、頑張り屋さんのチームメンバーはストレスでかなり参っているか、もう会社を辞めてしまっていて、その様子をあなたは遠巻きに眺めています。

プロダクト殉教者

素晴らしい！ プロダクト殉教者（**図1-1**）がやってくれるはずです。プロダクトを予定どおりにリリースできなかったり、ゴールを達成できなかったりしたら、プロダクト殉教者はすべてが台無しになったことについて完全かつ明確な責任を持ちます（再掲）。プロダクト殉教者は、毎朝チーム全体のためにコーヒーを持ってくるなんて大したことはないと言いますが、スターバックスのトレイを自席の下に置くようなやり方は、必要以上に、いや、ほんのちょっっっっっっとだけ、それを強調しているようにも見えます。プロダクト殉教者は、人生のどんなことよりもこの仕事を優先してきたと繰り返し言いますが、あなたが新たに質問したり心配事を投げかけるたびに、怒ったり悩んだりしているようです。

図1-1　野生のプロダクト殉教者

　これらのパターンには驚くほど簡単に陥ります。私のキャリアのなかでも、何度も
すべてのパターンに陥ったことがあります。なぜでしょうか？ それは、一般的にこ
れらのパターンが、悪意や無能さではなく、不安によって引き起こされるからです。
プロダクトマネジメントは、残酷で絶え間ない不安の引き金になることがあり、不安
によって私たち全員が最悪になります。

　プロダクトマネジメントは、人やものをつなげて前に進める役割であり、プロダク
トマネージャーがもたらす実際の価値は簡単に数値化できません。開発者は、10,000
行のコードを書きました。デザイナーは、その場の全員が驚くような手触りとビジュ
アルの世界を作りました。CEO はチームを成功へと導くビジョナリーです。あなた
は実際に何をしたのでしょうか？

　この質問と、価値を守ろうとする衝動が、意図せず自己破壊の行為につながること
があります。不安なプロダクトマネージャーは、プロダクトマネジメントが本当に複
雑で重要であることを証明するために、ちんぷんかんぷんな言葉で話すようになるか
もしれません（ジャーゴンジョッキー）。自分たちがどれだけ多くのことをしたかを

証明するために、チームを疲弊と燃え尽きの道へと導くことが多々あります（頑張り屋さん）。大げさかつ気まずそうに、すべてをやるためにどれだけ自分たちを犠牲にしているかを公にするようになるかもしれません（プロダクト殉教者）。

プロダクトマネージャーとしてあなたが作り出す価値は、多くがチームの仕事のなかに現れます。私が会った最高のプロダクトマネージャーは、チームの成功が自分の成功だと本当に信じている人たちです。「あの人になら命を預けられる」とか「あの人のおかげで朝ワクワクして出社できる」といったセリフをチームが使うようなプロダクトマネージャーです。自分の仕事に不安を感じるようになったら、チームのところに行って、チームの成功により貢献できそうなことがないかを探しましょう。不安から悪いプロダクトマネージャーにならないようにしてください。

1.5　プロダクトマネージャーとして週に 60 時間も働いてはいけない

この半年、多くの人たちから「プロダクトマネージャーになりたいけど、その仕事をするには週 60 時間は働かなければいけないと聞いたんだけど」と言われました。キャリアの初期であれば、この意見に激しく同意して、「週 60 時間は運がよければの話！」などと不愉快な補足をしたかもしれません。でも、私は成長し、そのような考え方は過去のものになりました。この分野の大部分がそうだと信じています。

週に 60 時間働くプロダクトマネージャーだったころのことを思い出すと、多くが経験不足、不安、自分の時間を効果的に優先順位づけできないことに起因していました。自分が何をしているのかもわからず、**他の人たち**にそう思われるのを恐れ、大きな声を出し、目に見える形で、できる限り多くのことをやろうとしていました（そうすることで大きく目を開いた新人から頑張り屋さん、プロダクト殉教者へと変わりました）。このやり方は精神衛生上よくないだけでなく、チームに対しても大きな害を与えていました。私が大きなため息をつきながらキーボードを叩く音が響くなかで、**チーム**は午後 8 時でもオフィスに残っていたほうがいいか判断できず放っておかれたのです。

プロダクトマネージャーとしていちばん効果とインパクトを出せていたころ、私はほぼ毎日午前 10 時から午後 4 時まで働いていました。そう、ペースが速く急成長中のスタートアップでの話です。極めて優秀な同僚たち（と、ある 1 人の素晴らしいセラピスト）の助けがあれば、チームがゴールを達成できるようにタスクに優先順位をつけることができ、同僚から自分が十分に働いていると思われているかを気にせずに

済みました。結果として、金曜日の夜にどれだけ遅くまでオフィスにいたかとか、日曜日の朝にどれだけ早く Slack のメッセージに返信したかなんてことは、（自分以外は）誰も細かくチェックしていなかったことがわかりました。

　自分の時間に境界線を設定し、優先順位づけという難しいことを身に付けた人にとっては、どんな仕事でも不合理で不健康なほど長い時間働かなければいけないという考え方は気が進まないでしょう。プロダクトマネジメントの分野では、自分の時間に境界線を設定し、優先順位をつけるという難しいことを身に付けた人をたくさん必要としています。長時間労働がこの仕事とは切り離せないという考えは、才能のある人がこの分野に入ってくるのを妨げます。また、すでにこの分野で働いている人たちが自分の時間に優先順位をつけ、チームに対して妥当で健全な期待値を設定する方法を学ぶ上でも邪魔になります。乗り越えていきましょう。

1.6　プログラムマネージャーとは？ プロダクトオーナーとは？

　プロダクトマネジメントのワークショップで教えていると、ほぼ毎回最初に聞かれる質問はだいたい同じです。それは、プロダクトマネージャーと、プログラムマネージャー、プロダクトオーナー、ソリューションマネージャー、プロジェクトマネージャーの違いは何なのか、というものです。

　なぜこの質問が多くの人の頭のなかにあるのかを理解するのは、難しいことではありません。プロダクトやプロダクト関連の似たような肩書きが増え続けるなかで、役割と目的をはっきりさせることはどんどん難しくなっています。もしあなたが、プログラムマネージャーを突然採用したチームのプロダクトマネージャーだったら、それはあなたにとってどんな意味を持つでしょうか？ あなたの仕事は時代遅れになるのでしょうか？ 誰か他の人が、あなたがやっている仕事と同じ仕事をやるようになるのでしょうか？ 俗な話ですが、誰がいちばんお金を多くもらうのでしょうか？

　私がプロダクトのコーチングとトレーニングを始めたとき、過去の経験と必死のGoogle 検索を組み合わせて、この質問に対して最高の回答ができるように全力を尽くしました。かなり自信を持って、「ええっと、ほとんどの場合、プロダクトマネージャーはチームが届けるビジネスアウトカムの説明責任を持ち、プロダクトオーナーはチームの日々の活動をマネジメントする責任を持ちます」と回答しました。多くの人がなるほどとうなずきました！ ほっとしました！ 具体的でしっかりした答えを返せたのです！

　その数週間後、これらの役割をまったく逆に定義している組織で働くことになりました。いつもとまったく同じ質問に対して、模範解答をし始めると、幹部がさえぎって言いました。「うーん、うちでは実際、正反対の定義なんですが。結局、チームの活動をマネジメントする人をプロダクト**オーナー**と呼ぶのはなぜなんでしょうか？　プロダクトのアウトカムに責任を持つ人をプロダクト**マネージャー**と呼ぶのはなぜなんでしょうか？」。言うまでもないですが、「ググったらそう出ていたから」というのはあまり良い回答ではありません。

　この運命的な日以降、私はすぐには満足できないような、まったく違う答えを言うようになりました。「組織やチームごとに千差万別です。ある組織での定義は、他の組織では正反対のこともあります。組織の人たちと会話して、その役割についてどう考えているか、どんな具体的な期待値があるのかを明らかにしてください」。うなずく人は少なく、安心感はありません。

　ずっと増え続ける「プロなんとか」という肩書きのリストのことを「曖昧に書かれたプロダクト関連の役割（Ambiguously Descriptive Product Roles、ADPR）」だと考えることにしました。これは、日々の活動や責任についてあまり多くを語らない無数の肩書きを包含するバナーコンセプトになります。他に ADPR の人がいるチームの ADPR に対しては、同じように残念なアドバイスをします。「仲間の ADPR と一緒になって、何を終わらせなければいけないか、それをどうやって一緒にやるかを明らかにしましょう。肩書きに応じて、絶対に重複しないように明確化しようとするよりも、協力して進めることに集中しましょう」といったものです。ADPR として、自分の仕事は具体的に何をするのかを絶対的に明確化することはできません。たくさんの質問を投げかけ、チームと密接に仕事し、いちばんインパクトがあることにできるだけ集中しましょう。

　「グロースプロダクトマネージャー」や「テクニカルプロダクトマネージャー」といった専門的な ADPR の肩書きについて聞かれたときも、同じようにアドバイスします。プロダクトマネージャーの役割がどんどん専門化していくことに対しては、かなり複雑な心境です。うまくいけば、この傾向によって、ある会社で特定の役割に就いている人が何を期待されているのかをちょっとだけ明確にするのに役立つかもしれません。最悪の場合は、プロダクトの役割が持つ全体性を阻害し、別の思い込みのもとになるかもしれません（「あの人は**グロース**プロダクトマネージャーとしてしか働いたことがないけど、普通のプロダクトマネージャーとしてやっていけるだろうか？」という会話をすでに耳にしています。これからもたくさん出てくると思うと恐ろしい限りです）。

　要するに、どの会社のどのチームのどのプロダクトの仕事も、少しずつ違います。このことを心の底から受け入れるのが早ければ早いほど、**あなた**にしかできないプロダクトの仕事に全力で取りかかるのが早くなります。

1.7　まとめ：曖昧さの海を航海する

　本書を含めどれだけたくさん本を読んでいようと、どれだけたくさんの記事をスクロールしていようと、どれだけたくさんのうまくやっているプロダクトマネージャーと会話しようと、この仕事にはいつも新しくて予想だにしなかった困難があります。困難に対してオープンであり続けるために最善を尽くし、可能であれば、あなたの役割には曖昧さがあって、まったく新しい多くのことを学習することになるという事実を楽しんでください。

1.8　チェックリスト

- プロダクトマネージャーであることは、多種多様なことをたくさんしなければいけないことを意味します。それを受け入れましょう。チームのゴールに貢献できることなら、日々の仕事がビジョナリーなものでなかったり、重要そうに見えないことだったりしても心配しないでください
- プロダクトとチームの成功に貢献できそうな方法を積極的に探してください。何をすべきかを常に誰かが正確に教えてくれるわけではありません
- 誤解やズレは、どんなにその瞬間は些細なことだとしても、先回りして解決しましょう
- 成功するプロダクトマネージャーの「典型的なプロフィール」にはこだわりすぎないようにしましょう。成功するプロダクトマネージャーはどこからでも生まれます
- 不安から、悪いプロダクトマネージャーの風刺画のようにならないようにしましょう！ 自分の知識やスキルを誇示したい衝動に駆られないようにしてください
- ビジネスやユーザー、チームにもたらしたインパクトで成功を測りましょう。どれだけ長い時間働いたかではありません
- プロダクトマネージャーやプロダクトオーナー、プログラムマネージャーといった曖昧に書かれたプロダクト関連の役割 （ADPR）の唯一の正しい定義

を探すのはやめましょう。各チームでのプロダクト関連の役割の独自性を認め、自分に何が期待されているかを具体的に理解するためにたくさん質問してください

- チームに複数の ADPR（たとえばプロダクトマネージャーとプロダクトオーナー）がいる場合は、仲間の ADPR と共通のゴールに向かって協力しながら、ゴールを達成できるように一緒に働くいちばん良い方法を見つけましょう

2章
プロダクトマネジメントの
COREスキル

　チームや組織によってプロダクトマネジメントの役割は大きく違うため、プロダク
トマネジメントの実際の**スキル**を特定するのは非常に大変です。結果的に、プロダク
トマネジメントは他の定義しやすい役割で使われるスキルの寄せ集めと言われること
がよくあります。ちょっとしたコーディング、ひとつまみのビジネス感覚と UX デザ
イン。じゃじゃーん、プロダクトマネージャーの完成です！

　本章で述べるように、人やものをつなげていくプロダクトマネジメントという仕事
には、ひととおりのスキルが必要です。そういったスキルを定義することで、プロダ
クトマネジメントを唯一無二で価値のある役割と位置づけるのに役立ちますし、もっ
と素晴らしい仕事をするために喉から手が出るほど欲しかった毎日のガイダンスにも
なります。

2.1　ハイブリッドモデル：UX/テクノロジー/ビジネス

　プロダクトマネジメントを視覚的に表現する絵で一般的なのが、3 つの円で表現さ
れるベン図（**図2-1**）です。ビジネスとテクノロジーと UX（User Experience）の
交差する部分をプロダクトマネジメントだとするものです。

　私は、この図の変形版をたくさん見てきました。あるときは、**UX** が**デザイン**や**人**に
置き換えられていたり、**ビジネス**が**統計**や**ファイナンス**に置き換えられたりしていま
した。最近見た大手銀行の求人情報では、候補者にビジネス、テクノロジー、**人間**に
ついて精通していることを求めていました。もちろんこれは、感情を持ったロボット
によって書かれた、感情を持ったロボットのための求人広告というわけでもありま
せん。

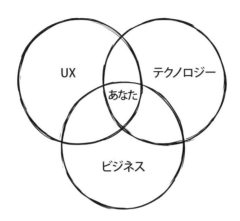

図2-1　プロダクトマネジメントのベン図。マーティン・エリクソン 「What, Exactly, Is a Product Manager?」https://oreil.ly/K6MZ3 より

　2021 年の初め、私はベン図の作者のマーティン・エリクソンと、彼が設立に関わった Mind the Product コミュニティの座談会（https://oreil.ly/cBEds）で話す機会に恵まれました。この会話のなかで、ベン図はこれからの世代のためにプロダクトマネジメントの役割を確定させるためではなく、あくまで彼独自の視点を共有するために作ったものだと明らかにしました。

　これは決して究極の定義にしようと意図したわけではありません。どんな形であれ、自分がやっていた仕事やそこで自分が考えたこと、そしてなぜそれが良い仕事だと思ったのかを語ったものにすぎません。ベン図は、そのとき私が立ち上げようとしていたチームを見ていたときに思い浮かんだものです。私はそのころ、スタートアップのプロダクト担当 VP として働いており、そのビジネスでは 1 人めのプロダクト担当でした。当時はそう呼んでいませんでしたが、「どうやって機能横断で自律的なチームを作ろうか？」といろいろ試していました。「何がチームを成功させて、素晴らしいプロダクトを作るのに必要なんだろうか？」と考えていたのです。そして、いちばん大切なものは、3 つの要素 ―顧客、ユーザー体験、ビジネス― としたわけです。その価値をどのように創出し、具現化しますか？ そして実際に提供するために、エンジニアリングのメンバーとどのように連携し、それが現に構築可能なものであることを確認しますか？

　プロダクトマネジメントの定義として、このチームレベルでの定義は簡潔でとても役に立ちます。実際のところ、ユーザーや顧客を理解し、ビジネスを理解し、そして、チームがビジネスとその顧客との価値交換を増やす具体的な**デリバリー**をするための要素を理解することに関心を示さないプロダクトマネージャーにはめったに出会わないでしょう。プロダクトマネージャーとしての旅路を始めたとき、このベン図は自分がエンジニアでも、デザイナーでも、ビジネスアナリストでもなく、こういったまったく違う役割をつなげて整理することを通じてチームの成功を支援する、独特の立ち位置であることを教えてくれました。

　これはもちろん 1 人の人間の解釈で、ベン図の解釈にはいろんな見方があり、なかには他のものより明らかに役に立たない解釈もあります。役に立たない解釈の 1 つの例としてよく目にするのは、フラットな円としてのベン図です。1 人のプロダクトマネージャーが、開発者、デザイナー、ビジネスアナリストの**すべてのスキルと知識**を持っていなければいけないという思い込みです。プロダクトマネジメントの求人情報で、チーム全体や会社全体が持つようなスキルや経験を求めているのを見て圧倒された経験があれば、その解釈に実際に出会ったと言えるでしょう。エリクソンはここでもまた「プロダクトはこの 3 つの共通部分にあります。ですが、それは私たちが 1 つの領域あるいはすべての領域において、答えを持っていたり専門家だったりすることを意味しているわけではありません」と明言しています。

　実際、デザイナーや開発者、ビジネスアナリストとして求められるスキルと、デザイナーや開発者、ビジネスアナリストの**連携を生み出す**スキルは大きく違います。このベン図は、自分がプロダクトマネージャーとしてどの位置にいるのかを表すのには便利ですが、他のモデルや説明と同じように、そこで何を**すべき**なのかをすべて教えてくれるようなものではありません。実際、エリクソンにこのベン図を行動指針にしたいと思っている人に向けての注意点を聞いたところ、彼は「どんなときでも通用するものではありません」と答えました。

2.2　プロダクトマネジメントの CORE スキル：コミュニケーション、組織化、リサーチ、実行

　プロダクトマネジメント完全版と称する多くの教科書では、あなたは古典的な「プロダクト 3 人組」としてデザイナーとエンジニアと一緒にいて、チームの外にいるビジネスのステークホルダーとは定期的にコミュニケーションすることになっているかもしれません。でもほとんどの場合で、ベン図の 3 つの役割の外側にいるステークホ

ルダー同士をつなげ、調整していく必要があります。大きくてマネジメントの行き届いたエンタープライズ企業では、プロダクトマネージャーは、弁護士とアカウントマネージャーをつなげて調整することにほとんどの時間を費やすこともあるでしょう。新しいスタートアップ企業では、プロダクトマネージャーは、創業者とプロダクトの初期版を作る外部ベンダーをつなげて調整することにほとんどの時間を費やすかもしれません。

　どの会社の人も参加できるプロダクトマネジメントのワークショップを開催するとき、私がだいたい最初に参加者に質問するのは「ゴールを達成するためにどんな役割とつながりを作り調整する必要がありますか？　社内での役割を 5 つ挙げてください」というものです。答えは、非常にさまざま、と言うには控えめなくらい多様です。開発者やデザイナー、ビジネスのステークホルダーから話を聞くことを始める人も実際いますし、マーケティング担当やセールス、データサイエンティスト、コンプライアンス担当から話を聞くことから始める人もいます。聞いたこともない役割が並んでいることもありますし、「顧客」とだけ書いてあるときもあります。

　プロダクトマネジメントが一般的になって、広い役割を担うようになるにつれ、プロダクトマネージャーが扱うこのベン図はただただ扱いづらく、見当の付かないものになっていきます。プロダクトマネージャーが幅広いステークホルダーをつなげて調整していかなければいけない現実を考えると、質問は「プロダクトマネージャーが組織やチーム、業界をまたいで日々**一緒に働く相手**を上手につなげて、調整するためには、具体的にどんなスキルが必要なのか」になります。

　本書のためにリサーチを始めたとき、プロダクトマネジメントを唯一無二のワクワクする役割にしている「人やものを**つなげる**スキル」を説明するため、プロダクトマネージャーの新しいスキルモデルの開発から始めました。さまざまな業界や組織のプロダクトマネージャーにインタビューをしたところ、成功するための基本のスキルはとても似ていました（**図2-2**）。プロダクトマネージャーは下記のことができる必要があります。

- ステークホルダーと**コミュニケーション**（**C**ommunicate）する
- 持続的に成功するチームを**組織化**（**O**rganize）する
- プロダクトのユーザーのニーズとゴールを**リサーチ**（**R**esearch）する
- プロダクトチームがゴールに到達するための日々のタスクを**実行**（**E**xecute）する

　この CORE スキルモデルはプロダクトマネジメントの組織や業界を超えた日々の現実をうまく反映している新しい枠組みになっています。

図2-2　プロダクトマネジメントの CORE スキル

　以下ではプロダクトマネジメントの CORE スキルのそれぞれの項目を説明します。それぞれのスキルを実践するために、どう現実世界でふるまうかの行動指針を示しています。

2.2.1　コミュニケーション

　心地よさより明確さ

　コミュニケーションは、プロダクトマネージャーが開発し育まなければいけないいちばん大切なスキルです。もし、チームやステークホルダー、ユーザーと効果的なコミュニケーションができなかったら、プロダクトマネージャーとしての成功はありま

せん。優れたプロダクトマネージャーは辛抱強いだけでなく、さまざまな経験や視点を持った人たちを理解し、協力関係を築くことを積極的に楽しみます。

　コミュニケーションの行動指針は「心地よさより明確さ」です。明確さと心地よさの選択は実際にあることで、キャリアの非常に重要な局面で頻繁に直面します。たとえば、参加しているミーティングで数週間前に自分たちが優先順位を下げることを決めた機能について、ふと幹部が言及したときに、そのことだと気づくかもしれません。気まずい雰囲気を作りたくないので、言及された機能については全体のプロダクトリリースから見たら小さな部分だし、おそらく大事にはならないだろうと考えて、その発言を無視したくなります。でも、幹部の立場から見ると、あなたの沈黙は暗黙の了解として、プロダクトのリリースに含まれると解釈するかもしれません。明確さが欠如した結果、些細なことで済むかもしれませんし、大事になるかもしれません。

　このような気まずい瞬間が、いちばんインパクトのある瞬間になってしまうことがよくありますが、決して偶然ではありません。心地悪さは明確さの欠如の兆候であることが多いのです。これはプロダクトに関わる全員が同じ考えを持っていなかったり、期待が明確になっていなかったりすることを表す価値のある手がかりです。プロダクトマネージャーとして、心地悪さを恐れてはいけません。自分自身と自分のチームのために、明確さを手に入れるべく積極的に乗り越えなければいけないのです。心地よさよりも明確さを追求する具体的な戦略は「4章　過剰コミュニケーションの技術」で取り上げます。

　ここで強調したいのは、良いコミュニケーションとは「イケてる言葉や印象的な発言」ではないということです。話したことのあるプロダクトマネージャーのうち、特に自分を内気だと思っていたり、母国語ではない環境で仕事をしたりしている人の多くは、コミュニケーションスキルの向上において、本質的に不利な立場に置かれているという不安を感じているようでした。しかし実際には、こういったプロダクトマネージャーは、自分やチームにとって明確な状態を獲得するために、ある程度の不確実さや心地悪さを乗り越えてきた経験があるので、心地よさより明確さを育てることにかけては有利なことが多いのです。

　どこから始めたとしても、コミュニケーション上手になるための道筋は必ずあります。以下はコミュニケーションスキルを自分自身で評価できる質問です。

- やっていることとその理由をチームが明確に理解をしているか確かめるために、必要な質問や会話のファシリテーションをしているか？
- ユーザーやビジネスにとってより大きなアウトカムを得られそうだと思ったと

き、他のチームやプロダクトマネージャーに積極的に働きかけにいくか？
● 連絡してきたステークホルダーにすばやく、思慮深く反応しているか？
● 解決策になりそうなことを探しているとき、いつも選択肢をいくつか示して、それぞれのトレードオフをステークホルダーに説明しているか？

2.2.2　組織化

自らを不要とせよ

素の個人としてのコミュニケーションスキルを超えて、プロダクトマネージャーはチームが上手に働けるように組織化する必要があります。コミュニケーションスキルが個人間のやりとりに由来するのであれば、組織化とは個人間のやりとりを運用可能にしてスケールさせることと言えます。

優秀なコミュニケーション能力を持つ個人が、みんな生まれつきの才能に恵まれたまとめ役というわけではありません。どんなに知識やカリスマ性があっても、組織化スキルに欠けたプロダクトマネージャーは、しばしばチームのボトルネックになります。方向づけをして、チームメンバーの障害を取り除き、対立を解消するために走り回っても、チームは直接的かつ継続的な介入なしでは機能しません。組織化スキルに欠けたプロダクトマネージャーが聞かれるとうれしい質問は、「私たちは今何をすべきでしょうか？」です。なぜなら、こういった質問はチームの日々の優先順位や意思決定に欠かすことのできない役割としてプロダクトマネージャーが位置づけられている証拠だからです。

これに対して組織化に優れたプロダクトマネージャーは、「私たちは今何をすべきでしょうか？」という問いを何かがうまくいっていない兆候ととらえます。チームのメンバーが個人的に聞いてこなくても、自分たちがすべきこととその理由がいつもわかるように尽力しているのです。何かがうまくいっていないとき、組織化志向の強いプロダクトマネージャーは「この問題を解決するために今すぐすべきことは何か？」を問うだけではなく「こういうことがまた起こらないようにするために何ができるか？」を問います。

組織化の行動指針は、「自らを不要とせよ」です。組織化に優れたプロダクトマネージャーは、チームと協力して人、プロセス、ツールを整理し、都度の介入や監視を必要としない、自己持続的な仕組みを作ります。自分自身を不要にしていくための動きは、多くのプロダクトマネージャー、特に個人の努力を評価してほしい人たちにとっ

ては直感に反します。しかし、優れたプロダクトマネージャーは、チーム全体の能力を高めることこそが個々の努力の結果を最大化すると確信しています。

以下は組織化スキルを自分自身で評価できる質問です。

- もし1か月休暇を取ったら、日々の介入がなくても優先順位づけとデリバリーができるだけの情報とプロセスがチームにあるか？
- 「今何をしているのか？ それはなぜ？」とチームの誰に聞いても、すぐに答えられ、回答に一貫性があるか？
- 他のチームが今自分たちのチームが何をしているか知りたい場合でも、簡単に最新で理解しやすい情報にたどり着けるか？
- あるプロセスもしくはシステム（あるいはそれがない場合）がチームにとってうまく機能しない場合、それらを変えるために積極的にチームと協力できているか？ もしくは、そのプロセスやシステムを直接変えられる立場ではない場合、関わり方を変えるために積極的にチームと協力できているか？

2.2.3　リサーチ

　　ユーザーの現実に生きよ

リサーチは、うんざりするような日々のこまごまとした仕事の舵取りをしているときでも、自分たちを取り巻く複雑でカオスな世界とつながっているためのものです。実際のリサーチでは、ユーザーインタビューのような形式的なものや、非公式な対話、Google での検索、ソーシャルメディアを掘り下げる、といったことがユーザーに対する視点を常に新しくします。好奇心がプロダクトマネージャーにとって重要なマインドセットだとしたら、リサーチは好奇心を現実のものとし、組織の壁を超えて広げていく方法であると言えます。

リサーチスキルに欠けたプロダクトマネージャーは、**なぜ**その道筋なのかについての質問を受ける時間を取らなかったり、道筋を修正しうる新しい情報を探し出そうとせず、事前に決めた道筋を守って進むようチームに強いたりする傾向があります。こういったプロダクトマネージャーは、納期を守ることはできても、いつもマーケットとユーザーからの遅れを取り戻すことに興じています。

リサーチの行動指針は、「ユーザーの現実に生きよ」です。コンシューマー向けであれ、他のビジネスであれ、API を利用するエンジニア向けであれ、どんなプロダ

クトにもユーザーがいます。プロジェクトの納期を守ったり、プロダクトバックログを管理したり、損益計算書の計算をしたりといった、あなたにとって重要なことは、ユーザーにとってまったく重要ではありません。ユーザーには、ユーザー自身の優先順位があり、ニーズがあり、関心事があります。これらはプロダクトを利用することとまったく関係ないかもしれません。私が出会ったいちばん成功しているプロダクトマネージャーは、ユーザーがどうやってプロダクトを利用するかだけではなく、ユーザーのより広い**現実世界**とプロダクトがどう適合しているのかを理解しています。こういったプロダクトマネージャーが競合のプロダクトを評価するときには、「どうやって機能的に同じにできるか」ではなく、「このプロダクトはユーザーにとってどのような意味があるか」を考えます。ユーザーから直接学ぶことについては「6章　ユーザーに話しかける（あるいは『ポーカーって何？』）」で詳しく説明します。

　以下はリサーチスキルを自分自身で評価できる質問です。

- 自分のチームは**少なくとも**週1回はユーザーや顧客から直接学んでいるか？（これはテレサ・トーレスによる、継続的ディスカバリーのいちばん素晴らしい定義（https://oreil.ly/iOYm4）です）
- すべてのプロダクトに対する意思決定は、ビジネスゴールとユーザーニーズにもとづいているか？
- 自分のチームは、ユーザーニーズや行動に対する理解を深めるために、定期的に自分たちのプロダクトと、それと競合・関連するプロダクトを使っているか？
- ユーザーニーズと利用目的は**実際の**自分たちのユーザーのニーズと利用目的を反映してはっきりとまとめられているか？　それとも、ビジネスが想像するニーズや目的だけか？

2.2.4　実行

　すべての努力はアウトカムのために

　プロダクトマネージャーはもちろん、物事を完成させる責任もあります。これはチームがゴールに到達するために必要なことであれば、多くの場合、職務記述書とは正確には違う場合であっても引き受けることを意味します。実行志向の強いプロダクトマネージャーは、チームが持つビジネスとユーザーのアウトカムへの責任を理解す

ることから**始めます**。そのあと、デリバリーのために必要な時間とリソースと行動を
アウトカムのために冷徹に優先順位づけします。

　実行スキルの欠けたプロダクトマネージャーは、チームの仕事の実際の目的と日々
の努力をつなげ損なってしまいます。膨大な量のやるべきことに圧倒され、アウトカ
ムを**出すことではなく**、努力に徹してしまいます。もしくは、完璧なプロダクトを作
り上げたり、計測すべき指標を見出すことを追い求めたりするあまり、**努力すること
なく**アウトカムを求めます（アウトカムとアウトプットの関係については「10章　ビ
ジョン、ミッション、達成目標、戦略を始めとしたイケてる言葉たち」でより詳しく
説明します）。

　実行志向の強いプロダクトマネージャーは、努力の優先順位をゴールとアウトカム
に置くため、特に英雄的だったり高いポジションのように見えなかったりする仕事で
も進んで行います。こういったプロダクトマネージャーは、たとえば、プロダクトの
完成に近づくために重要であれば、早朝のコーヒーのおつかいでも喜んでやります。
「いつもドーナツを持っていけ」（https://oreil.ly/BN9Ak）とケン・ノートンが言う
ようにです。

　私がプロダクトマネージャーとして働き始めたとき、自分の仕事としてドーナツや
コーヒーを買いに行くのを覚悟しました。予想外だったのは、自分の権限を**超えた**会
話に入り込んでいく必要のある機会が想像した以上にあることでした。特にキャリア
の初期に大きく動揺したこととしては、主要なプラットフォームパートナーと失敗で
きない交渉をするために「一日統括責任者」に任命されたことでした。恥ずかしなが
ら、この重要な交渉を成功裏にリードすることよりも、実際の昇格ではなかったこと
に自分の意識は向いていました。実行志向の強いプロダクトマネージャーは、自分の
栄光よりも明確さや組織のゴール達成のために、極めて重要で、上位の会話にも積極
的に入り込んでいきます。

　以下は実行スキルを自分自身で評価できる質問です。

- 自分のチームは顧客とビジネスインパクト**から考え、そこに至るための**複数の
  道筋を評価し、優先順位をつけているか？　機能から考えて、インパクトを後
  づけで見積もることで正当化していないか？
- 自分のチームの戦略的なゴールと目的は、スプリントプランニングやストー
  リー作成といった、戦術的な会話や活動のなかでも中心になっているか？
- チームのゴールや優先順位を反映する形で自分の時間を使えているか？
- 疲れ果てるまで仕事をしないと、チームが必要とすることができないくらい余

裕がないときは、マネージャーに直接相談できているか？

　まとめると、顧客ニーズを見出すためのリサーチ、ニーズを明確にして広めるためのコミュニケーション、効果的な解決案に優先順位をつけるための組織化、その解決案をデリバリーするための実行というこれらの CORE スキルは、業界や組織を超えて、基本的なプロダクトマネジメントの活動として非常に重要です。

2.3　でも……ハードスキルについてはどうなのか？

　本章で並べてきたことをひとことでまとめると「ソフトスキル」と言えるでしょう。一般的にソフトスキルは、ふわふわしていて、内向きで、定量化や計測の難しい対人関係スキルとされています。一方で「ハードスキル」は、固定的で、目的がはっきりしていて計測可能と考えられがちです。たとえば、コミュニケーションや時間管理のスキルはソフトスキルとみなされますが、プログラミングや統計的分析はハードスキルとみなされます。

　ある文脈においては、ハードスキルは仕事のパフォーマンスに必須とみなされますが、ソフトスキルは「あればなおよい」とみなされています。役割によっては、ハードスキルを持っていることが前提になります。そもそも、コードを書いたことのないプログラマーは雇いませんし、歯学部を出ていない歯医者は雇いません。「ハード」スキルや「ソフト」スキルといった明示的な区別は、還元主義的で、アンバランスで、両方のスキルにとってアンフェアな議論の展開を生むことがあります。プログラミングのようなハードスキルでも、微妙なニュアンスをとらえる力や技術が必要ですし、コミュニケーションや時間管理のようなソフトスキルでも学んで、実践して、評価できます。

　プロダクトマネジメントに話を戻すと、ソフトスキルとハードスキルを区別することは特に有害になる場合があります。手短に言うと、あまりにも多くの人や組織が、ハードスキルにもとづいてプロダクトマネージャーを採用しています。しかしそれは、プロダクトマネージャーに期待される日々の仕事とはほとんど関係ありません。私は、素晴らしいプロダクトマネージャーが、アルゴリズムやコードの課題をホワイトボードに書けないことで不採用になったのを見たことがあります。日々の仕事にはそのどちらも必要ないのにです。

　多くの（ソフトウェアの）プロダクトマネージャーにとって、不安と恐怖の原因となる「ハードスキル」とは**技術スキル**です。今までプロダクトマネージャー志望の

人に聞かれたいちばん多くの質問の 1 つは、「どれくらい技術スキルが必要なのか」
です。

ルル・チェンは「プロダクトマネージャーとして十分な技術スキルを獲得する」
(https://oreil.ly/9xWpa) というタイトルの記事で、手っ取り早くて決定的な見解
を示しました。

> プロダクトマネージャーの日々の責任と技術的なスキル水準は、業界と会社の規
> 模、プロダクトのどの部分を担当するのかに大きく依存します。同時に、広くあ
> まねく尊敬を集めるプロダクトマネージャーになるための資質は、技術的な専門
> 知識とはほとんど関係ありません。

実際には、技術的に高度なプロダクトに関わる場合は、システムに関する基本的な
知識を持っていることが学習曲線を和らげて、幸先の良いスタートを切れるようにし
てくれるでしょう。しかし、プロダクトマネジメントの役割に必要なハードスキルの
評価は、プロダクトマネージャーがその役割において成し遂げてほしい具体的な仕事
を念頭において行う必要があります。それは、プログラミング、データ分析、一般的
な数値計算といったよく言われるようなもののリストではありません。

では、なぜハードスキル（特に技術スキル）偏重は根強く残るのでしょうか？　いく
つか遭遇したことのある神話を紹介し、認識を覆していきましょう。

エンジニアの尊敬を集めるにはハードスキルが必要だ

エンジニアは自分たちと同じスキルセットを持つ人しか尊敬しないという考え
です。率直に言って、エンジニアに対する侮辱です。それどころか、「開発者
ごっこ」をするプロダクトマネージャーが当初は技術サイドに気に入られたも
のの、その後実装の詳細までマイクロマネジメントして敬遠されるようになっ
たのを見たことすらあります。3 章で扱いますが、コミュニケーションスキル
は、見方によれば、同僚の専門知識と組織の状況を尊重しながらハードスキル
を学ぶ助けになります。

エンジニアと対峙するためにはハードスキルが必要だ

ここに核心があります。技術的なシステムがどう動いているかを知らない場
合、開発者は比較的簡単に作れるものを 100 万年かかると言うかもしれませ
ん。しかし、何かをするのにかかる期間であからさまなウソをつくのであれ
ば、もっと根本的なところで問題を抱えています。実行力の高いプロダクトマ

ネージャーは、インパクトの大きなものをすばやく完成させるようチームを動機づけます。それは決して、技術的な仕様を与えて「わかりました」と言わせてやらせるものではありません。

技術的な仕事に興味を持って関わり続けるためにはハードスキルが必要だ

同僚の仕事に興味のないプロダクトマネージャーが失敗するのは、まったくそのとおりです。しかし、知識と興味はまったく異なります。そして、技術知識の豊富なプロダクトマネージャーこそ、新しいことを学んだり、同僚の仕事に興味を持って深く関わり続けたりすることに興味がない傾向があります。優れたプロダクトマネージャーは、技術スキルに関わらず、同僚の技術的な仕事に関心を寄せることができますし、技術的な仕事とユーザーニーズ、ビジネスゴールに説得力のある関連性を見つけることができるのです。

データベースにクエリを投げたり、ドキュメントを書いたり、小さな変更を加えるのにハードスキルが必要だ

多くの場合、これは100%正解です。「終わらせたいことであれば、それは自分の仕事である」という考え方にもとづくなら、プロダクトマネージャーは特定のプログラミング言語やバージョン管理システム、データベースに関する知識が必要な作業によく直面します。たとえば、小さな会社であれば、プロダクトマネージャーは、開発者に協力を依頼せずにウェブサイトの文言変更といった些細なコードの変更はするでしょう。チームが使っているプログラミング言語やコードをデプロイするのに使っているツールについて、基本的なことは知っておく必要がありそうです。

重要なのは、技術面でエキスパートであることではなく、技術的ではないことと同じように、技術のことについて探索したり学んだりするのに抵抗がないことです。私は、技術系でないプロダクトマネージャーが、技術的な挑戦に素直に好奇心を持って取り組むことで、技術レベルの高い組織で活躍するのを見てきました。また、技術系でないプロダクトマネージャーが、それほど技術レベルの高くない組織で、技術的な仕事をおもしろくないとか扱いづらいとみなすことで行き詰まるのも見てきました。優れたプロダクトマネージャーは、技術面以外の話題と同じように技術面にも興味を持ちます。これについては、「3章　好奇心をあらわにする」でより詳しく説明します。

2.4　まとめ：プロダクトマネジメントに対する会話を変える

　プロダクトマネジメントは比較的新しい分野で、組織によって役割が非常に違うため、他の役割を組み合わせて表現したくなります。残念ながらこのやり方は、コードがある程度わかるデザイナーとか MBA を持っている開発者のように、プロダクトマネージャーを書類上よく見せる要素と、実際の日々の仕事でプロダクトマネージャーを成功させる要素とのミスマッチを生むことがよくあります。この CORE スキルのモデルを活用することで、プロダクトマネジメントの理論に関する会話が、実際の日々のプロダクトマネジメントの仕事とより一致することを期待しています。

2.5　チェックリスト

- プロダクトマネージャーの役割の独自性を受け入れてください。デザイナーや開発者、ビジネスアナリストではありません。こういった役割で活躍するためのスキルと、プロダクトマネジメントで活躍するスキルを混同しないでください

- コミュニケーション上手とは「イケてる言葉で人の印象に残る話し方をする」ことではないことを忘れないでください

- 自分自身とチームの透明性を高めるには、たくさんの心地悪い会話をこなさなければいけないことを認識しておいてください。心地悪さは潜在的なズレを示す価値あるシグナルで、避けたり過小評価したりするものではありません

- 組織課題は、個人に目を向けるのではなく、システムそのものを変えて解決できないか模索してください

- 日々の仕事に追われてユーザーの現実世界から引き剥がされないようにしてください。会社とユーザーが気にしていることは違いますが、執拗なまでにユーザーの擁護者であることを忘れないでください

- 自分がやるほどじゃない仕事とか、自分がやるには難しすぎる仕事などないことを忘れないでください。チームと組織が成功する助けになることなら何でもする意志を持ちましょう

- チームが届ける責任を持つアウトカムに対して、すべての取り組みに優先順位をつけてください

- 自分を技術系の人材だと思っていなくても、「自分はエンジニアではないので、

そういうのはぜんぜんわからないんです」とは言わないようにしてください。
自分にある学びと成長の能力を信じてください

3章
好奇心をあらわにする

　プロダクトマネージャーとして働き始めた当時は、データサイエンティストという
ものに怯えていました。私はこれまで「数学徒」だったことはありません。複雑な方
程式をホワイトボードに書き上げてオタクにしかわからないジョークを言うのを痛切
に理解したいと思っていました。プロダクトマネージャーになって最初の1年ほど
は、周囲のデータサイエンティストのそばをつま先立ちでそっと歩き回っていました
が、何をしているのかよく理解できず、私に説明する気もないのだろうと思っていま
した。これぞ天才というような人たちでした。そんな人たちがわざわざ時間を割いて
まで、幼稚園レベルから教えてくれるはずがありません。

　1年ほど経つと、このやり方では自分の仕事がますます難しくなるだけだと確信し
ました。データサイエンティストが提供するものは多いはずなのに、私の直属のチー
ムにはいないので何をどう頼めばいいのかもわかっていませんでした。そこで、カ
フェインを摂取して不安でやけくそな気分になったとき、データサイエンスチームの
人にちょっと話せないか声をかけたのです。それは短い電子メールでした。

　件名：コーヒーどうですか？
　こんにちは！ 今週も良い滑り出しでありますように。今あなたがやっているこ
とについてちょっと知りたいのですが、今週どこかでコーヒーでもどうですか？
木曜の朝とか。
　よろしくお願いします！

　送信ボタンを押して、迫り来る不安や気まずさから逃れようと受信箱からログアウ
トしました。自分は今、完全に変なことをしてしまったのではないかと思いました。
　数時間後、私に届いたのは単刀直入な返信でした。そこには、私が送ったメールの

ような過度な興奮はまったく含まれていませんでした。その週の木曜、私たちはコーヒー（「ミーティング」と呼ぶのをためらうものでした）を共にしました。とても良い話ができ、互いに共通の興味（2人ともフェンダーのジャズマスターが好きなギタリストだった！）があることがわかり、他にも一緒に働く上で重要な気づきが得られました。そして、このデータサイエンティストはプロダクトチームから阻害されていると感じていたこともわかったのです。これは私がデータサイエンスのチームに感じていたことと同じでした。自分のしていることに誰も興味を持ってくれないのだと考えるうちに、自分も**他の人**のやっていることに興味がないという印象を与えてしまっていたのでした。あーあ。

　本章では、成功しているプロダクトマネージャーの態度ややり方のうち、いちばん重要な特徴について触れます。好奇心です。

3.1　心からの興味を持つ

　プロダクトマネージャーがどのようにして開発者、データサイエンティスト、コンプライアンス担当といった遠くにいるように思える専門家たちの信頼を獲得するのかと聞かれたら、「相手の仕事に心からの興味を持ちましょう」と私は答えます。「あなたの仕事をもっと詳しく教えてください」という言葉は、プロダクトマネージャーが自由に使えるいちばんパワフルなセリフです。新人だろうと業界歴10年だろうと、それは変わりません。

　好奇心を示すというシンプルな行為は、プロダクトマネージャーとしてのあなたの仕事に即座に大きなプラスの影響を及ぼします。ここで紹介する3点は、素直に純粋な好奇心を持って同僚に接することで得られる重要なものです。

文脈から「ハードスキル」を理解する

　データサイエンスやプログラミングのような「ハードスキル」を理解するためにどれだけの時間をかけても、それを本職とする人たちに後れを取らずについていくことはできません。データサイエンスやPythonの本を読んで職場で「口先だけ」の話をするより、本人に仕事について尋ねるほうが多くを学べます。ハードスキルを使う仕事を課されている人たちに直接教えてもらえば、自分の組織が今いちばん必要としているハードスキルについて学ぶことができます。さらに、そうすることで技術系の同僚との絆が深まります。

　技術力以外の専門的スキルについても同じ手法が使えることを覚えておきま

しょう。たとえば、金融サービスの会社にいるコンプライアンス専門家と仕事をする必要のあるプロダクトマネージャーでも、この戦略はうまくいきました。プロダクトマネージャーとしてコンプライアンスの専門家になる可能性は極めて低いとしても、コンプライアンスの専門家への理解を深めることで、より正確な情報にもとづく意思決定ができるようになり、チームと密接に働けるようになるのです。

何かを求める前に橋をかける

他人に何かを求めるためだけに話しかけるのであれば、声をかけられて喜ぶ人はいないでしょう。何かを求める前に関係性を築いておきましょう。必要になったらその関係性を使うのです。

信頼のネットワークを広げる

あなたが声をかける相手は、それぞれ信頼のネットワークを持っています。それは「オフレコ」で話をし、必要とされればコネを使わせてくれることを厭わない人たちのネットワークです。毎日一緒に働いている人を飛び越えて組織内の人に声をかけることで、思いもよらないほど広範囲のネットワークを築くことになります。

私の経験上、「あなたのやっている仕事にとても興味があるんだ」と言うと、感謝されたり何かほっとしたような反応をされたりすることがほとんどです。誰かと初めて会うスケジュールを入れるために声をかけるときは気まずく感じるかもしれませんが（コーヒーを飲みにいくのではなくビデオチャットならなおさら）、やるだけの価値はあります。

ですので、少し時間を取って、チーム外の誰かに声をかけてみましょう。今は一緒に働いていなくても、過去に一緒に働いたことのあるチームの人かもしれません。いつかは自分の仕事に影響を与える可能性がありそうなのに、よくわかっていない役割の人かもしれません。Slack チャネルで特に思慮深い発言をしている、組織内では遠くにいる人かもしれません。声をかけるのにふさわしくない人はいません。すべて、あなたの知識と信頼のネットワークを広げるためには適切な一歩です。

エンタープライズ組織の階層を剥ぎ取る

アメリア・S
プロダクトマネージャー、大手メディア企業

　小さな技術系スタートアップから大きなメディア企業に移ったときは、その規模の会社ならプロダクトマネジメントに関しては一致団結するのだろうと心底期待していました。しかしすぐに、必ずしもそうではないことがわかりました。大きな会社には、スタートアップには通常存在しない表面的な手続きというものがあります。だからといって物事が線形で予測可能というわけでもありません。多くのスタートアップでは課題に対してもっと率直です。たとえば「こりゃめちゃくちゃだ、すぐに直そう」とかです。大きな会社では、直面している課題が話題に上り率直に語られるようになるまでに数か月はかかります。

　ある種の信頼を築くには、プロダクトマネージャーの伝統的な技を使います。コーヒーを一緒に飲んだり、お酒を飲みに行ったりして、相手の仕事や問題について少しずつ知るのです。まずは素直に、「まだ着任したばかりなので、何も知らないんです。どんな問題か教えてもらえますか？　そうすれば何かわかるかも」と言いましょう。取引でも、見返りでも、「持ちつ持たれつ」でもありません。期待をしてはいけません。こういった誠実さが評価されます。

　上層部の人間が、今まさに何が起きているのかを理解していることはまずありません。これは大企業における課題の1つです。この人たちは、仕事をしている人から報告を受ける立場です。しかし自分が成功するには、編集者やデザイナー、エンジニアといった大規模組織の既存部門の人たちと中核となるパートナーシップを築く必要があることがわかりました。私にはない、組織についての知識と歴史を持ち合わせています。マーケティング部門と打ち合わせをするなら、「実際に起きていることはこれです」と教えてくれる人が必要となります。人と人のつながりを作り活発にしておかなければいけません。

　大企業におけるプロダクトマネージャーには、非公式なルートで発生する現場仕事がいかに多いか、心から驚きました。私はすべてのアクションは大会議室で行われるのだと思っていました。しかし実際には、非公式な場で得られる合意がすべてだったのです。これは思ってもみないことでした。

3.2　しなやかマインドセットを育む

　スタンフォード大学の心理学の教授であり著作家のキャロル・ドゥエック氏は、学習と成功にまつわる先駆者的研究において、人間はしなやかマインドセットか硬直マインドセットで動くものだと仮定しました。しなやかマインドセットの人は、失敗や挫折を学習の機会だととらえます。硬直マインドセットの人は、失敗や挫折を本来備わっている価値の悪い面の表れだととらえます。しなやかマインドセットの人は、初めてのスキルや物事を成長の機会として取り組むことができます。硬直マインドセットの人は、初めてのスキルや物事に恐怖を感じます。

　多くのプロダクトマネージャーがそうであるように、あなたもこれまで頑張り屋さんとして生きてきたなら、硬直マインドセットで動く人である可能性が極めて高いです。なぜでしょうか？ それは、多くの頑張り屋さんは自分が苦手な分野でスキルを伸ばすことではなく、むしろその分野を避けることで成功を手に入れるからです。硬直マインドセットの頑張り屋さんは、自分がさらっとこなせないことは無駄、自分には関係ない、むしろ逆効果だと片づけてしまいます。白状すると、私も学生時代には「形式ばった練習をすると音楽から魂がなくなる」と言い訳して、音楽理論の授業を取るのを避けていました。しかし実際には、楽譜を読むのが実に難しく思えたために避けていただけです。知識や経験を伸ばせる分野があることを認めるよりは、あるいはもっと悪く言えば、自分が簡単に、もしくは自然にできないことをもっとうまくやる必要があることを認めるよりは、正当化しやすい「半分ホント」の周りに自分に都合のよいウソを散りばめるほうが簡単でした。

　硬直マインドセットで動いている限り、プロダクトマネージャーとして成功できそうにありません。新しく学ぶことが多すぎて、わかるまで待っていたら、頑張り屋さん的なロケットスタートには手遅れです。チームや組織を正当に扱いたいのであれば、否が応にも、自分の知識とスキルには限界があることを認めた上で対処する必要が出てきます。

　例として、2人のプロダクトマネージャーが同じ課題に直面していると想像してください。どちらも、この2か月を大きな金融機関向けのモバイルプロダクトに費やしてきました。ローンチの1週間前になって、自社のコンプライアンス部門からプロジェクトを中止せよとの文書が届きました。

　1人めのプロダクトマネージャーは硬直マインドセットで動く人間です。彼は文書を受け取るなり、慌てふためいて怒りをあらわにしました。怒りを嚙み殺してかすかな声でこう言います。「これをやったらチームに嫌われてしまう」。しかし彼はチーム

が過去にも同じことを経験していて、コンプライアンスの奴らに責任をなすりつけたがるだろうとも思っています。翌日、彼はチームを呼び出します。「さて、何だと思う？ またコンプライアンスの奴らがやってくれたよ。半年の苦労が水の泡だ」。チームは崩壊します。プロダクトは二度とローンチすることはありません。

　2人めのプロダクトマネージャーはしなやかマインドセットで動く人間です。彼女は同じ文書を受け取ると、すぐにコンプライアンス担当にメールをします。丁寧に書いてあるメッセージには、コンプライアンス担当がこのプロダクトを承認しないそもそもの理由について、プロダクトマネージャーとして正確に理解できているか確認したい、とあります。法律の知識のないプロダクトマネージャーが、コンプライアンス担当に、どの遵守項目でプロダクトを評価したのか正確な手順を説明するよう求めたのです。手順を説明する過程で、コンプライアンス担当者は、ある特定のユーザー操作があるとプロダクト全体を不合格にせざるを得ないことを明らかにします。プロダクトマネージャーは別の手段を提案し、双方が合意します。チームは、将来プロダクトを開発するときに重要となる留意事項を新たに学びます。プロダクトのローンチは翌週です。

　プロダクトマネージャーとして成功する気があるのなら、あなたをはるかに凌ぐ知識や特定分野の専門知識を持つ人たちを徹底的に巻き込むことに前向きになるべきです。もしその部屋のなかであなたがいちばん賢い人間であれば、おそらくプロダクトマネージャーとして成功することはないでしょう（実際、どの部屋にいようが「いちばん賢い人間」が誰か突き止めようとするのをやめれば、プロダクトマネージャーとして成功する確率は上がるでしょう）。

3.3　間違いという贈り物

　しなやかマインドセットを本当に育むということは、ただ未知のものだけでなく、あからさまに間違っていることも受け入れることを意味します。プロダクトマネージャーとして私がいちばんやりがいを感じたのは、過去の経験のなかでいちばん難しく激論になったミーティングの直後に褒められたことでした。会議室を出ながらシニアリーダーが「それはそうと」と言いました。「最終的に、議論を始めたときのあなたの主張とまったく違う内容を受け入れていましたよね。よくぞ同席した他の人の説得を受け入れたものだと感心しました」。

　ほんの数年前であれば、私はこの言葉に激昂していたでしょう。シニアリーダーとのミーティングに出てプロダクトに対するビジョンを語り、ミーティングの最後には

実質的に他の誰かのビジョンを主張したのです。事実上、会社の「プロダクトビジョナリー」として持つべき主張をすべて放棄したようなものです。しかし同時に、シニアリーダーに対して、自分の考えと違ったとしても会社のために良さそうなアイデアであれば取り組む意思があることを見せることもできました。このとき私は自分のキャリアのなかで初めて、間違いという贈り物を受け入れたのでした。

　これは、プロダクトマネージャーは周囲の望みに従えという意味ではありません。間違いを贈り物にするには、**なぜ**自分が間違っているのかを正確に知る必要があります。そして、全体的なゴールを達成するための自分の計画よりも、全体的なゴールそのものに価値を置く必要があります。あなたたちが共同で取り組んでいることをもっとうまく反映した方法を誰かが提言するなら、その計画に合わせることで、あなたの共有するゴールに対するグループ全体のコミットメントを強化できます。

3.4　守りの姿勢と距離を置く

　プロダクトマネージャーが行動で示すべき最重要の資質が好奇心なら、その**逆**は何でしょうか？ 思い浮かぶ答えはいつも同じで、非常にシンプルです。守りの姿勢です。

　プロダクトマネジメントの曖昧さや人やものをつなげる性質を前提にすると、幹部の干渉からチームを守るにせよ、根掘り葉掘りの質問から自分の意思決定を守るにせよ、自分が一生懸命やったことを誰も理解や感謝してくれないのではという疑念から自分を守るにせよ、いずれにしても守りに入りがちです。

　プロダクト関連のキャリアのなかで学んだ厳しい教訓は、何かを守るためにするすべての試みは、実際には害になるということです。幹部の干渉からチームを守ろうとして、チームの仕事とビジネスのゴールとのあいだに危険な溝を作りました（これについては5章で詳しく触れます）。根掘り葉掘りの質問から自分の意思決定を守ろうとして、その意思決定をもっとよくできたかもしれない重要な情報を見落としました。そして同僚から過小評価されているとか適切に評価されていないと感じたとき、それが現実だろうと妄想だろうとお構いなしに自分自身を守ろうとして、ひと目でわかるほどに仕事に支障をきたしてしまったのです。

　プロダクトマネジメントの日々の仕事のなかでは、守りに入りたい衝動の引き金となるような状況を避けるのは不可能です。それでも、その衝動を抑えるために具体的にできることは確実にあります。守りの姿勢と距離を置くための実践的なヒントを紹介します。

議論ではなく選択肢を与える

　イエスだノーだと気持ちのぶつけ合いに入ってしまっては、受け身の姿勢に一直線間違いなしです。ステークホルダーに複数の選択肢を与えれば、議論に勝つか負けるかという立場を感じることなく、いくつかの方法を評価して探索する機会が得られます。プロダクトマネジメントにおいて「ノー」と言うことがいかに重要かという話は、これまでもさんざんされてきました。しかし一緒に働いたなかでも最高のプロダクトマネージャーたちは、ノーと言う必要さえありませんでした。単に選択肢を一式与えた上で、チーム（特に自分のチームや経営陣）にゴールや方針に応じて最適なものを選ばせるようにするだけです。

不安や守りの姿勢のために何かを強いられているように感じるなら、書き留めておいて翌日再度取り組む

　もっとうまくやれたとか、もっとうまく伝えられたとか、聞くのを忘れていたことを聞けたはずだったと気づいたとき、「うわ、しまった」と思うことは誰しもあります。しかし不安からくる行動がそういった状況を好転してくれるとは限りません。そして、アドレナリンの波間を漂っているときは、取り組む順番に配慮できることはほぼありません。1度ならずとも私は血迷ったメッセージを同僚に送ったことがありますが、かえって心配事が悪い方向に向かうか、もっと重要なタスクに取りかかっている同僚の邪魔をしただけでした。この1年ほどで、深呼吸をし、不安に駆られた行動は書き留め、翌朝あらためて確認するという習慣を身に付けました。一晩ぐっすり眠ると、そのうちおよそ90%のことは翌日には**やる価値がない**と思えるようになりました。

まず「いいね、素晴らしい」と言ってからあとのことは考える

　守りの姿勢に入らないようにするには、守りに入りたくなるような質問や発言に対して「いいね、素晴らしい」と言う習慣を身に付けるだけで済むこともあります。「素晴らしい」と言ってから次に続く言葉までのわずかな時間があることで、張り詰めた状況が和らぎ、次につなげやすくなることもあります。とりわけこの戦略が役に立つのは、大きなミーティングで張り詰めた瞬間が訪れたときです。たとえば、昔あるミーティングに出席していたときのことです。そこでは、主要なステークホルダーの大集団を前に、プロダクトマネージャーがチームの成果を発表していました。チームのエンジニアが「えっとすみません、そもそもなんで今これを作ってるんでしたっけ？あまりよく理解していないんですけど」と割って入りました。プロダクトマネージャーは凍りつきま

した。「いいね、素晴らしい！」と彼は言い、「発表の終わりにちょっと時間を取って優先順位づけの条件についてもう1回確認しましょう。話題に挙げてくれてありがとう！」と続けました。こうすることでプロダクトマネージャーはミーティングを大幅に脱線させることを避けられたばかりか、エンジニアは大勢の前でいちかばちかの論争を引き起こす前にいったん落ち着いて自分の考えをまとめる機会が得られたのです。

助けを求める

守りの姿勢と距離を置くための重要かつ有意義な方法は、先を見越して周囲の人に助けを求めることです。とりわけこの戦略が役に立つのは、強情、好戦的、横柄といった、いずれにせよ共に働くには難があることで定評のある人に助けを求めるときです。ただそういう人たちを訪ねて専門知識を共有してもらったり、自分が解決に悪戦苦闘している問題を一緒に解いてくれるように頼んだりするだけで、そういう人たちとの関係性が改善できたのは非常に驚きでした。私がよくプロダクトマネージャーに週の始めにやるように勧めていることがあります。それは、自分の仕事を台無しにしたり自分の仕事を誤解したりする恐れのある人たちのリストを作って、その人たちに連絡を取って素直な気持ちで好奇心を刺激するための1on1の時間を予定することです。

十分に経験豊富でバランスの取れたプロダクトマネージャーでさえ、気づけばイエスかノーで議論を掘り下げたり、ミッションクリティカルな情報を持っているステークホルダーからの情報提供やフィードバックを拒否したりしてしまっていることがあります。自分が守りの姿勢を取っていることを認識し、それが自分とチームの良いアウトカムにつながる可能性の低いことを認め、できる限り素直に好奇心を持つようにしましょう。

プロダクトの失敗と個人的な失敗は分ける

スサーナ・ロペス

プロダクトディレクター、Onfido

大学卒業後に初めて関わったプロダクトは、成長中のスタートアップ向けのiOSアプリでした。当時この会社がプロダクトチームに求めていたのは、四半期

ごとにリリースする機能群のコミットでした。これは、プロダクトにまだ入っていないものをセールスチームが販売できるようにするための方法でした。四半期末の締め切りを破ることは顧客への約束を破ることを意味し、御法度でした。このころの私のモットーは「失敗という選択肢はない」でした。そんな考え方が子供のころから染みついていたのには理由があります。冷蔵庫を開けるたびに、まさにその言葉がこれ見よがしに書いてあるマグネットが目に入る家庭で育ったのです！ そしてこの役割における自分にとっての成功は、コミットされた機能を期日どおりに出すことでした。

　これを行動に移した結果、同僚を何時間も部屋に閉じ込めて、何か月分もの仕事を対象に、見積もれるくらいの小さなストーリーに分割させるという拷問をしてしまいました。期日が近づくにつれ、スコープを削りました。実装しやすくするため、期日を守るため、ひいては失敗しないためにデザインを容赦なく切り刻み、デザイナーを怒らせました。そしてクリスマスのプレゼント交換会で、受動的攻撃性のあるプレゼントを受け取ることによって自分のふるまいの厳しい現実に直面したのです。チームメイトの1人が私にくれたマグカップは、「独裁者」という文字でぐるりと飾られていました。

　プロダクトマネージャーになって1年ほど経ったころ、Androidアプリを引き受けないかと言われました。このころには私は、すべてを理解したこと、そして独裁者のマグカップを乗り越えて成長したことを見せたくて仕方がありませんでした。不本意ながら、「失敗という選択肢はない」は「すばやく失敗、早いうちに失敗」という言葉に置き換えました。実際どうすればよいのか完全には理解していませんでしたが、すべてのオピニオンリーダーやブログの記事がプロダクトを成功させるために必要な点はこれだと示しており、一丁やってみるかという思いになっていたのです。リリーススケジュールはOKR（目標と主要な結果）に置き換わりました。プロダクトのあらゆるリスクを取り除き、すばやく、早いうちに失敗する覚悟ができました。

　リリースを続け、成長を続け、いつもリリースの前にまず失敗し、その過程でユーザビリティを検証し、万事が上出来でした。ところが……、数字が伸び悩んだのです。イテレーションを続け、新しいユーザー層を獲得することを信じてもっと複雑なユースケースに対応しようとしましたが、何もうまくいきませんでした。早いうちに失敗していたのに、時間が経っても失敗していました。プロダクトは成長目標に達しておらず、私はその理由を理解できませんでした。以前は

毎月だったリリースが、ほぼ毎週のリリースになったので、エンジニアは正しいことをしていました。デザイナーはイテレーションを繰り返し、エンドユーザーと会話をしていました。私のせいです。私のプロダクトは失敗し、私も失敗するのです。眠れぬ夜が続き、トイレで泣いたことも、信心深いわけでもないのに教会に逃げ込んで泣いたこともありました。

　私は自分のプロダクトが失敗したからではなく、自分が失敗したと感じて泣いていました。自分の価値とプロダクトの価値を完全に同一視していたのです。**プロダクトの失敗を自分の個人的な失敗と結び付け、結果的に私は燃え尽きてしまいました**。今でも自分の関わるプロダクトには、自分の理想より普及も成長も遅いものがあります。しかし自分自身を失敗した人だと思うことはもうありません。感情的な距離を取るために、私は自分のプロダクトをいちばん悪く評価する人になったのです。自分が現在担当しているプロダクトはなぜ1つ残らず最悪なのか、うんざりするほど細かく挙げることができます。自分の関わるプロダクトでいちばん成功しているものでさえ完璧ではないと認識できています。さらに重要なのは、それは自分自身ではないと認識できることです。自分のプロダクトは目的を果たすもので、成功するものもあれば失敗するものもあります。それでよいのです。

　注：この話は、2019年に行われた Jam! London カンファレンスでの素晴らしい講演を脚色したものです。https://oreil.ly/wJdgE から全編を見られますのでぜひご覧ください。

3.5　「なぜ」を使わずに理由を尋ねる

　周囲の人たちと共に働きそこから学ぶ日々のなかで、気づけば自分が**他の人の不安な気持ちや守りの姿勢**を引き起こしてしまっている場面があるはずです。私の経験では、相手が答えを持っていないことを尋ねたときによく起こります。そのような防御反応が顕著に現れるきっかけになりがちな言葉があります。戦略的にいちばん重要な言葉である一方、同時に、脊髄反射的な反応を呼び起こしてしまう言葉でもあります。それが「なぜ？」です。

　本来、「なぜ」を常に理解するのがプロダクトマネージャーの仕事です。とは言え、プロダクトマネージャーが「なぜそんなことをしたんだ！？」と尋ねて回るような人

では信用を得られないことは身をもってわかっています。私はこれまで「ふーん、な
ぜ今それをやろうと思ったんですか？」と当たり障りのなさそうな質問をして、イラ
イラした激しい返答をされたことが何度もあります。そして質問した相手と長い時間
をかけて築いた関係性にヒビが入ってしまいました。そしてそれよりもっと頻繁だっ
たのは、当たり障りのなさそうな「ふーん、なぜ今それをやろうと思ったんですか？」
という質問をされて、私自身がイライラして回避的な反応を返すことでした。

　戦術的に言えば、「なぜ」と聞く代わりに、ちょっと角度を変えて「やり方を見せ
てもらえますか？」と聞くのが有効だとわかりました。たとえば「なんでこんなのを
作ったんですか？」とは対照的に、「いい感じですね！ チームがどうやってそんなア
イデアを思いついたのか教えてくれますか？」と聞いたときのほうが、会話が盛り上
がる傾向があります。これは、質問をする側を調査官ではなく生徒の立場にするしか
けです。**質問された側**にとっても、真摯でよく考えられた回答をするための余裕が増
えます。たとえその答えが「参ったな、正直言って、どうやって思いついたかなんて
特にないんです」とか、「自分たちが思いついたわけではありません。上司がなんと
なくくれたんです」みたいな場合においてもです。

3.6　好奇心を広げる

　良いプロダクトマネージャーは、守りの姿勢を最小限に留め、好奇心を育てます。
優れたプロダクトマネージャーは、好奇心をチームや組織のコアバリューに転化しま
す。純粋な好奇心は人から人へと広がり、それによって自然に人がコラボレーション
する距離も近くなり、お互いのものの見方の理解度が深まります。好奇心の強い組織
では、ステークホルダー間の折衝は広がりが感じられ、闘争的に感じることはありま
せん。また、ゴールやアウトカムについての深い会話は自分の重要な仕事の一部のよ
うに感じられ、「実務」を行う上での邪魔だと感じることはありません。好奇心があ
れば、すべてのものが興味深さを増し、取引のように見えることは減ります。

　好奇心を広げるための第1のポイントは、あなた自身がしつこくやってみせること
です。「今はものすごく忙しいんだ」と言ってしまうのは、プロダクトマネージャー
にとっては危険な宣告です。同僚が何か質問や考えがあってあなたに声をかけてきた
なら、どんなにその質問や考えが取るに足らないものでも、その行動を奨励しましょ
う。同じように、同僚のやっていることに興味があるなら、他人の時間をもらうこと
をためらわないでください。同僚から学ぶために費やす時間は、費やすべくして費や
した時間だと自信を持ちましょう。プロジェクトに没頭し、普段より人と離れて仕事

をする時間が必要なときでも、「少しでいいから放っておいてほしい。そうすれば仕事を終わらせられるから」と言うのは避けましょう。同僚とやりとりするのに費やす時間は、仕事を終わらせるために費やす時間であることを覚えておきましょう。

　好奇心を広げる素晴らしい方法は他にもあります。同僚同士、知識やスキルを人工受粉させることです。デザイナーと開発者からなるチームと仕事をしているなら、他に学びたいスキルはないか聞いてみましょう。フロントエンド開発についてもっと学びたいというデザイナーがいるはずです。モバイルアプリの UX パターンをもっと理解したいという Web 開発者がいるはずです。日々の仕事の一部として、もっと気軽にお互いが学び合えるようにしましょう。週に一度の「機能横断ペアワークデー」宣言をするマネージャーさえ見たことがあります。その日は、互いの知識とスキルを広げるためだと目的を明確にした上で、デザイナーと開発者が（もしくは別のシステムを担当する開発者同士が）ペアになります。このような形式的なプラクティスがあると、あなたが好奇心やチーム間の知識の共有に価値を認めていることを明確に示せます。

　最後にもう 1 つ、「デモデー」などを企画し、プロダクトチームが自分たちのプロダクトを組織に対して広くプレゼンテーションする機会を作ることも、好奇心を隅々まで広げるためには非常に有益な方法です。同僚に向けて週に 1 回のプレゼンテーションするように任されたチームの仕事の変貌ぶりを目の当たりにしたときは心から驚きました。さらに一生懸命に仕事をし、緊密にコラボレーションし、自分が質問されることも期待しつつ、同僚の仕事について質問し始めます。たとえば、マーケティングの人たちは高度に技術的なプロダクトには関心を持てないだろうという思い込みが、「すべての同僚からこの高度に技術的なプロダクトに興味を持ってもらうためには、どんなプレゼンテーションにすればよいだろう？」という質問に変わるのです。

3.7　まとめ：好奇心がカギ

　組織はそれぞれ違います。チームもそれぞれ違います。個人も一人ひとり違います。プロダクトマネージャーとして、実にさまざまなスキルセットやゴールや課題を持つ人たちとコミュニケーションし、方向性をそろえ、通訳となって働くのがあなたの責任です。これを可能にする唯一の方法は、その人たちの仕事に対して素直に純粋な興味を持つことです。職場で特殊なスキルを使っている人たちから直接学ぶことは、本を読んだりウィキペディアで調べたりするよりも常に価値があります。このように、素直に好奇心を持って築いたコミュニケーションのチャネルそれぞれが、チー

ムを成功に導く重要なステップです。次の「4章　過剰コミュニケーションの技術」
で詳しく説明します。

3.8　チェックリスト

- 職場の同僚を訪ねて「あなたの仕事をもっと詳しく教えてください」と声をかけましょう
- あなたの直下のチーム以外の人たちと知り合うときは慎重にしましょう。頼みごとをするなら、その人たちのゴールやモチベーションを十分に時間をかけて理解してからにしましょう
- 自分の仕事を台無しにしたり自分の仕事を誤解したりしないか心配な人たちに声をかけるときは、特に慎重にしましょう
- しなやかマインドセットを育み、素直な気持ちで、あなたよりスキルや知識のある人たちから学びましょう
- あなたの計画にないことでも組織のゴールに合うような計画を選ぶことで、間違いという贈り物を受け入れましょう
- イエスだノーだと気持ちのぶつけ合いにならないよう選択肢をいくつか示しましょう
- ミーティング中や会話中に自分が守りの姿勢になっていると気づいたら、「いいね、素晴らしい」と言って時間を稼ぎ、次の手を考えましょう
- 不安や守りの姿勢のために行動を強いられているように感じるなら、書き留めておいて翌日あらためて確認しましょう
- プロダクトの限界については冷静に認識するよう努め、あなた自身の個人的な限界ではないと認識しましょう
- 「なぜ」と聞く代わりに、ちょっと角度を変えて「やり方を見せてもらえますか？」と聞くようにしましょう
- 「忙しすぎて今それをやる暇はない」など、チームのやる気を暗に削ぐような発言はやめましょう。素直で好奇心旺盛な質問が出なくなります
- 同僚同士が学び合うように促し、お互いのスキルを学びたい人をペアにしましょう
- 「デモデー」などを企画し、プロダクトチームが自分たちの成果を組織に対して広く共有して議論するための機会を作りましょう

4章
過剰コミュニケーションの技術

　本章のタイトルは、いろんな意味で冗談です。でもプロダクトマネージャーにとって、本当に真剣な話でもあります。プロダクトマネージャーとして自分がやらかした最悪の失敗、そして他のプロダクトマネージャーから聞いた最悪の失敗にも、コミュニケーションの失敗が絡んでいます。口にすると政治的に危険そうな話や、口にするまでもなさそうな取るに足らない話を伝えないことです。

　取るに足らないことが危険である場合もあります。チームとミーティングをしているとしましょう。開発者がプロダクトの詳細について早口でしゃべっています。以前、経営陣と合意した話とは、ほんの少し違うような気がします。あなたはそわそわし始めます。チームの開発者は勘違いをしているだけだ、きっとそうです。チームは、経営陣がウォークスルーしたプロダクトの仕様をこれまでずっと扱ってきたのです。いずれにせよ大したことではありません。会話をさえぎって開発者を不快にすることもないでしょうし、ひょっとしたら自分のミスを突っ込まれるだけかもしれません。大したことではありません。誰も気づかないでしょう。問題になるなんてありえません。問題ありません。

　2週間後。チームは経営陣のメンバーにプロダクトのデモをしています。経営陣のメンバーが苦々しい顔をしています。眉間に皺を寄せ、厳しい目つきになっています。「これはいったい何？」。彼女の言葉に、心臓が止まりそうになります。首を横に振りながら、彼女は開発者の説明をさえぎります。「すみません、こんなものを開発するように頼んだ覚えはないのですが。どういうことでしょう」。開発者たちはデモを止めてしまいました。全員の視線があなたに刺さります。罵りの言葉を何とか口に出さずに我慢します。そして、「大ごとになるかもしれないと恐れてたんだ。大ごとになった。そして今や手遅れだ」と頭のなかで言うのです。

　多くのプロダクトマネージャー経験者にとって、このシナリオは他人事ではありま

せん。いつでも起こります。もう二度と起こさないと100万回誓ったあとでも、起こり続けます。コミュニケーション不足が引き起こす問題は、巨大で恐ろしいものになります。コミュニケーション過剰が引き起こす問題は、あきれられるか、嫌味の1つ2つくらいがせいぜいでしょう。さまざまな状況で最適なコミュニケーションの量を正確に決める方法はないので、失敗するならコミュニケーション過剰のほうに倒しておくほうがよいのです。少なくとも理論上は、簡単なことです。

　現実には、日々の仕事で網羅的にコミュニケーションするのは非常に難しいです。コミュニケーションのタイミングを適切に選択するのは、コミュニケーションを抽象的にしておくという選択よりもはるかに困難です。本章では、過剰コミュニケーションをプロダクトマネジメントプラクティスの一部とするための戦術的なガイドを示します。

4.1　あたりまえを問う

　プロダクトマネジメントに十戒があるとしたら、ベン・ホロウィッツの「Good Product Manager/Bad Product Manager（良いプロダクトマネージャー/悪いプロダクトマネージャー）」（https://oreil.ly/z3688）でしょう。最初のインターネットブームの最中に、Netscapeのプロダクトマネージャーにその場でトレーニングを行うために書かれたドキュメントです。このドキュメントは短くてシンプルですが、すごく重要なことを実現できています。それは、いろいろな状況にあるさまざまな組織のプロダクトマネージャーが日々期待されていることを「これはやる。これはやらない」という形で、これまでにないくらい明確にしたことです。どんな企業でも、このようなドキュメントを用意すべきです。仕事に期待される責任を明確に、実施できる形で示し、避けるべきふるまいも具体的に示すのです。

　このドキュメントで私が好きなのは、「良いプロダクトマネージャーは、あたりまえのことを必要以上に明確に説明しようとする。悪いプロダクトマネージャーは、あたりまえのことを絶対に説明しない」というものです。

　プロダクトマネージャーとして働き始めたころ、なぜ「あたりまえのこと」を説明するのが重要なのかをわかっていませんでした。答えは、「自分があたりまえと思っていることも、他の人にはあたりまえでないことがあるから」でした。実際には、他の人はまったく違う結論に達していて、それを「あたりまえ」と思っていることさえあります。そのため、「あたりまえのこと」は、コミュニケーションの大惨事を引き起こす可能性があるのです。

　最初にあたりまえのことや自明のことに質問をするのは、非常に心地悪いものです。「ちょっと全員の理解があっているか確かめたいのですが、来週の『リリース日』というのは、50 人くらいのクローズドなユーザー向けの小さなベータリリースのことですよね。多くのユーザーにリリースする前のデータ収集が目的です」。こういう発言には勇気が要ります。「もちろん、みんなわかってるよ」という回答が返ってきたとしても、グループのなかには、「うわ、言ってくれて助かった。**まったく知らなかった**」と思っている人が 1 人はいることでしょう。

　チームのビジネスやユーザーのゴールに向き合うとき、あたりまえを問うことのメリットは、えっと、あたりまえです。全員の共通理解がすでに得られているなら、共通理解をもっと確かなものとして先に進めます。共通理解が得られていないことがわかったら、問題が大きくなる前に、コミュニケーションの失敗について率直に話し合えばよいのです。

大きなミーティングで不都合な情報を挙げる

ジュリア・G

シニアプロダクトマネージャー、中規模スタートアップ

　数年前、顧客と直接向き合っている同僚たち 50 人ほどが、ある大きなミーティングに参加していました。セールス部門全員、カスタマーサクセス、そしてマーケティングのリーダー層です。このミーティングで、顧客が長いあいだ要望していたある特殊な機能についての質問が挙がりました。CEO が会社のチャットで、その機能ならこの前リリースしたので、そのニュースを顧客に知らせるようにと回答しました。

　1 つだけ問題がありました。その機能が提供されていたのは、限定されていたチャネルだけだったのです。議題になっていた顧客が使っているチャネルでは、まだリリースされていませんでした。

　問題を表に出さないことで過去にひどいことになったことを思い出し、声を上げることにしました。「実際には、この機能はそのチャネルではまだリリースされていません。最新のロードマップでは Q4 の予定です」。沈黙。やらかしてしまったかと思いました。CEO がチャットに新しいメッセージを書き込みました。「わかった、知らせてくれてありがとう」。

　そのとき、プロダクトマネージャーになってから経験したことのない安心感がありました。この会社に入社してからまだそれほど経っておらず、その前は複数のアーリーステージのスタートアップで働いていました。そのような職場では、期待される納期は「昨日」であり、質問を非難と受け止めるような態度を身に付けていました。「ねえ、これサポートされてる？」という質問は「なぜこれがサポートされていないの？」という非難に聞こえました。期待を常に上回っていようとしていたので、質問をされたら、その時点で失敗だと感じるようになっていたのです。大きなミーティングのなかで、CEO に向かって機能がリリースできていないことを知らせるのは、とても高リスクに思えました。でも、彼の回答によって、私は信頼され任されている感覚が得られました。

　「時間がかかるとか、優先度は高くないと答えてしまったら、自分は無能と思われる」といつも想像していました。そんな会話からは抜け出して、聞きたいと思っていることではなく、実際に起こっていることを人に伝えられるようになりました。プロダクトマネージャーとして成熟した結果なのか、思慮深く協力的な同僚に恵まれた結果なのか、どちらなのかはよくわかりません。しかし、同僚がそれほど思慮深くも協力的でもない状況だとしても、私は自信を持ってこの発見を提供するつもりです。ちょっと心地悪いかもしれませんが、日々の終わりには、自分の仕事をよりインパクトのあるものにしてくれます。

4.2　遠回しではなく、単刀直入に

　数年前、木曜日の午後 9 時にマネージャーから不意にテキストメッセージが届きました。そこには「あのさ、新しい iPhone アプリの App Store への申請を今晩中にできる？」とありました。

　混乱しました。緊急指示ってこと？　優先度は高くないただのちょっとしたお願い？　**今すぐ**やってほしいってこと？　それとも、38 文字のウィンドウから、マネージャーの頭のなかのお花畑を見せられただけ？　たいていの場合は、プロダクト殉教者として自分をコンピューターに引きずり込み、不機嫌になりつつ申請を出して、でもちょっと熱意のあるふりをして「もちろん。問題ありません！！」と返すところです。

　でも、その晩はコンサートに来ていました。コンピューターが使えるところに戻る

にはゆうに1時間はかかります（コンサートの最中にスマホを見ていた私が悪いんですが）。いつもの受動的攻撃性のある残業をやめて、マネージャーに電話することにしました。

「もしもし、実はコンサートに来ていまして。家に戻ってすぐアプリを申請しろと言うなら、もちろんできますけど」

電話の向こうからは、ためらっていそうな声が聞こえてきました。

「ああ、そう。つまり、今晩中にストアに申請できているといいなと思ったんだ」。そして、少しの沈黙のあと「でもコンサートに来ているんだよね。大丈夫。気にしなくていいよ。明日の朝話そう」と続けました。

「わかりました。ありがとうございます」。そう言い終えた途端、すごい不安に襲われました。ワークライフバランスの見えない境界線を踏み越えた？ 自分のために、会社にとても悪いことをした？ ずっとそうかとは疑っていたけど、自分は自己中心的で嫌な人間？

翌朝、処罰があることを想定していました。マネージャーは、何でもなさそうな顔をしていました。「まあその、つまり、すぐにアプリを申請できたらいいなと昨晩は考えたんだ。別に今日出してもぜんぜん問題ない。最終的なリリースのタイミングには大して影響なさそうだしね」。

いつもとは違う率直な態度で、私は言いました。「ちょっとお願いしたいのですが、もし将来、今すぐにやる必要があることが実際にあるのなら、これ以上明確にできないくらい明確に要求してください。メッセージを受け取っても、本当の緊急事態かどうかは判断がつかないんです。もし本当に私に緊急にやってほしいことがあったら、私は全力でやり遂げます。『あったらいいな』くらいのことだったら、そのようになるべく明確に伝えていただければと思います」。

自分の単刀直入さをとても誇りに思いました。でも、それはほんの10秒ほどでした。そして、自分の同僚に対するリクエストが、ほとんどの場合、「〜できたら助かるんだけど」、「ねえ、もし、ちょっと、ひょっとしたら〜」のような形であることに気がつきました。「ねえ、いい天気だね。サンドイッチが好きなんだけど、君も好き？ ところで、ちょっと時間があったらでいいんだけど……」といったものです。

プロダクトマネージャーが組織上の直接の権限を持っていることはほぼないので、遅くまで残業をしてほしいとか、すでに完了した作業のやり直しなどは、なるべく「心地よい」言い回しを使ってしまいがちです。でもやってほしいこと（さらには、やってほしいと頼んでいること自体）を曖昧にするのはよくありません。責任回避であり、「悪い奴」と思われずに結果を得ようとする受動的攻撃性の現れでもあります。

　プロダクトマネージャーには、あらゆる言い逃れ、過剰な謝罪、自己卑下の力が強く働きます。チームそしてあなたにとって、それらは危険で有害です。長年、人から非難を受ける状況から逃れるために私は自己卑下を使ってきました。チームに新しい期限や、新しい仕事の要求が来たときは、「じゃじゃーん、プロダクトマネージャーだよ。また楽しい締め切りをみんなに持ってきたよ」といった伝え方をしていました。チームの緊張を和らげ、自分がチームの一員であることを示す良い方法だと思っていたのです。たいていの場合は、クスッと笑ってはもらえました。

　でも、チームに対する長期的な影響を考えると、このやり方は良くもなければ、おもしろおかしくもありません。自分の感情を自己卑下で隠してしまい、締め切りを再設定している理由や、完了したはずの作業の再作業をお願いしている理由をまったく説明していなかったのです。会話をなるべく早く終えようとしていただけで、チーム全体が同じ目的を目指せるようにはしていませんでした。意図的かどうかに関わらず、私が伝えていたのは、依頼している仕事には意味がないということでした。もし仕事の意味を伝えてしまったら、私が仕事の依頼者になってしまうからです。仕事の依頼者は誰からも好かれません。

　プロダクトマネージャーをやっていると、他人にやりたくない仕事をやってもらうように依頼しなければいけない場合があります。チームの成功のために不可欠なのであれば、チームにその理由を理解させ、他に優先度を下げられるタスクがないかを一緒に考えてもらいましょう。不可欠でないのであれば、チームが使う時間について全体的に優先度を検討したかどうかよくよく考えましょう。なんとなく重要に見えることを何でも受け入れているだけかもしれません。

4.3　すべてがあなたのせいではない。アウトカムは意図より重要

　プロダクトマネージャーは、チームの失敗はどんなことでも、言い逃れできない責任を負うべきとアドバイスされます。「何かに失敗したら、実際にはどうであったとしても、あなたの失敗なのだ」と駆け出しのころに言われたのを覚えています。

　私はこのアドバイスを深く心に刻み、自分のプロダクトに殉教することを受け入れました。そして、おかしなことですが、ちょっと安心もしました。チームで何かうまくいかなかったら「うん、私の問題。私が最低」と宣言して、日々の仕事を続ければよいのです。実際に思ったほどのアウトカムにならなかった理由についてチーム全員で正直な会話ができる場を設定し、将来的にアウトカムを大きくするためのステップ

を検討するよりも、はるかに簡単です。

　もちろん、プロダクトマネージャーとして、チームのアウトカムについての最終的な責任はあなたにあります。とは言え、その責任を自分だけで負う必要はありません。失敗したことをすべて自分の個人的な失敗にしたら、チームから学習と成長の機会を奪うことになります。チームの失敗をすべて自分のせいにするというのは、自分を不要にするという重要な行動指針に反します。チームと一緒に、失敗を引き起こした可能性のある**システムそのものにまつわる課題**に取り組みましょう。

　システムそのものにまつわる課題に取り組むことと、個人的な非難に終始することのあいだには、とても薄い線引きしかありません。ここ数年、「良い意図であることを前提にする」という言葉によって、会話を個人的なものでなくし、線引きを強化しようという状況をよく見るようになりました。もちろん、「良い意図であることを前提にする」ことは、「失敗はすべて個人の責任とみなす。実際にはそう思っていなくても」よりかなり健全です。

　でも、「良い意図であることを前提にする」ことが広まるにつれ、限界も見えてきました。去年くらいから、この言い回しがファシリテーションのためではなく、受動的攻撃性を持つコメントに使われるのを見かけるようになったのです。「チームが悪いって言いたいの？ 私が**ベストを尽くしている**のを知らないの？『良い意図であることを前提にする』って知ってるでしょ？」。

　見積りと納期延長の応酬という悪夢のような感情のループ・ゴールドバーグ・マシン[†1]は、「意図」にフォーカスするというアイデア自体が、奇妙で薄暗い感情の領域に導きかねないことを示しています。良い意図を持った人間が、多大な害をもたらすことがあります。悪い意図があった人でも、良いアクションを取れることもあるのです。大雑把に言うと、会話を**意図**にフォーカスさせるよりも、**アウトカム**にフォーカスさせたほうが良い結果につながると考えています。

　実際には、「この状況で、期待したアウトカムは得られましたか？」という質問によって、個人間、チームレベルでの課題の調停につなげられます。「エンジニアリングのなかに、意思決定プロセスから外されていると文句を言っている人がいる」と腹を立てているプロダクトマネージャーがいるところを考えてみましょう（機能横断的なプロダクトチームではよくあることです）。そんなときは、「エンジニアリングマネージャーが意思決定プロセスから除外された状況が、期待どおりのアウトカムですか？」と尋ねます。「はい、巻き込んでいる時間はありませんでした」とか「はい、

---

†1　訳注：たくさんのからくりを次々と連鎖させて実行する機械のこと。

チームの意思決定に参加してもらおうと思うほど信頼できていないので」という回答が返ってきたら、そこを会話の足がかりにします。「いいえ、全員を巻き込もうとしました。なぜ除外されていると感じているのかわかりません」という回答なら、会話のフォローアップをして、実際には何が起こったかを確認し、次回はどうするかを話し合うようにすればよいのです。

　個人としての思いを脇に置いてシステムの全体像に目を向ければ、たいていの場合、個人の**意図**は取るに足りないものだとわかるでしょう。私たちの仕事は**システム**を改善し、ビジネスやユーザーに対するアウトカムを継続的に改善し続けることです。同僚の不満や傷ついた感情について聞いたときは、まず「わかった、教えてくれてありがとう」と答えます。そして、「この状況では、期待するアウトカムは得られなさそうですね。アウトカムを大きくするために、何を変えたらよいでしょう」と聞くのです。この会話で注意を感情からアウトカムにシフトでき、受動的攻撃性のある個人攻撃（あるいはプロダクト殉教）につながってしまいがちな会話を避けられます。

自己卑下を避ける

M・L

プロダクトマネージャー、100 人規模のスタートアップ

　プロダクトマネジメントのアプローチとして自己卑下を使うことが正当でないことに気づいたときのことを私は絶対に忘れることはないでしょう。ある非常に難しいプロジェクトに参画してから 1 か月ほど経ったころのことでした。深夜残業が続き、締め切り直前のやり直しも多発していました。チームをそんな状態にしてしまったことに本当に罪悪感がありました。緊張感を和らげるために、大げさな謝罪をしたり、「わかってる。わかってる。最悪なのは私」、「ええ、全部私の責任。散らかしたのを片づけてくれてみんなは素晴らしい」といった発言をしたりして、自分を目立たせないようにしていました。

　そして、チームの開発者から思いがけないメールを受け取りました。彼は、私の仕事の説明の仕方を気にしていました。私が本当に自分を悪いと思っているのか、できることなど何もないと思っているのかを知りたいようでした。そして、私の貢献にチームが価値を見出していないと思わせるようなふるまいを彼がしたことがないかと尋ねてくれました。

　返信を書き始めたとき、それは起こりました。自分は何もできないなどと思ってはいない。起こったことは自分のせいとも思っていない。自分では意識できていませんでしたが、自己卑下を使って受動的攻撃性のある不誠実なやり方で、「頼まれたことを文句を言わず黙ってやってちょうだい」と言っていたのです。プロダクトマネージャーとしての成熟が足りず自信もないせいで、ずっとやっていた深夜残業ややり直しが必要な理由についてチームと大っぴらに話すことができていませんでした。同じく成熟と自信が足りないせいで、経営陣とも、深夜残業や直前の変更がもたらす悪い効果について話せていませんでした。「はい、おっしゃるとおりに」と経営陣に言い、「ごめん、私のせい」とチームに言うほうが自分にとって簡単だったのです。

　このようなふるまいを避けるために私が使ってきた思考実験のようなものがあります。自己卑下したコメントをしそうになったら、「もしチームの誰かがやってきて、『いや、そんなこと言わなくていいよ。あなたはうまくやっているし、あなたの意見は尊重している』と言ってくれたら、自分は安心する？ それとも困惑する？」と自分に尋ねるのです。「安心する」が答えなら、チームとレトロスペクティブを行って、自分の自信のなさの原因を包み隠さずに探ります。「困惑する」が答えなら、自己卑下によって避けようとしている難しい質問や会話は何なのかを自分に問います。そして勇気を振り絞って、積極的にその質問や会話をチームとやってみます。

　自己卑下を避けるようになって数年経つと、何が実際に起こっているのか？ 自分たちには実際に何ができるのか？ といったチームとの率直な会話を進めるのがかなり上手になってきました。自分が今やっていることが必要な理由、どうやって意思決定をするかといった点について、より難しい質問ができるようにもなりました。そのような質問に答えた経験が、自分が良いプロダクトマネージャーになっていく助けになっています。自分が防御的でなくなる助けにもなればさらによいと思います。

4.4　プロダクトマネジメントでいちばん危険な言葉：「よさそう」

プロダクトマネジメントのキャリアの始めのころ、権限のあるポジションの人から

形式的にでも「承認」さえもらっておけば、トラブルは防げると本当に思っていました。チームの四半期のロードマップは、確定させる前に必ず経営陣とのミーティングで見せるようにしていました。デザインモックを実際に使えるソフトウェアにする前に、プロダクトの見栄えに独自の意見がありそうなステークホルダー全員にモックを送りつけました。ステークホルダーからフィードバックをもらうふりをしつつ、**実際には**表向きの承認を求めていました。あとで、想定外な状況になったときに、自分の身を守れるチェックマークをもらおうとしていたのです。

　こういう場合の表向きの承認は、「わかった」「送ってくれてありがとう」のような短い認知の形で示されます。私はその承認を必要としていましたし、そのときは、承認さえあればよいと思っていました。チームの仕事に誰かがケチをつけようものなら、その「わかった」を突き返して、「1か月前にお送りしたのに特にフィードバックはありませんでした。今、変更はできません」と勝ち誇ったように宣言していたものです。

　「仕返し禁止」が会社をまとめるポリシーとしては役に立たないことを学ぶのにそれほど時間はかかりませんでした。5章で議論しますが、ステークホルダー、特に幹部のステークホルダーは、極めて多忙です。ミーティングでうなずいても、「わかった、ありがとう」のメールも、認知されていたとはしても、あなたの懸念点に必ずしも注意が向いていることを意味しません。プロダクトマネジメントの世界では、はっきりとした承認、明示的な賛意でないものは、驚くほど危険です。その曖昧な注意を払っていない非明示的な賛意の例としていちばん上がるのが「よさそう」という反応です。

　優秀なプロダクトマネージャーは、いろんな手を使って、人が「よさそう」とは答えられないようにしています。たとえぎこちなくても、イライラさせる可能性さえあっても、必ず自由回答式の質問をします。3章で説明したように、議論ではなく選択肢を提供します。そうして、ステークホルダーに積極的な参加を促し、消極的なうなずきや、ひとことだけのメールで返答できないようにするのです。

　ミーティングやメールでフィードバックや承認が欲しい場合は、選択肢のある質問を最低1つは入れるか、自由回答式の質問を入れておくと役に立つことがわかりました。メールに「次の四半期のロードマップを添付します。質問があればご遠慮なく」と書いておけば、見かけ上は透明性が確保され、コラボレーションを促しているように見えます。しかし、そうやっても実際には、ロードマップに従って**リリースが始まってから**の「これはいったい何だ？　聞いてないぞ」という反応を避けることはできません。では、「次の四半期のロードマップを添付します。ロードマップにも示した

とおりスプリント 6〜8 で 2 つの違う案を検討しています。どちらの案がみなさんのチームにとって適切か、金曜日中にお知らせください」ならどうでしょうか？ より積極的な回答をもらえそうです（メールやチャットで回答期限を明確に示すことの重要性は「13 章 おうちでやってみよう：リモートワークの試練と困難」で議論します）。

4.5 「よさそう」からの脱却戦術： Disagree & Commit

何人ものステークホルダーと会話しなければいけないとき、「よさそう」という言葉の重力は逆らい難いほど大きくなります。1on1 での 1 人との対話でさえも合意しないことを伝えるのは気まずいのに、10 人との会話のなかで 10 人に合意しないことを伝えるのは指数関数的に気まずくなります。「よさそう」と言っておけば最小限の抵抗で済みます。その道筋に行かないように抵抗を増やすには、難しい仕事が必要になります。

ありがたいことに、Intel の人たちが、Disagree & Commit という、まさにこの問題に取り組むためのテクニックの先駆者となってくれました。Disagree & Commit の背後にあるアイデアはとてもシンプルです。集団での合意形成の際には、**参加者全員の「進めてよい」と積極的なコミットメントが必要**だということです。そしてコミットメントのプロセスでは、そうしなければ語られなかったはずの質問、懸念、反対意見を引っ張り出さなければいけません。

例を見てみましょう。ミーティングが 2 つあります。どちらも、フリーミアムのプロダクトに新しい機能を追加する場合に、フリーユーザーに提供するか、それとも有償ユーザーのみにするかという意思決定をしようとしています。最初のミーティングは、これまでどおりの暗黙の合意ルールにもとづいて進められます。みんなが合意すれば（もしくは、少なくとも誰も反対しなければ）、続行の判断が下されます。対象の機能を開発するプロダクトマネージャーとして、10 人ほどのディレクターレベルのステークホルダーへの説明が求められています。競合分析、利用予測、利益目標などをもれなく説明したあと、当該の機能はフリーユーザー向けに提供すべきであると強く推奨しました。「質問はありますか？ このやり方でよさそうでしょうか？」と聞いたところ、何人かが仕方なくと言った感じでうなずきましたが、ほとんどの人は黙ったままです。安堵のため息がこぼれます。「わかりました。よかったです」。

チームは仕事に戻り、ワクワクする新しいフリー機能の開発に取り組み始めます。技術的詳細が検討され、マーケティングコピーもでき、すべてが予定どおりに行って

いるようでした。ところがミーティングから2週間後、あなたの提案にうなずいていたディレクターのうちの1人からメールが届きます。「申し訳ない、ちょっと止まってもらわなくちゃいけなくなった。顧客層ごとの価格設定の判断でちょっと問題があってね。解決しないと先に進めないんだ」。ちょっと待って、**何だって？** みんなで合意したじゃないか、とあなたは考えます。怒りを何とか飲み込んで、すばやく返信します。「連絡ありがとうございます。正直、ちょっと混乱しています。フリーの機能としてリリースすることにみんな合意しましたよね？」。数時間後に返ってきたメールにはこうあります。「ああ。でも収益担当VPが価格戦略を再評価した結果、現時点でフリーの機能をさらに追加する必要性がわからない、という話になっていてね。詳細はまた来週にでも知らせるから」。

　首を振りつつ、深いため息をつきます。チームのところに行って、全社の価格戦略がふらついているせいで、ここ2週間のハードワークの成果は宙ぶらりんになったことを伝えなければいけません。チームの士気には大きなダメージがあるでしょうし、チームのスケジュールにも大きな影響があります。でもこの時点では、祈って、待って、愚痴をぶちまける以外にやれることはありません。

　それでは、Disagree & Commit のルールで運営される2つめのミーティングを見てみましょう。このミーティングでは判断を下す前に、参加者全員が**具体的で積極的なコミットメント**を示す必要があります。また、コミットメントを示せないなら、質問や反対を表明する必要もあります。競合分析、利用予測、利益目標などをもれなく説明したあと、当該の機能はフリーユーザー向けに提供すべきであると強く推奨しました。「ここで、ちょっと今回はやり方を変えてみようと思います」とステークホルダーに語りかけます。「チームにとって大きな決断事項なので、ここにいる全員がすべての情報を共有していることを確認しておきたいのです。これから1人ずつお尋ねするので、このやり方で進めてよいなら『コミットする』とお答えください。**コミットできない場合**は、その理由をお話しください。そこからどうできるかを考えましょう」。

　まず、プロダクトマーケティングのディレクターに尋ねます。「フリーの機能としてのリリースを進めることにコミットしますか？」。ちょっとためらった感じで「うん、そうだな、わかった。コミットする」という返事が返ってきました。「わかりました。ありがとうございます」。しばらくあいだを置いてから続けます。「念のため言っておきますが、今回のゴールは、質問や懸念点があったら共有することによって、できる限り良い判断を下すことです。確信がないのなら、『はい』と**言わなくて大丈夫です**」。ちょっとした笑いが起きたあと、1人が発言します。「なるほど、いいえなら

『やめておく』、はいなら『コミットする』。とてもわかりやすいな」。

次は、収益担当ディレクターの番です。ちょっと確信は持てていなさそうです。「実のところ、今の時点でコミットできるかわからない。今ちょうど収益担当 VP が価格戦略の見直しをやっているから、その結果がわからないと絶対にイエスは言えそうもないんだ」。ちょっと待ってから答えます。「なるほど。教えてくれてありがとうございます。状況が明確になるのはいつごろになりそうですか？」。「まあ来週には、お知らせできると思います」。

次の週、収益チームとフォローアップの会話ができ、会社の価格戦略が変わっていく理由、過程などがもっとわかるようになりました。そのあいだは、チームは価格アプローチの変更に影響を受けない範囲の仕事を進めています。まもなく、最初のステークホルダーを集めてミーティングの続きが行われます。今回は、収益管理ディレクターの完全なサポートも得て、会社の価格戦略の変更点と、それに伴って有料ユーザー向けの機能を充実させる方針も確認しました。こんな揺り戻しはストレスは溜まりますが、チームとステークホルダーから見えるところで進められたことで、とても安心できました。

この例からもわかるように、Disagree & Commit で組織内のどんなコミュニケーション障害や断絶でも何とかできるわけではありません。そのような組織内の断絶やコミュニケーション障害をタイムリーかつ生産的な形で見えるようにできるのです。

どんなベストプラクティスもそうであるように、Disagree & Commit を導入するやり方はチームや組織に依存します。ただいくつかコツはあります。

使う前に Disagree & Commit を紹介すること

Disagree & Commit は、Amazon や Intel で好まれている形式の決まったベストプラクティスです。実際に使う前にはプラクティスを紹介して、プロセスの実験として合意をしておくのがよいでしょう。Disagree & Commit が、コミットしようとしないチームメンバーに向けた、受動的攻撃性があるやり方だと誤解される場合もあるので、事前に紹介して合意を得ておくのは重要です。

沈黙は不合意として扱う

多くのミーティングでは、沈黙を暗黙の合意として認識します。誰かがやり方を提示して、最後に「質問がありますか？」と尋ねて、それに誰も返事をしなければ合意のサインとみなします。Disagree & Commit では、積極的なコミットメントしか合意として扱いません。沈黙は合意ではありません。「沈黙

していたら、みなさんは合意をしていないことになります。ではそれぞれに、考えや懸念点を説明してもらいましょう」と、参加者にはっきりと説明します。初めて Disagree & Commit を使うときは、プロダクトマネジメントのキャリアを通じて、いちばん心地悪い瞬間になるかもしれません。でもきっと、部屋にいる大人しかった人たちから生まれる学びに驚くことになります。

参加者の多いミーティングでは、すばやくパルスチェックを試す

参加者の多いミーティング、特にビデオチャットでのミーティングでは結論を出す前に、「このアプローチにコミットする人は『いいね』してください」のようにすばやくチェックをするのが有効です。反応を返してくれる人が 1 人か 2 人しかいなくても、議論を掘り下げられるかもしれませんし、反対意見であっても歓迎し真剣に議論するのだと示せます。

ゴールを設定し、テストし、学ぶ

参加者が進めることにコミットしてくれなかったらどうすればよいでしょうか？ 信じられないかもしれませんが、実はこれは素晴らしい兆候です。参加者は、しっかりとミーティングに参加しているからこそ、合意できないことにはコミットしないのです。議論を進めるには、成功基準を設定し、またあとで判断を再検討するように計画しておくことです。そうすれば、選択したアプローチが有効かどうかを確かめ、必要に応じて調整できます。

たとえば、エンジニアリングチームとのミーティングにいるとしましょう。議題は、プロダクト開発サイクルを 2 週間にすべきか？ それとも 6 週間にすべきか？ です。全員の合意を待たずとも、「2 週間のサイクルにコミットしませんか？ それで 1 か月やってみて、判断が正しかったか、チームゴールの達成に役立っているかを判断しましょう。役立っていなかったら、別のやり方を試しましょう」と提案できます。判断を先送りにするのを防げますし、成功かどうかを計測し判断するという説明責任を共有しながら、先に進められます。

すべてを曲解して、「Disagree & Commit なんだから、合意するかどうでもいい」などと言わない

こんなことを書かなければいけないこと自体が信じ難いのですが、Disagree & Commit という考え方を曲解して、「Disagree & Commit なんだから、合意するかどうかはどうでもいい」みたいな極論に走る人もいます。Disagree & Commit の目的は、ためらい、懸念事項、質問などを表に出しやすくするた

めだったことを思い出してください。Disagree & Commit が反対意見を押さえつけるために使われていたら、適切なやり方ではありません。

Disagree & Commit を使って、良い解決策を見出す

J・A
プロダクトマネジメントコンサルタント

メディア複合企業向けのプロダクトを作っているカリフォルニアにある小さなコンサルティング会社で働いていたころの話です。内部プロセスについてのミーティング中、ある問題が発生しました。定時後に顧客から届いたメールをどう扱うかという問題です。チーム間の緊張の原因になっていましたし、単刀直入に議論をしても、ほとんどの人は口を開きたがりませんでした。

ついに、参加していた会社の上層部の 1 人が口を開きました。「顧客のリクエストにはタイムリーに回答するのが大切だ。届いたメールを見ただろう。すぐに返事をしたほうがいいな」。「受信者が 2 人いたらどうしましょう？」。「こうしたらいいんじゃないでしょうか。定時後にメールが届いたら、cc されている人に Slack でメッセージを送って自分が対応すると伝えて、それから顧客に返事をするんです」。何人かはうなずいています。協力して解決策を見つけられました。先に進めます。

でもミーティングの緊張感は消え去っていません。黙りこんでいる人もいます。Disagree & Commit を知ったばかりの私にとって、ここが試し時だと思えました。このアプローチで行くなら、全員からの積極的なコミットが必要であり、沈黙はアプローチに反対であると認識する、と伝えました。参加者に尋ねていくと、ほとんどの人は「はい、しばらくこのやり方でやってみて、どうなるか観察します」のように答えます。続けていると、ずっと黙っていた参加者の 1 人が口を開きました。「ええ、このやり方でもよさそうです。でも、夜にメールを返す必要があるかはわからないんですよね。顧客から定時後にメールが来たら、私は翌朝に返事をします。そうしていると、顧客もやり方に慣れてきて、夜遅くでなく朝一番にメールをくれるようになります。慌てて返事をすることをやめてからのほうが、だいたい何でもうまくいってます」。

部屋の空気が窓を大きく開けたように劇的に変わりました。最初のやり方に

なんとなくコミットしようとしていた人たちも、深夜のメールで失敗したこと、慌てて判断を間違えたこと、曖昧な顧客からの期待のせいでディナーが台無しになったことのような経験を話し始めました。**そのあと、チーム全体は熱意を持って新しいやり方にコミットしました。Disagree & Commit アプローチなしでは見つからなかったやり方です。**

4.6　いろいろなコミュニケーションスタイルを意識する

多くのプロダクトマネージャーにとってコミュニケーション過剰は自然なことです。それがそもそもプロダクトマネジメントに魅了された理由になった人もいるでしょう。そのような立場からは、あまり質問をしてくれない人、ミーティングで発言しない人、詳細に書いてくれない人は、「悪い」コミュニケーターだと思いがちです。

プロダクトマネージャーとしてのキャリアのなかで、私の書きすぎるコミュニケーションが伝わらなかったり、ミーティングでの「気の利いた」ひとことを拾ってくれない人たちにイライラしたりしてきました（この文を読んで、「どちらもひどいな」と思った人もいるでしょう。わかっています。ありがとう）。「良いコミュニケーション」か「悪いコミュニケーション」かという問題ではないことに気づくのに、長い時間がかかりました。単にコミュニケーションのスタイルの違いを反映したものだったのです。あなたのキャリアのなかでも、その違いに遭遇することでしょう。

プロダクトマネージャーとして、自分とは違うコミュニケーションスタイルの人がいることを認識するのは非常に重要です。悪いコミュニケーターだと最初は思った人に対しても、素直に興味を持って付き合ってみましょう。私がよく見てきたコミュニケーションスタイルをいくつか挙げてみます。理解と共感を広げていくのに役立つでしょう。

ビジュアルコミュニケーター

図を見て初めて概念を理解する人もいます。まず言葉でコミュニケーションしようとする人にとっては、この事実を受け入れるには時間がかかります。注意深く丁寧に書いたメッセージをまったく読んでくれない人に会うと、私はとてもイライラしていました。自分自身がビジュアルコミュニケーターでないな

ら、チームのビジュアルコミュニケーターに助けてもらいましょう。あなたの
アイデアをすばやくスケッチにしたり、ビジュアルプロトタイプを作ったりする
ることで、アイデアに集中し洗練するのに役立ちます。

オフラインコミュニケーター

会話に参加してもらおうとしただけなのに、ミーティングのあとに、なぜいき
なり質問をして困らせるのかと抗議されたことが何回もありました。最初は、
単なる経験不足からの防御反応だと思っていました。しばらくして、口にする
前に熟考する必要がある人もいることを受け入れられるようになりました。オ
フラインコミュニケーターには、アイデアを説明してもらったり、質問につい
て考える時間をできる限り取ってもらえるように注意喚起したりしましょう。
ミーティングで発表してもらう場合や、質問に回答してもらう場合は、あらか
じめ知らせておきましょう。

対立回避コミュニケーター

プロダクトマネジメントの仕事をやっているなかで、無条件の「はい」や「よ
さそう」のような完全な合意、賛同を得られることはまれです。賛同の「はい」
という答えも、問われた質問の状況を完全に理解した上での答えでない場合も
あります。心地よさを犠牲にしても明確さを求めるのは、プロダクトマネー
ジャーの仕事の一部です。でも、そうでない役割もありますし、みんなに求め
られるわけでもありません。誰かにフィードバックを求めたとき、帰ってくる
答えがいつも「はい」なら、「はい」「いいえ」で答えられない質問でフィード
バックを求めてみましょう。そのような質問に対して、率直で正確なフィード
バックをするのは難しいことをまず受け入れましょう。組織の全員からもらう
フィードバックを改善するのに役立つでしょう。

チームのメンバーへの理解を深め、個々のコミュニケーションスタイルを知ること
で、組織、チームでのコミュニケーションをより適切にファシリテーションできるよ
うになります。人のコミュニケーションスタイルを知るのにいちばん簡単な方法は、
相手がどのように**あなた**とコミュニケーションしようとするかを観察することです。
人は、自分が情報をいちばん理解しやすいコミュニケーションを使って、情報を伝え
ようとします。それを理解できれば、人をありのままに受け入れつつ信頼を築けるよ
うになるでしょう。

4.7　コミュニケーションはあなたの仕事。仕事をすることで謝罪してはいけない

　プロダクトマネジメントを効果的に行うには、さまざまな人たちに多くの時間を費やしてもらうことになります。ミーティングに次ぐミーティング、質問メールに次ぐ質問メールで、あなたは「本当の」仕事をする時間をみんなから奪う迷惑な存在になっていると感じるかもしれません。プロダクトマネージャーになりたてのころ、同僚には、参加しなければいけないミーティングを最小限にするために自分は何でもやっていると主張して、その罪悪感を和らげようとしていました。開催せざるを得ないミーティングは、必要悪として扱っていました。みんなで一緒に問題を解決できる素晴らしい機会であるのにです。

　「チームのメンバーが全員ミーティングを時間の無駄と考えているなら、結果としてミーティングは**時間の無駄になる**」という自己実現予言を思いついたのは、かなり時間が経ってからでした。著書『決める会議』（パンローリング、原書 "Death by Meeting" Jossey-Bass）のなかで、パトリック・レンシオーニは、ミーティングについて重要な指摘をしています。参加者がミーティングを嫌なものとして参加していたら、ちょっとプロセスをいじったところでどうにもならないというものです。メールやその他の非同期コミュニケーションでも同じことです。メールを迷惑だと感じるように同僚をトレーニングしてしまったら、あなたのメールも迷惑なものとして扱うようになります。あなたがメッセージが多すぎると愚痴っていれば、同僚たちは、チームの成功に不可欠なメッセージでの会話にあなたを巻き込むのを躊躇するようになるでしょう。

　ミーティングが時間の無駄であるとチームが感じているなら、参加したことのあるいちばん生産的だったミーティングはどんなものだったか尋ねてみましょう。明確で達成可能な「良い」ミーティングのビジョンを一緒に作れるはずです。メールやチャットメッセージにおぼれているようなら、コミュニケーションチャネルごとに期待するふるまいを一緒に明確に設定しましょう（13章で詳しく扱います）。チームがコミュニケーションに使う時間を過小評価しないようにしましょう。時間をうまく使えるようにするのです。

直属以外のチームのゴールとモチベーションを理解する

A・G
プロダクトマネージャー、500 人規模の出版社

　若いころ、よく会社の他の部署の人たちが正しいことをしないことに不満を持っていました。イヤな奴か馬鹿のどちらかで、権力を弄んでいるのだと思っていました。職場での政治に苦労している人向けに、ひとことアドバイスがあります。みんなスマートで、良い意図を持って働いていると想定しましょう。曖昧でなんとなくのお題目ではありません。プロダクトマネージャーとして生き抜くための戦略的でかつ実践的なアドバイスです。

　出版社で働いていたころ、大規模なコンテンツに依存したプロダクトの開発を担当していました。あるとき、コンテンツ担当の VP が、こちらの意図に沿わず、利用コンテンツを制限してきました。「権力をかさにきやがって、恥を知れ」と私は怒りました。当時の賢明な私のマネージャーは、私に VP と直接話すように促しました。そこで VP と（驚くことにとても冷静に）話をしました。VP は、コンテンツの取得が実際にどう動くかを丁寧に説明してくれました。私の要求どおりコンテンツを使っていたら、コンテンツパートナーに迷惑をかけるところでした。パートナーを失うことになったかもしれません。VP はパートナーとの関係を守り、長期的な利益も守っていたのです。そういうことです。

　VP はイヤな奴ではありませんでした。もちろん馬鹿でもありませんでした。当時の私は、それでも決定には合意できませんでしたが、決定の理由は理解できましたし、怒るようなことでもありませんでした。VP のゴール、そしてより重要な VP の顧客は、私の顧客とは異なっていたのです。この経験のおかげで、私はとても謙虚になりました。

　それから、小売、ソーシャルメディア、飲食などいろいろな業界で仕事をしましたが、似たような関係性をいろいろなところで見かけました。会社の他の部署は、別のゴール、別の顧客向けに最適化されています。プロダクトマネージャーは直属のチームと緊密に働くように要請されます。でも、会社の他の部署の人たちを知ることが、もっと重要な場合もあります。チームとは、ゴール、日々の懸念点を共有しています。会社の他の部署とは、まったく異なっているかもしれませんし、そのこと自体を知らないかもしれません。自分のエンドユーザーのこと

を考えるのはもちろんですが、ビジネスの継続には不可欠なベンダーやパートナーとの関係を忘れているかもしれません。

　つまり、プロダクトマネージャーの仕事は、これらをすべて把握することです。プロダクトマネージャーの役割は、もともと機能横断的です。他の役割はそうではありません。プロダクトマネージャーは、コミュニケーションのために雇われます。他の役割では、数学的な能力のために雇われたり、ベンダーと素晴らしい関係を築けるために雇われたりする人もいます。**コミュニケーションがプロダクトマネージャーの仕事です。他の人に、同じレベルのコミュニケーションを期待しないことです。**「あなたのゴールは？」とか「何に向けて最適化していますか？」と私はしょっちゅう真摯に尋ねます。そうすることで私のプロダクトマネージャーとしての（そしてそれ以外の）生活は、すごく良くなりました。

4.8　過剰コミュニケーションの実践：プロダクトマネージャーの3つのよくあるコミュニケーションシナリオ

　プロダクトマネージャーの仕事は、さまざまなコンテキストでさまざまな人たちとコミュニケーションすることですが、しばしば直面する共通のシナリオがいくつかあります。ここでは、3つのよくあるコミュニケーションシナリオを見ながら、どうやってアプローチするかを考えてみましょう。それぞれのシナリオの導入を読んだら、自分だったらどう対応しそうかを考えてみてください。そうすることで、本書が提案することを自分の組織のリズム、メンバー、課題にあった形で適用できるようになるでしょう。

4.8.1　シナリオ1

　アカウントマネージャー：2週間でこの機能を完成させないと、最大の顧客を失ってしまう

　開発者：リモートで安定して性能が出るようにその機能を実装するには、最低でも6か月かかる（**図4-1**）

図4-1　「緊急」リクエストが開発者の反発を食らう

実際に起こっていること

　インセンティブがそろっていない場合に起こる、古典的なケースです。アカウントマネージャーの仕事は、顧客の維持です。開発者の仕事は、バグだらけでなく、つぎはぎだらけでもない、しっかりしたソフトウェアを開発することです。アカウントマネージャーは、ソフトウェアが期待どおりに動くかについては直接のインセンティブはありません。開発者は逆に、顧客を維持できたかどうかに直接のインセンティブはありません。なんなら、締め切り直前に理不尽な要求を突っ込んでくる顧客が減るのは良いことと思っているかもしれません。アカウントマネージャーも開発者も、自分たちの短期のゴールを守ろうとしています。

あなたがすること

　アカウントマネージャーの発言も、開発者の発言も、複数の想定にもとづいています。その顧客は、その機能を**本当に**必要としているのでしょうか？　開発しなかったら、**本当に**顧客を失うのでしょうか？　開発者は顧客のニーズを完全に理解しているのでしょうか？　6か月というのはノーを言うための方便にすぎないのでしょうか？　アカウントマネージャーが主張する特定の機能について議論するよりも、顧客が抱える本質的な問題を深く探りましょう。顧客のニーズを理解するためにアカウントマネージャーにパートナーとしての協力を求めましょう。可能な解決策を探すために開発者にパートナーとしての協力を求めましょう。新機能がまったく必要ないこともあ

ります。ちょっと顧客と話すだけで、既存の機能で十分なことを説明できるかもしれません。

パターンと避けるべき罠

わかりました。2週間か6か月か決着をつけましょう

2週間も6か月もあてずっぽうの時間にすぎません。アカウントマネージャーは、「本当に急ぐ」という意味で「2週間」と言ったのかもしれません。開発者の「6か月」は、「そんな機能を作るのは絶対嫌だ」という意味かもしれません。見かけの選択肢に惑わされることなく、問題の本質に切り込みましょう。

はい、2週間で何とかする必要があることはわかりました。もちろんソフトウェアは安定して機能しなければいけません

両方の味方をしようとはしないでください。うまくいきません。会話をよりゴール指向にするチャンスです。それをファシリテーションするのはプロダクトマネージャーの仕事です。最良のケースでは、安定性と性能の懸念がない2週間以内に提供できる解決策が見つかるかもしれません。オープンな会話を心がけ、可能性を探索しましょう。参加者が聞きたいことだけをしゃべって、さっさと点数を稼ごうとはしないことです。

計画プロセスは隔週で行っていて、現在の計画に余裕はありません。またあとでリクエストしてください

本当に固定されたイテレーションで仕事をしていて、直前の追加をなんとしてでも避けるようにしているなら、こんな対応も可能かもしれません。でも、適切な理由があったとしても、リクエストがくるのは止められません。リクエストを即座に却下するよりも、評価して優先度を検討するプロセスがあったほうがやりやすいでしょう（詳細は「12章　優先順位づけ：すべてのよりどころ」で説明します）。

4.8.2　シナリオ2

デザイナー：デザインを4種類作ってみたんだけど、どれがいい？（**図4-2**）

図4-2　デザイナーが複数の選択肢を示す

実際に起こっていること

　デザイナーはプロジェクトのゴールを達成するために、同じくらい適切なデザインのバージョンを4つ作ったのかもしれません。それともバージョンの差はあまりなく（色違いなど）、どれがよいかという意見を持っていないかもしれません。プロジェクトのゴールを理解できなかったので、デザイナーは判断の責任をあなたに押しつけようとしている可能性もあります。もしくは、デザイナーは一押しのアプローチを選択してもらおうと、申し訳程度に「ダミー」の選択肢を提示しているだけかもしれません。

あなたがすること

　デザイナーにプロジェクトのゴールにいちばん合っている選択肢は何かを尋ねることで、デザイナーに対するあなたの信頼を示すことができます。一押しの選択肢があるなら、プロダクトマネージャーの好みではなく、ゴールというコンテキストのもとで考えてもらえます。選択についてデザイナーに意見がないようなら、プロジェクトのゴールが十分に明確かどうかを会話をするきっかけになります。どの選択肢も同じくらいよさそうなら、どうやってテストしたらいちばんゴールに見合うものを選べるかを議論しましょう。チームが複数の選択肢を持っているのはよいことです。でも、ゴールは常にそろえておきましょう。

パターンと避けるべき罠

B がいい。これで行こう

簡単なので、こう答えたくなります。デザイナーが尋ねているのは、あなたの意見だからです。デザイナーが、大して差のない選択肢からあなたに選んでほしいだけ、という場合もあります。でも、できれば個人的な好みで判断するのではなく、明確な理由づけができるように掘り下げてみましょう。

グループ全員に 4 つとも見せて意見を聞こう

あるとき、賢明な UX デザイナーに「委員会による設計」の危険性について教えられるまでは、私はこの戦略をずっと使ってきました。あなたがやるべき仕事をサボって、全員に口出しをさせるのは最悪の選択です。

どれでもいいよ。好きなの選んでよ

理由もなく 4 つも選択肢を用意することは、普通はありません。おざなりな回答で努力をむげにせず、本当の課題を探ってください。

おまけの質問

デザイナーが 1 つしか作ってくれなかったら？

すぐに批評したくなるのをグッとこらえましょう。寛大な批評だとしてもです。代わりに、どうやってそのデザインにたどり着いたのかをデザイナーに説明してもらいましょう。デザイナーがどうプロジェクトのゴールを理解したのかをたどることができ、必要ならコミュニケーションのズレを一緒に解消できます。

4.8.3　シナリオ 3

開発者：申し訳ないけど、なんでこんな無駄なプロセスをやらなきゃいけないのか理解できない。好きなようにやらせてくれない？　**（図4-3）**

図4-3 開発者が「不要なプロセス」に不満を述べる

実際に起こっていること

「このプロセスは重すぎる」、「こんな無駄なステップはやりたくないよ」、「大企業病だな……」のようないつもの愚痴が出るのは、プロセス嫌い（7章で扱います）にとっては普通のことですが、プロダクトマネージャーができることがあることを示す重要で価値のあるシグナルでもあります。公式には、チームが何らかの開発フレームワークやプロセスを採用したことになっていたとしても、チームが開発プロセスに十分な手間がかけられていないとか、プロセスが仕事の邪魔になっていると感じているなら、コミュニケーター、ファシリテーターとしてのあなたはプロダクトマネージャーの仕事に根本的に失敗しています。

あなたがすること

まずは開発者のフィードバックを真摯に受け止めましょう。率直なフィードバックに感謝し、目下の懸念点を共有することがチームの成功に不可欠であることを明確にしましょう。オフラインの1on1ではなく、チームミーティングでフィードバックをもう一度共有してもらいましょう。チームにプロセスを無理やり強制しようとしてい

るわけではないことを理解してもらいやすくなります。チームが自分たちのゴールに
あったプロセスを特定し調整することを助けるファシリテーターであることを理解し
てもらえるとよいでしょう。

パターンと避けるべき罠

まあしばらくやってみてよ。うまくいくから

「うまくいくから」と「うまくいくように一緒にやろう」のあいだには、決定
的な違いがあります。チームメンバーに意見も聞かずにプロセスを押しつける
のは、人やものをつなげようとか協力しようとは思っていないことを示す態度
です。プロセスに注意を払ってもらえていないと感じるでしょうし、そのプロ
セスはうまくいかないでしょう。

そのとおり。そのプロセスのことは忘れて。じゃあどうしたい？

エンジニアに自由を与えることは、権限委譲できていて、敬意を払っている態
度に見えるかもしれませんが、結果的にユーザーやビジネスとのつながりを失
わせることになります。いつか、チームが作っているものの実際の結果に説明
責任を果たさなければいけないときがやってきます。チームが組織のゴールと
つながるプロセスがない状態で放置された時間が長いほど、説明責任を果たす
べき日は大変なものになるでしょう。

わかった、わかった。私が悪い。上司がもう少しプロセスが必要だと言っているん だ。なるべくしんどくないようにするから

すでに議論したように、自己卑下はプロダクトマネージャーの常套手段です。
意味のないプロセスを入れようとする誰かの手下のふりをしたら、プロセスに
意味がないことを保証するようなものです。使っているプロセスが適切である
という自信がないのに、上司がプロセスを要求しているとしたら、いよいよ上
司と気まずい会話をしなければいけないときです。

4.9　まとめ：迷ったらコミュニケーション

面倒見良く、微妙なニュアンスに気を使い、適応しながら日々の仕事のコミュニ
ケーションを行わなければいけません。でも、プロダクトマネージャーとしていちば
ん重要な判断は、シンプルな質問にまとめられます。あたりまえのこと、気まずいこ
と、そしてあたりまえだけど気まずいこと、それらを質問する意思はありますか？　そ

んな会話を怖がらずにできるようになれば、チームや組織のなかで会話の対象にできる範囲が広がり、あなたとチームを成功に導きやすくなります。

4.10　チェックリスト

- 間違えるならコミュニケーション過剰なほうを選びましょう。説明してよいか迷ったら、説明しましょう
- 「あたりまえ」を問うことを恐れないでください。あたりまえに見えることほど、全員の共通理解をもっと確認しなければいけません
- 「Good Product Manager/Bad Product Manager（良いプロダクトマネージャー/悪いプロダクトマネージャー）」のようなドキュメントを作り、組織のプロダクトマネージャーに期待されるふるまいを明確にしましょう
- 「〜できたらいいのに」「〜できると思う」のような責任逃れの言い方はやめましょう。何かを依頼するなら、何を依頼しているのか？　なぜ依頼するのかを明確にしてください
- 「この状況で、期待したアウトカムは得られましたか？」と尋ねることで、感情や意図についての会話をアウトカムに集中させましょう
- 「よさそう」は「注意を払っていない」場合があることを忘れないでください。積極的かつ具体的なフィードバックと賛同を求めましょう
- ミーティング中、Disagree & Commit などのアプローチを使って、ゴール達成のためにさまざまな意見を言ってもらえるようにしましょう
- 人にはいろいろなコミュニケーションスタイルがあることを忘れないようにしましょう。人を「悪いコミュニケーター」と決めつけたり、悪い意図があると想定したりしてはいけません。コミュニケーションスタイルが自分とは違うだけです
- 「ミーティング嫌い」「メール嫌い」になる誘惑に耐えましょう。他人の時間を使うことを謝罪してはいけません。他人の時間をうまく使えるようにしましょう
- 今まで参加したなかでいちばん価値がありうまくいったミーティングについてチームメンバーに尋ねましょう。そして「良いミーティング」の明確なビジョンを一緒に設定しましょう
- デザインの選択や開発のタイムラインについての戦術的な会話をビジネスゴールやユーザーニーズについての戦略的な会話にレベルアップしましょう

5章
シニアステークホルダーと働く
（ポーカーゲームをする）

　私の父が初めて将来の義父に会ったとき、夕食後に友好を深める目的でポーカーに誘われました。私と同じく父も、男同士の絆を深めるための競争的な儀式はあまり得意ではありませんでした。トランプが得意ではないのも私と同じです。でも、この特別な場面では、自分の腕前をあまり気にはしていませんでした。父のゴールはポーカーに勝つことではなく、将来の義父をポーカーで勝たせるようにすることだったのです。両親いわく、とてもうまくいったそうです。

　私は自分のプロダクトマネージャーのキャリアのなかで、何度もこの話について考えました。自分よりもはるかに大きな組織的な権限を持つ人とのミーティングに出席しているときは特にです。大金がかかっているミーティングは、先ほどのポーカーと同じように、「勝利」が参加者全員にとって同じことを意味しているとは限りません。シニアステークホルダーと働く場合、「勝利」のためのいちばんの方法は、自分以外の人たちが勝てるようにすることです。

　良くも悪くも、シニアステークホルダーはあなたがまったく知らないようなビジネス上の重要かつ上位の情報に触れることができます。そういった情報にもとづいて、プロジェクトの途中で優先順位をひっくり返したり変えたりすることもあります。シニアステークホルダー同士で交わされた会話がセンシティブで、詳細を明かせない場合には、「私がやると言ったらやるんだ」と言って脅かすことすらあるかもしれません。つまり、シニアステークホルダーはいつもポーカーに勝つのです。あなたの使命は、それを受け入れて、シニアステークホルダーだけでなく、ビジネスもユーザーも勝てるようにすることです。

　本章では、シニアステークホルダーと一緒に働く上での現実的な戦略を見ていきます。この取り組みは、ビジネス用語で「上司をうまく使う方法」と呼ばれています。**シニアステークホルダー**は、ここでは、組織で直接的な意思決定をする権限を持って

いる人を指します。小さなスタートアップでは、創業者や投資家が該当するでしょう。大企業では、自分の部署や他の部署の幹部が該当します。

5.1　「影響力」から情報へ

「影響力を通じてリードする」という考えは、本書の初版を始めとして、プロダクトマネジメント関連の文書の至るところで出てきます。確かに、ほとんどのプロダクトマネージャーは、直接の組織的な権限を使わずに、物事を成し遂げる方法を見つけなければいけません。でも、ここ数年、私は**影響力**という言葉と距離を置くようになりました。情報を恣意的に選択し、リスクや想定は説明せず、納期やアウトカムの風呂敷を広げることで影響力を行使し、シニアステークホルダーを自分のやりたいことに仕向けようとするプロダクトマネージャーをたくさん見てきたからです。こういったケースの多くで、「勝利」がビジネスやユーザーにとって疑わしい結果であるにも関わらず、シニアステークホルダーにうまく「影響」を与えることが勝利とみなされています。

シニアステークホルダーが間違ったように見えたり、非論理的に見えたりするような意思決定をすることもあるでしょう。ときには、まったくひどい意思決定をすることもあります。これは、シニアステークホルダーが、買収の延期や企業戦略を近々変更するといった、あなたが知らない上位の情報を持っていることが理由の場合もあります。それから、その意思決定を行うときに考慮に入れておくべきだった戦術的なトレードオフをシニアステークホルダーに確実に知らせておかなかったことが理由の場合もあります。

こういった理由から、ステークホルダーに**影響を与えること**ではなく、**情報を知らせること**がプロダクトマネージャーの仕事だと考えるのが建設的だと思うようになりました。あなたがステークホルダーに対して、今意思決定すべきこと、その意思決定におけるあなたが知る限りのゴール、意思決定をする上での現実的なトレードオフをうまく知らせることができれば、あなたの思いどおりの決定にならなかったとしても、自分の仕事をうまくやったことになります。

何度も見てきましたが、「影響力」についての課題の多くが人数や人員配置の問題から生まれます。そこでは、プロダクトマネージャーは責任を**強く**感じながらも、ほとんど直接的なコントロールはできません。野心的なロードマップをじっと見ながら、約束した日までにリリースするだけの十分なリソースがないことを心配する……。あなたのプロダクト関連のキャリアでも、一度はそういう経験をしたことがあるでしょ

う。「ロードマップを作ったときはエンジニアが 10 人いると思ったのに、今は 2 人しかいない。リーダーは、この仕事は極めて重要だと何度も言っていたけど、どうやって達成すればいいのだろう？」といったセリフをコーチングしているプロダクトマネージャーからよく聞きます。

　ここまで見てきたように、プロダクトマネージャーの多くは元来頑張り屋さんなので、**この状況はリーダーを説得してリソースを追加してもらうという明確な使命**につながります。でも、リーダーと実際に話すと、まったく違う話を聞くのが常です。「エンジニア 2 人のチームで、10 人分の仕事をしてほしいんだ」などとシニアステークホルダーが言うのを耳にすることは絶対にありません。よく耳にするのは、「ああ、数か月前まではその仕事は本当に重要だったんだけど、会社レベルで再評価していて、しばらくは、そこにリソースを配置するのが最適かどうかはっきりしないんだ」といったものです。

　最高のプロダクトマネージャーは、リーダーが正しい情報をもとに意思決定できるようにします。そして、3 章で説明したように、言い争いするのではなく選択肢を提示し、リーダーがその意思決定に伴うトレードオフを前向きに理解できるようにします。リソースの追加を主張するより、しっかりとした推奨案を含んだ選択肢をいくつか提示するようにしましょう。「エンジニアが 10 人いれば、だいたい当初のロードマップどおりにリリースできます。エンジニアが 2 人なら、スコープを削減したこのロードマップは実現できます。エンジニアが 5 人なら、スコープを削減したロードマップに、会社の優先順位を踏まえて内容を追加できます。データが示すように、10 人のエンジニアがいれば最高のビジネス ROI を達成できると思いますが、どれを選ぶかはあなた次第です！」。

幹部の意思決定に挑戦する勇気を持つ

アシュレイ・S
プロダクトマネージャー、エンタープライズ向けエレクトロニクス企業

　私は、大手エレクトロニクス企業向けのプロダクトに取り組んでおり、私のチームはワークフローと資源管理のツールの構築を担当していました。プロジェクト開始時に、上級幹部から、ヨーロッパにある支社の 1 つで使っている特定のワークフロー管理のソフトウェアを使ってプロダクトを構築するように言われま

した。1チームがすでにそのソフトウェアを使っているので、それをもとにコア機能を使って拡張していけばよいという考えからでした。

このソフトウェアを開発した会社と話すとすぐに、この先の道はそんなに簡単ではないことがわかりました。「私たちのソフトウェアでは、それはできません」という言葉を聞き続けるはめになったのです。基本的な機能要件も満たしていませんでした。そういった障害にぶつかるたびに、かなり複雑な回避策を使って進めていきました。「なんでこの技術を選んだんだっけ？」と自問するのもしばしばでした。答えはいつも「すでにこれに投資したので、使い続けるしかない」でした。プロジェクトが長引けば長引くほど、意思決定を見直すのは難しくなりました。使うように指示されたこのソフトウェアに特化した回避策を開発するのにかなりの時間を費やしてしまったのが大きな理由です。プロダクトが「完成」するまでユーザーに見せることはありませんでしたが、その時点で、私たちは技術的な回避策にとらわれすぎていて、ユーザーニーズを本当の意味で理解できていませんでした。ユーザーは「最悪だ」と言い、私たちは「そうですね」と言わざるを得ませんでした。結局、プロダクトをまったくリリースしないことにするしかありませんでした。つまり、サンクコストを気にした結果、実際は、プロダクトに投資したものが、すべてそのまま損失になる道を歩んでしまったのです。

もう一度やり直せるなら、技術に関するトップダウンの意思決定を押し戻すでしょう。**プロダクトマネージャーとしての私のキャリアにいちばん役立ったと思ったことの1つとして、押し戻す勇気を持って、難しい会話をすることが挙げられます。**私たちは命令の鎖に従うように訓練されているので、幹部だらけの部屋でこれをするのはとても大変でしょう。最初に理解しなければいけないのは、質問や批判は個人に対してのものではないということです。ある若手プロダクトマネージャーが、シニアリーダーからの質問と批判を個人攻撃だと思ってさえぎっているのを見たことがあります。感情的になってはいけません。「反論してもよいですか？　なぜこのような仮定を置いたのかを話しませんか？」と言えるような勇気を持たなければいけません。

プロダクトマネージャーとして、「なんでこれがそんなに長い時間かかるの？」と常に聞かれます。この質問に対して、身構えることなく、わかりやすく回答できなければいけません。シニアリーダーに、自分だけではその意思決定はできないのだと理解してもらい、新しい機能が必要だと決めたときには考えもしなかった「見えていなかった」仕事を見えるようにしましょう。選択肢を提示し、それ

ぞれのアプローチのトレードオフをわかってもらいましょう。オーナーシップを
持っているのは、シニアリーダーであり、意思決定するのもその人たちだという
ことを忘れないようにしてください。そうすれば、「自分たち対相手」という対
立構造にはならず、自分ごとになります。

5.2　気に入らない答えでも答えは答え

　数年前、企業レベルの計画や取り組みの背後にある「理由」を明確に理解すること
の重要性について、プロダクトマネージャーたちにトレーニングしていました。部屋
にいたあるプロダクトマネージャーがすぐに手を挙げて、「すいません。何度もやっ
てみたんですが、どうにもならないんです」と口を挟んできました。例を挙げるよう
に言うと、こう続けました。「ええ、マネージャーから作らなければいけない特別な
機能があると何度も聞かされたので、みんながうんざりするくらい『なぜ？』と聞き
返したら、結局、『見ろ、CEO が誰かに作るって約束したから作らなければいけない
んだ』と言われたんです。それなのになぜ悩むんでしょうか？」。

　不満はあったとしても、プロダクトマネージャーは**自分の仕事はしました**。欲し
かった答えではなかったですが「理由」を明らかにしたのです。プロダクトマネジメ
ントを実際にやっていると、自分自身やチームが、不本意なことや気まぐれなことに
取り組んでいると気づくことがよくあります。でも、不本意な指示や気まぐれに思え
る指示の背後にある理由を知っておくと、有利に働きます。

　たとえば、私が一緒に働いたことのあるプロダクトマネージャーのなかにも、機能
の背後にある「理由」を探した結果、唯一見つかった理由が「マーケティングの要望」
だったという人はたくさんいます。あるプロダクトマネージャーにとって、この発見
は組織が「プロダクト主導」ではなく「マーケティング主導」であるという不満につ
ながるイライラするものでした。別のプロダクトマネージャーにとっては、この発見
は前に進めるために考慮に入れなければいけない制約や機会をうまく理解するための
力になるものでした。マーケティングの人たちと素直に好奇心を持って会話をすれ
ば、幹部と何らかの具体的な約束が交わされていることが明らかになるかもしれませ
ん。たとえば「その機能は AI を搭載していると言いたい」とか「次の大規模イベン
トで何らかの発表をしたい」といったものです。こういった制約をより理解すること
で、ビジネスやユーザーにとって価値のあるものを届けつつ、制約のなかで働けるよ

うになることを意味します。**多くのもの**を「AI搭載」と言い、ある日付までに**何か**をリリースする必要はあっても、その何かがどんなものなのかを考える余地は、チームに大いに残されています。

5.3 「上司は馬鹿だ」、もしくは、おめでとう ── あなたはチームを壊した

　プロダクトマネージャーとして、シニアステークホルダーから期待した回答や決定が得られなかった場合、ステークホルダーを犠牲にして、自分のチームの結束を高める活動に後退しがちです。私がプロダクトマネージャーのキャリアを始めたころ、不合理だと思う要求がシニアリーダーから来たときに、まず頭に浮かんだのは「いやー、チームはこの件で自分を責めるだろうな」ということでした。自分が責められないようにするため、できる限りすぐにシニアリーダーとの会話を終わらせてチームに戻り、「あんな馬鹿な奴らに振り回されるなんて信じられる？　さて、ここからが本番だ。（ゴホン）私のせいじゃないよ」と言うのです。

　そのときは、これがチームからの信頼と尊敬を守りながら、ステークホルダーをなだめるのはこの方法しかないように感じます。でも、長い目で見るとこれは決してうまくいきません。チームのところに行き「上司が馬鹿だ」みたいなことを言った瞬間に、実質的にはチームを壊します。シニアステークホルダーからのどんな要求でも、全部気まぐれで合理的でないとみなすようになるのです。組織のゴールに沿ったプロジェクトに取り組むために使う時間とエネルギーは、意に反するものだと感じるようになります。チームは、あなたの役割がチームとシニアステークホルダーを結び付けるのではなく、チームをシニアステークホルダーから守ることだと思うようになります。そして、チームの信頼と助けを得られるかどうかは、あなたがこの役割を忠実に果たすかどうか次第、という窮地に追い込まれます。チームを守ろうとするあまり、組織の観点では失敗するように仕向けてしまうのです。

　では、シニアリーダーの意思決定や指示に反対のときは、チームとどう効果的にコミュニケーションすればよいでしょうか？　冷静になって、あなたが理解している目の前の仕事のゴールと制約を説明し、できる限り仕事でインパクトを出せるような方法をチームに探してもらいましょう。「そう、私もこの意思決定には大賛成というわけでもない。ただし、社内にはいろいろな動きがある。この先も賛同できる意思決定ばかりではないかもしれないけど、この仕事はユーザーの本当の問題を確実に解決する素晴らしい機会になると確信している。その機会をみんなで探せるなんてワクワ

クするじゃないか」といった調子でシンプルかつ透明性のある形で伝えれば、すぐに
チームが好転することにいつも驚かされます。

　おもしろい話があります。この節の最初のドラフトを書いたのは5年前です。自分
の役割で多くの問題を感じているプロダクトマネージャー（珍しいことではありませ
ん）と会話したあとに、自責の念に駆られて書きました。先日、まさにそのプロダク
トマネージャーのアビゲイル・ペレイラと会いました。彼女は、プロダクトリーダー
として活躍していて、自分自身も2人の優秀なプロダクトマネージャーをマネジメン
トしています。彼女は、自分のキャリアのその瞬間について次のようにふりかえって
います。

> プロダクト関連のキャリアの初期のころ、私はこの仕事の感情的な側面を扱うス
> キルを持っていませんでした。プロダクトマネジメントの大半は権威なしにリー
> ドすることであり、とてつもない忍耐と自信が必要なことを数え切れないほど繰
> り返すことを意味します。忍耐も自信もなかったので、プロダクトチームやエン
> ジニアリングチームのミーティング、いわゆる「プロダクトセラピー」に逃げ込
> むことになりました。ミーティングでは、気難しいステークホルダー、十分に評
> 価されていないこと、仕事の一部である（であった）その他すべてのことについ
> て、チームに同情していました。最初のうちは、ミーティングは必要なことを言
> い、気持ちを整理するための安全な場所のように感じました。「自分たち対相手」
> や「ダビデ対ゴリアテ」の精神は私を元気づけてくれました。たとえプロダクト
> のアイデアを前に進めることができなくても、少なくともみんなの支持は得られ
> ているという目的意識は持てたのです。
>
> でも、どれもうまくいきませんでした。安全はつかの間で、不満は長く燃え続け
> る感情の火種になりました。ふりかえってみれば言うのは簡単ですが、自分がコ
> ントロールできることを受け入れて前に進むのではなく、自分のエゴを鎮めるた
> めに、この火種に燃料をくべてしまったのです。トラウマを共有して深める絆は
> 癖になり、より強い使命感を求めるようになりました。同僚から友人になった人
> もいますが、ネガティブなことで共感する以外は、実はあまり共通点はないと思
> うこともあります。プロダクトパーソンでいるためには、極めて高いオーナー
> シップと、ときには自分のアイデアに対する揺るぎない信頼が必要です。今に
> なって理解できたのは、アイデアに固執するあまり、現地現物を見失ってはいけ
> ないということです。そして今は、吐き出す必要があるときは、戦略的に適切な
> 人に声をかけています。私は自分のことを経営者ではなく、リーダーだととらえ

ています。そして、人を動かすには、他人を犠牲にせず、関係を発展させるという微妙なバランスが必要であると考えるようになりました。

　チームの仲間意識やつながりを作ろうとしているプロダクトマネージャーは、こういった「自分たち対相手」のトラウマを抑えるために、悪戦苦闘を続けなければいけないかもしれません。でも、ペレイラの一節にあったように、優れたプロダクトマネージャーやプロダクトリーダーになるのに必要な「忍耐と自信」は、この苦闘の向こう側にしか見い出せません。

ビジネスゴールからチームを「守る」ことの危険性

ショーン・R

プロダクトマネージャー、成長段階にある E コマーススタートアップ

　私はロンドンにある E コマースのスタートアップでプロダクトマネージャーとして働いていました。チームはブラックフライデーのセールのページを作る責任を負っていました。ブラックフライデーは E コマース企業にとって大きな商機で、ビジネス側は成功がどのようなものなのかとても明確なアイデアがありました。一方で、私たちにはユーザーニーズにかなり沿ったアイデアがありました。これはビジネスの観点では比較的リスクが高いものでした。私は、このユーザー中心のアプローチに向けて、チームに自信を持って進めてもらうため、ビジネス側が考えたゴールは心配させないようにしました。

　実際にプロダクトをリリースするまでは、すべてが順調に進みました。でも、私たちが作ったプロダクトが、私たちが理解していた根本的なユーザーニーズを満たしていたとしても、ビジネス側が考えた成功の指標には届かなかったのです。ビジネスがどう成功を定義しようとしているのかをチームともっと率直に話していれば、ユーザーの関心とビジネスの制約の両方に沿った良いソリューションを作れたはずです。しかし実際は、リリース後に防御的にプロダクトを再考せざるを得なくなり、厳しいスケジュールのもとで、士気がかなり低下しました。

　今にして思えば、このとき私は根本的な対立を表面化させようとせず、チームを孤立させてしまったのです。自分をチームとビジネス全体のあいだのあらゆる問題のフィルターとみなすような状況を作ってしまいました。エンジニアでない人たちからエンジニアを守っていると感じられますし、短期的には管理しやすい

と感じるでしょう。**でも、ビジネスが欲しいものとチームが欲しいものが乖離し ているなら、「チームを守る」名目でビジネスを無視したところで、乖離はその ままです。**

5.4　警告なしで驚かさない

　数年前、プロダクトマネージャーとして働いていた会社で、新しいロードマップの 取りまとめの仕事を任されました。数え切れないくらいの時間をかけてゆっくりと、 組織のあらゆるところから賛同を得て、みんなの懸念事項を聞き、インパクトがあっ て達成可能なことをまとめました。

　リーダーチーム全体がミーティングでこのロードマップに合意したあと、あるス テークホルダーが私を呼び止めました。「君はとてもクリエイティブなんだから、次 回全員で会うときにはもっとクリエイティブな案を提示してほしい」と彼は言いまし た。ええ、もちろん！ 私は「クリエイティブな人」の帽子をかぶり、次の週の大半を 使って、自分がずっと望んでいた**本当に素晴らしい計画**をまとめました。

　次週のロードマップミーティングの前日、そのステークホルダーに対して、私の記 憶が確かなら 10,000 ページにも及ぶような長文のメールを送りました。大胆に方向 転換した計画を詳細に記し、私のクリエイティビティを解き放ってくれたことについ ての感謝も含めました。組織のなかでいちばんシニアで重要な人からよくやったと言 われるはずだと確信し、その晩はとてもよく眠れました。

　端的に言うと、翌日のミーティングは大惨事でした。私が新たな素晴らしいアイデ アを説明し始めるやいなや、別のシニアステークホルダーが「待ってくれ。先週すで にロードマップは合意したと思っていたのだが？ これはいったい何なんだ？」と割 り込んできたのです。すごくショックで憤りを感じたのは、私にもっと「クリエイ ティブな解決策」を求めてきたそのシニアステークホルダーが、プロジェクトを明後 日の方向に進めようとしていると非難し始めたことでした。私は腹立たしさから手を 振り、涙をこらえるのに精一杯でした。**どうしてこんなことをするのだろうか**と思い ました。

　私はこのことを長いあいだ怒っていました。でも、ふりかえってみると、この運命 的なミーティングにあたって、少なくとも 2 つの大きな間違いをしていました。1 つ めは、私が一生懸命にまとめた元のロードマップに賛同してくれた他の人たち全員の

信頼を完全に裏切ってしまったことです。2つめは、私の「クリエイティブ」なプロダクトビジョンをとてつもなく長いメールでシニアステークホルダーに送ったものの、実際のところそれを支持するかどうかわかっていなかったことです。

　これら2つの大きな間違いに加えて、さらにもう1つ大きな間違いがありました。重要で大金がかかっているミーティングでまったく新しいものを見せて、シニアステークホルダーを驚かせてしまったことです。さらにひどいのは、会社の将来についてさまざまなビジョンを戦わせているシニアステークホルダーだらけの重要なミーティングでこれをやったことです。その結果、多くの非難を浴び、ほぼ私の責任になったわけです。

　この場合の解決策は簡単です。「大きな」ミーティングでシニアステークホルダーに何かを伝える場合は、絶対に驚かせないことです。理由はたくさんありますが、新しいアイデアをグループの場で発表する**前に**、シニアステークホルダーに対して個別に説明するのがよいでしょう。でも、本章の中心となっているざっくりとしたメタファーのとおり、シニアステークホルダーはいつもポーカーゲームで勝ちます。そして、部屋にいるシニアステークホルダー全員が、ビジネスとユーザーにとって本当に有益なアイデアに確実に投資できるように時間を取っておけば、シニアステークホルダーの誰がどんな手役で勝つにせよ、ビジネスとユーザーも一緒に勝つ可能性がとても高くなるのです。

　リモートワークの時代では特に、オフィスにちょっと「立ち寄る」ことはできないので、シニアステークホルダーに時間を割いてもらうのは言うほど簡単ではありません。大きなミーティングの**前に**、シニアステークホルダーの時間をまったく確保できないのであれば、「大きなアイデア」を1つの道として発表するのではなく、アイデアを小さく分解し、いくつかの選択肢を提示することをお勧めします。たとえば、運命的なミーティングでまったく新しいロードマップを披露する代わりに、参加者に会社の上位のゴールに再び焦点を当ててもらう時間を取ることができます。それから、新旧のロードマップをゴールを達成するための2つの選択肢として提示できたはずです。そうしておけば、部屋にいるシニアステークホルダーも、新しいロードマップを反射的に攻撃せずとも、元のロードマップを選択することもできるようになります。

大々的なお披露目を避けてインクリメンタルに賛同を得る

エレン・C
プロダクトマネジメントのインターン、エンタープライズソフトウェア企業

　ある大きなソフトウェア企業でインターンとして働いていたとき、最初のプロジェクトは有名なオフィススイートの字幕システムの構築でした。プロジェクトへの参加にあたって十分なガイダンスを受けました。明白なビジネスケース、実装に関するわかりやすい規約、成功がどんなものかというかなり明確な定義があったのです。さまざまな方法を使って手作業でテストし、ステークホルダー自身に動かしてもらうこともできました。かなりうまくいきました。

　次に取り組んだのは、同じオフィススイート上でコメントをつけるプロジェクトでした。これには本当にワクワクしていました。字幕システムは自分が個人的に必要なものではありませんでしたが、コメントシステムでは自分が使いそうなたくさんのアイデアがあったのです。私には本当にすごいものを作るという壮大な計画がありました。「なぜ」から具体的な設計、実装まですべてを網羅する仕様作りに一生懸命取り組みました。大成功するはずでした。

　私がまとめた仕様のレビューのとき、そううまくはいきませんでした。実際のところ、ひどいものでした。「最高じゃないか。なんで今までこれをやらなかったんだ？」といった反応を期待していました。しかし実際には、全員がうまくいかない理由を伝えてきました。私にとって完全に明らかだと思った多くのことには、私がまったく理解していないコンテキストがあったのです。私はかなり感情的になっていたので、フィードバックを受け入れようとしませんでした。

　あとから考えると、私は新任のプロダクトマネージャーがやりがちな間違いをしていました。つまり、すべてをまとめて「大々的にお披露目」して売り込むというまねをしてしまったのです。私は、中心となるユーザーニーズを合意したり、ニーズに応えるために取りうる別の道を提示したりといった作業をしていませんでした。ただ「これこそが私たちのやるべきこととその理由です」と説明しただけでした。大きなミーティングで、そのようなやり方で全部まとめて提示しても、みんなどこにフィードバックすればよいかわかりません。個別に相談に行っていれば、「これはひどい……。こう直して」と言ってくれたかもしれません。でも、「大々的なお披露目」をしようとすると、まったく先が見えなくなっ

てしまうのです。

5.5　社内政治の世界でユーザー中心主義を貫く

社内政治をうまく切り抜けるのは大変そうに見えますし、ほとんどの場合は実際に大変です。でも忘れてはいけないのは、あなたの最終的な成功は、ステークホルダーを満足させるかどうかではなく、ユーザーを満足させるかどうかにかかっています。上司や上司の上司が気に入っても、ユーザーに本当の価値を提供できなければ、プロダクトマネジメントの行動指針の1つである「ユーザーの現実に生きよ」に従っていないことになります。

ここで、社内政治をうまく切り抜けながらもユーザー中心主義を貫くためのヒントを紹介しましょう。

ユーザーに説得してもらう

忘れてはいけないのは、プロダクトを作っている最終的な目的は、ステークホルダーのためではなく、ユーザーのためだということです。ユーザーと定期的に会話してフィードバックを収集できていれば（間違いなくそうすべきですが）、ユーザーニーズを生き生きと伝えられる情報を必要に応じていくらでも示しながら、シニアステークホルダーに選択肢を提示できるはずです。なぜユーザーが必要としているかをはっきり示せないものを作ろうとする提案は、そもそもすべきではありません。

ユーザーニーズとビジネスゴールを結び付ける

プロダクトマネージャーは、「ビジネスにとって良いものを作る」という幹部の命令に反して「ユーザーにとって良いものを作る」と主張しているように感じることが少なくありません。しかし、このシナリオの最大の問題は、ユーザーニーズとビジネスゴールの不均衡ではなく、そもそもこの2つが相反するものとしてとらえられていることです。ビジネスゴールとユーザーニーズのあいだで綱引きをしているように感じるのであれば、解決策はお互いに争うのではなく、ユーザーニーズのためになることがビジネスゴールにとってもプラスになるようにしておくことなのです。

具体的な機能やプロダクトの提案をする場合は、ユーザーニーズとビジネス

ゴールの関係をどうとらえているかを正確に説明しましょう。たとえば、「オンボーディング体験をもっとすばやいものにして、負担を減らせば、新規ユーザー登録を 20% ほど増やせると考えています。広告収入に換算すると新規ユーザー 1 人あたり 1 ドルの価値があるとすると、四半期の利益目標の達成に向けた重要なステップになるでしょう」といったものです。

立場を入れ替えて、シニアリーダーにユーザーのことを聞く

組織全体でユーザー中心主義を推進しようとしているなら、シニアリーダーにユーザーニーズについて知っていることを聞いてみましょう。あなたのゴールはシニアリーダーを助けて、ユーザーに価値を届け、ビジネスゴールを達成できるようにすることです。それははっきりさせておきましょう。決め打ちした解決策について議論するのではなく、シニアステークホルダーを巻き込んで、ユーザーニーズを十分に理解した上で解決策をいくつも一緒に考えましょう。

ステークホルダーとは違って、ユーザーが自分たちのゴールを強く主張してくることはほとんどありません。でも、そのゴールを理解して支持することで、ステークホルダーとの物議をかもす会話に整合性と目的をもたらすことができます。

検索バーが消えたミステリアスでもない事件

M・P
プロダクトマネージャー、非営利団体

中規模の非営利団体でプロダクトマネージャーとして働いていたとき、サイトの大規模なリニューアルの監督を任されました。この仕事は難しいものになるだろうと思っていました。というのも、シニアステークホルダーがたくさんいて、自分の担当部門をどうサイトに載せるかについて、とても強い意見をそれぞれ持っていたからです。

最終的なデザインを直接承認する人たちを集めて運営委員会を立ち上げました。毎週インクリメンタルに作業を進めて、それを見せ、プロジェクトの勢いを維持できました。もちろん、ある部署をもっと目立つように取り上げるように激しく争う人がいることも何度かありました。でも、いつも全員が快く受け入れるような妥協点を見つけることができていました。そして、奇跡的に時間どおりに

予算の範囲でリリースできました。

　数週間後に自分が実際にウェブサイトを使って主催するイベントの情報を探す
までは、プロジェクトは大成功だと思っていました。プロダクトマネージャーの
立場ではサイトは成功だと思ったのですが、ユーザーの立場からすると、ごちゃ
ごちゃで混乱するものになっていたのです。トップレベルのナビゲーションに
は、自分が説得しなければいけなかったリーダーの部署が完璧に並んでいまし
た。でもユーザーの立場からすると、このカテゴリー分けはほとんど意味があり
ませんでした。最悪なことに、シニアステークホルダーは誰も検索バーを主張し
なかったので、完全に忘れ去られていました。

　**ふりかえってみると、私はシニアステークホルダーを満足させることに夢中に
なりすぎて、ユーザーニーズを守ることを完全に忘れていました。**今は、シニア
ステークホルダーと働くときはいつも、何らかの結論を出す前にユーザーニーズ
から始めることにしています。そうすることで、部屋にいる人たちのエゴを最大
限に満たすのではなく、ユーザーにいちばん適した意思決定ができるようになる
のです。

5.6　シニアステークホルダーも人間だ

　最後に、特に覚えておいてほしいのは、シニアステークホルダーも人間だというこ
とです。夜も眠れないような心配事や、対決、希望、野望、フラストレーションを抱
えています。シニアステークホルダーとのやりとりは、あなたにとってとても重要で
意味のあることですが、シニアステークホルダーは**他のことで頭がいっぱい**です。

　あなたがシニアステークホルダーから思うような評価や承認が得られていないと感
じたり、シニアステークホルダーが意図的に情報を隠していると感じたりした場合
は、このことを思い出しましょう。単に忙しいだけで、あなたが隠していると思って
いる情報は、シニアステークホルダーも持っていない可能性が高いのです。

5.7　実践ポーカーゲーム：シニアステークホルダーマ ネジメントの３つのよくあるシナリオ

　あなたがシニアステークホルダーと働くときに遭遇しそうな、よくある３つのシ

ナリオを見ていきましょう。よくあるメテオフォールの一種で、シニアステークホルダーが進行中の仕事を急襲し、何らかの批判をしたり、突拍子もない要求をしたり、何があろうとこのまま進めろと強要したりします。私の知るプロダクトマネージャーは全員一度はこのメテオフォールを経験しています。4章のシナリオの例と同じように、読み進める前に、この状況を自分ならどう対処するか時間を取って考えてみてください。

5.7.1　シナリオ1

　幹部：「たった今、デザイナーが作ったものを見たんだが、色が気に入らない。自分が承認したプロダクトとはまったく違う！」（**図5-1**）

図5-1　古典的なメテオフォール

実際に起こっていること

　幹部は自分が蚊帳の外に置かれていると感じています。認識していないことが進んでいて、暗黙のうちに自分の権威やコントロールが脅かされているのです。CORE

スキルに立ち返ってみると、組織化志向の強いプロダクトマネージャーは、自分の
チームがシニアステークホルダーとコミュニケーションする方法が根本的に壊れてい
る兆候と考え、その断絶を直すためのスケーラブルな方法を考えます。

あなたがすること

　まずは、すぐに謝ろうと思うかもしれません。ステークホルダーが何かを初見だと
思っているようなら、プロダクトのアイデアやデザインを承認してもらう方法が何か
うまくいっていません。幹部には、驚かせたり不意を突いたりするようなことをする
つもりは決してないことを説明しましょう。幹部にとって妥当な時間軸で、進行中の
仕事を確実に見てもらうにはどうすればよいか聞きましょう。毎週スタンドアップ
ミーティングをしたいと思っているのでしょうか？　プロセスのどこでプロダクトの
方向性が見えなくなっていると思っているのでしょうか？　この不快な瞬間から逃れ
ようとするのではなく、根本的な問題に対処する方法を探しましょう。

パターンと避けるべき罠

これはあなたが承認したとおりのものです。純粋に見た目の違いしかありません！

　　自分よりも大きな力と権限を持っている人と話しているので、争いたくはない
　　でしょう。本当の問題は何でしょうか？　変化そのものが問題なのか、幹部に
　　とって初見のものを見ているという事実が問題なのでしょうか？

**先週モックアップを更新したものを送ってフィードバックがあれば知らせていただ
くようにお願いしましたが、何も返信はありませんでした！**

　　肯定的で具体的な賛同がなければ、本当の賛同ではありません。更新版のモッ
　　クアップは、誰かの 10,000 通ある受信箱の 1 通で、それに返事がなかったり、
　　「よさそう」のようなありきたりな返事だったりした場合、モックアップをまっ
　　たく送らなかったときと変わりません。技術に頼って勝とうとしても役には立
　　ちません。

わかりました。どんな色でもお好きな色に変えます

　　幹部のコメントを注意深く読めば、幹部が実際にプロダクトの何かを変えるよ
　　うに頼んでいるわけではないことに気づくでしょう。本質的に、幹部はプロダ
　　クトの問題ではなく、コミュニケーションの問題に言及しているのであって、
　　前者を変えたところで後者は直りません。

ええ、まあ、それはあなたの意見にすぎないですよね？

「色がまったく違う」が単なる意見だったとしても、この道を進まないほうが
よいでしょう。意見の対立は誰が相手だろうと、ましてやシニアステークホル
ダー相手では、どんな状況でもよくない動きです。この状況でそうしたところ
で、良い結果になることはほとんどありません。

5.7.2　シナリオ2

幹部：「あなたのチームが今週何かに取り組んでいるのは知ってるんだけど、数日
前に議論した別の機能がすごいの。これもやってもらう時間はないかな？」（**図5-2**）

図5-2　新しい機能の要求を携えて襲ってくる幹部

実際に起こっていること

一見すると、チームがきっちり立てた作業計画に対して、幹部が個人的に温めてき
たプロジェクトを紛れ込ませようとしているように見えるかもしれません。でも、幹
部の言葉を額面どおりに受け取れば、これをする理由は**興奮**であって、妨害ではあり
ません。幹部が時間を取ってあなたのところに来て、ある機能のすごさを説明した場
合、それを今作る予定はないにせよ、幹部の考える優先順位や、それをどうチームの

優先順位と整合させるかについての理解を深めるための素晴らしい機会になります。

あなたがすること

　その機能のどこに幹部が興奮しているのか、なぜチームは今週の作業に組み込むように優先しないのかについて、率直で透明性の高い会話をしましょう。この幹部は組織のゴールを変えてしまう可能性があるような上位の会話に加わっていて、あなたはその会話を単に知らないだけかもしれません。もしくは、幹部は純粋にこのアイデアに興奮していて、チームが取り組んでいる具体的なゴールを知らないかもしれません。この幹部が提案している機能が、実は組織にとって、チームが作っているものよりも重要である可能性を否定しないでください。でも、チームの現在の優先順位づけを手動で上書きするのではなく、いちばん重要な作業が確実に優先されるようにするには、全体のやり方をどう変えればよいか幹部と話してください。

パターンと避けるべき罠

わかりました！

　このような要求をすぐに受け入れてしまうと、チームが作業の優先順位づけに使っている今のプロセスが損なわれます。また、実際にリリースしたものが幹部の頭にあった抽象的なアイデアに沿っていなかった場合に、幹部を失望させることになります。時間を取って、この機能を求めている理由を完全に理解しない限り、何も約束はできません。

お断りします！

　幹部が時間を取ってあなたのところに来て、ある機能の興奮を伝えるのであれば、確実に重要な理由があるはずです。最終的にチームが決めた元の優先順位を守って計画するにせよ、なぜ幹部がこの機能にこんなにも興奮しているのかを理解するための機会として活用しましょう。

たぶん。どれくらい時間があるか確認します

　そもそも、ここで確認すべきは、新しい機能に取り組むための時間がチームにあるかどうかではなく、幹部がなぜ新しい機能にこんなにも興奮しているかです。これを単に空き時間の問題にしてしまうと、組織のシニアステークホルダーが抱えるゴールやモチベーションを深く理解する重要な機会を逃してしまいます。

5.7.3　シナリオ3

　幹部：「聞いてくれる？ 長いあいだこの仕事をしているので、私がこの機能は大成功すると言ったときは信用してほしいの。いいですよね？」（**図5-3**）

図5-3　機能が成功間違いなしだと主張する幹部

実際に起こっていること

　幹部も人間です。あなたと同じように防御的になったり、苛立ったりします。でも、あなたとは違って、「私が言ったから」という意味のことを格好よく言うことができます。キャリアを積んでいくと、共通認識を見出す作業をしないまま、不透明な指示を出す幹部に出くわすことになるでしょう。直属のチーム以外の幹部が相手であなたの日々の仕事や経験を知らない場合は特にです。

あなたがすること

　幹部はそのポジションに就くまでに、多くの成功を認められてきていることでしょう。そういった成功が幹部の経験や期待値を形作っています。それを理解しておきましょう。特に役立つと思う方法が1つあります。「この機能が私たちの成功につながることにワクワクしています。考えていることを理解できるように助けてもらえないでしょうか？ そうすれば、これまでの成功を続けながら確実にこれを実行できます」といったことを伝えるのです。素直に、好奇心を持って深掘りの質問をし、興味を持

ち続け、関与し続けましょう。会話がまったくうまくいかず、幹部は単に機嫌が悪いだけ（よくあります）と感じたら、後日質問できるようにカレンダーの空き時間を探しましょう。

パターンと避けるべき罠

仰せのままに！

作った機能が失敗だった場合、幹部が「私がこの機能が成功すると主張したんだから、この失敗は完全に私の失敗ね」と言うのは極めてまれです。むしろ、幹部は実行中のほんのちょっとした不備を見つけて、「みんなが私が言ったとおりにやっていれば、全部大成功のはずだったのに！」と言う可能性のほうが高いでしょう。

ええっと、この機能はうまくいかないと思います

この幹部と強い関係を築いていない場合、意見の対立から得られるものは多くありません。たとえ、あなたはこの機能は失敗すると思っていたとしても、あなたと幹部の双方が不完全な情報をもとに仕事をしていることはほぼ間違いありません。あなたの仕事は、関係者全員が良い意思決定を下せるように、できる限りの情報を俎上（そじょう）に上げることです。

すいません。あなたが言ったからというだけでは作る理由にはなりません

幹部の立場としては、「単に自分が言ったから」という理由で何かを作れと言っているわけではないでしょう。それなりの理由があるはずで、たとえまったく賛同できないとしても、できる限り理由を理解するのがあなたの仕事です。これも同じです。防御よりも素直さがあなたを助けてくれるでしょう。

5.8　まとめ：これはあなたの仕事の一部であり、障害ではない

シニアステークホルダーと働くのは、プロダクトマネージャーの仕事のなかで特に難しくてリスクが高いものです。特に創業者や幹部のようなステークホルダーは、あなたの行く末や運命を信じられないくらい支配しているように見えることも多々あるでしょう。でも、幹部も人間であり、あなたと同じように自信をなくしたり、防御的になったりするような罠にはまる可能性があることを忘れないでください。彼らが最善の意思決定を下せるように支援し、その人たちの経験から学び、我慢強く、好奇心

旺盛でいましょう。

5.9 **チェックリスト**

- シニアステークホルダーと働くときは、「勝つ」ことを目的にしてはいけません。その人たちが素晴らしい意思決定を下せるように支援し、あなたが価値ある協力的な思考パートナーであることを示しましょう
- シニアステークホルダーからいつも望みどおりの答えが得られるわけではないという事実と、それはあなた個人の問題ではないということを理解しましょう
- シニアステークホルダーの無知、傲慢、音信不通について話すことで、シニアステークホルダーからチームを「守ろう」とするのはやめましょう。その代わりに、自分たちが働いている環境での制約を率直に認め、その制約のなかでインパクトを最大化しましょう
- 重要なミーティングで「大きなアイデア」を披露して、シニアステークホルダーを驚かせないでください。できる限り 1on1 で、ゆっくりと慎重にアイデアを広めましょう
- ユーザーニーズが社内政治でかき消されないようにしましょう。ユーザーニーズを意思決定の指針にして、シニアリーダーとのミーティングでユーザーの視点を活かしましょう
- ユーザー中心主義のビジネス価値を強化するために、あらゆる機会を活用してビジネスゴールとユーザーニーズを結び付けてください
- シニアステークホルダーが「火曜日までにこれができるか？」といった質問をしてきた場合、それを暗黙の要求とみなすのではなく、実際の質問として受け取りましょう
- メテオフォールに直面した場合は、過去の会話の詳細で争わないようにしましょう。蚊帳の外にされたと思われないように、根底にある問題を見つけて対処する機会を探してください
- シニアステークホルダーが突然何か違うことをしてほしいとチームに言ってきたら、理由を探りましょう。自分が知らないところで重要で上位の会話が行われたかもしれません
- シニアステークホルダーも防御的になったり、疲弊したりすることを忘れないでください。素直な気持ちで、好奇心を持って、我慢強くいましょう

6章
ユーザーに話しかける
（あるいは「ポーカーって何？」）

　ところで、いつもとまったく違うポーカーに参加しているところを想像してください。オンラインゲームのスタートアップで働いているとして、ポーカーのプレイヤーたちに、ゲームの基本的なニーズや行動について深く知るためゲームに同席させてもらえないかと聞きました。ひととおり自己紹介が終わると、ホストは「あなたがどれくらいポーカーになじみがあるか知らないのですが、ルールをひととおり教えましょうか？」と親切に尋ねてきました。

　気づかないかもしれませんが、この瞬間、ユーザーへのインサイトを飛躍的に深めるために隙を見せることもできますし、完全に閉ざすこともできます。

　あなたは一瞬考え込みます。この人たちに信頼してほしいし、もしポーカーも知らない田舎者だと思われたら、特別おもしろいことや学びのあることを前のめりに見せてくれるでしょうか。そう考えて、いかにもよく知っている雰囲気で「あー、ポーカーは大好きなんですよね！ テキサスホールデムですか？ それともオマハ？」と言います。「ホールデム！」とうれしそうな返事が来て、ゲームが始まります。ふー。信じてくれた。昨晩ウィキペディアに使った時間が報われました。最初のゲームが始まると、さっそく本題に入ります。「今日はゲームにご招待いただきありがとうございます。ご存じのように、オンラインカードゲームのリサーチのために今日は来ました。みなさんの理想のオンラインポーカーアプリはどんなものでしょうか？」。

　テーブルについている人たちは回答に詰まります。その質問にワクワクしている人はいなさそうです。一瞬の静けさのあと、隣にいる人が気を使って「ポーカーアプリならインストールしたことがあります。確か、自分の携帯に。何年か前かな。ですが、あんまりはまりませんでした」。

　やった。進展がありました。「そのアプリの何が気に入りませんでした？」。

　「うーん、正直よく覚えてないんですが。とにかく興味を持ち続けられなかったん

だと思います」

　かなり良い線いってます。「どうしてそのアプリに興味を持ち続けられなかったのでしょうか？」。

　「うーん、よくわかりませんね。ゲームにワクワクするように作れていなかっただけだと思います」

　あなたは元気にうなずきます。仕留めました。

　帰宅途中で、ノートを取り出して以下のように書き出します。

　　　人はオンラインポーカーにワクワクを求めたい。

　もう全部わかりました。ハイレゾのグラフィック、大音量の音楽、爆発……。これまでのどんなオンラインポーカーよりもアクションたっぷりです。キャッチコピーも実際かなりイケてます。それから、ほら、数か月前のアンケートでも「ポーカーアプリに求めるもの」の上位にグラフィックとサウンドがありました。最高のオンラインポーカーになりそうです。成功は間違いありません。

　では、もう1つの道を選んだと想像しましょう。

　自己紹介がひととおり終わったあと、ホストは「あなたがどれくらいポーカーになじみがあるのか知らないのですが、ルールをひととおり教えましょうか？」ととても親切に尋ねています。

　あなたは一瞬考え込みます。参加者からまったくの田舎者とは思われたくはありません。でも、自分個人の想定が、参加者にとってゲームがどのような意味を持つのかを学ぶ妨げになるのは嫌です。そこで、おずおずと「えー、実際のところかなり腕が落ちています。もしよかったらひととおり教えてもらえませんか？」と答えました。

　数名の参加者があきれた表情をします。きまりが悪くなり、顔が赤くなるのを感じます。ポーカーフェースは無理そうです。それでも、ホストは乗り気で、あなたがルールをまったく知らない人かのように説明を始めています。ホストが説明を続けているあいだにも、テーブルにいる数名の参加者は、「そんなことは知っているよ」とでも言いたげに目配せをしてクスクスと笑っています。「すみません、何かおかしいですか？」と聞くと、あなたの隣の人は「いえいえ、私たちはずいぶん長いこと一緒にポーカーをしているので、そのあいだに小さなルールを自分たち用に作ってしまっていると思うんです。もし私たちのやり方で他の人とゲームをしたら、きっと退場させられますよ！」と答え、全員が笑いました。

　帰宅途中で、ノートを取り出して以下のように書き出します。

　　参加者は、グループとしての特定の要望や期待に応えるため、ゲームのルールを
　　変えていた。

　一瞬眉をひそめます。これは、以前行った「ポーカーアプリに必要なものは？」の
アンケートで聞いたことと明らかに違います。とても驚きですし、作っているプロダ
クトにとっても大きな意味があるかもしれない発見でした。以前聞いたときには考え
なかったたくさんの質問がわいてきました。非公式のルールがゲームのなかでどのよ
うな役割をするのか？ いつものメンバーで遊ぶときと違う人と遊ぶときでどう違う
のか？ これらの質問によってどこにたどり着くかはまったくわかりませんが、質問
すべきだとわかったのは良かったです。

6.1　ステークホルダーとユーザーは違う

　いろいろな意味で、ユーザーと話すことはプロダクトマネージャーの仕事のなか
でいちばん簡単だと思われています。何か難しいことでもあるのでしょうか？ ユー
ザーを何人か見つけて話すだけです。これで、あっというまに「ユーザー中心」を
全部達成できます。しかし実際には、ユーザーとの会話こそが、プロダクトマネー
ジャーが身に付けなければいけないいちばん難しいことかもしれません。なぜでしょ
うか？ それは、プロダクトマネージャーがステークホルダーとうまく働くためのふ
るまいは、ユーザーから学ぶときにそのまま使ってもうまくいかないことが多いから
です。
　ステークホルダーと働くときは、上位の戦略と実行の詳細のあいだに説得力のある
関連性を求めたくなります。選択肢を提示し、トレードオフを説明し、ステークホル
ダーができる限り最高の意思決定をできるようにしたいのです。そして、意思決定の
タイミングが来たときには、具体的で前向きなコミットメントをしたいのです。
　ユーザーと会話をするときは、ゴールはまったく違うものになります。あなたの仕
事は説明することではなく、調整することでもなく、情報を提供することですらあり
ません。その代わり、**ユーザー**の目的やニーズ、どんな社会に生きているのかを学べ
るだけ学ぶのです。3 番めの行動指針に戻ると、これはユーザーを会社の現実世界に
引き込むのではなく、自分自身をユーザーの現実世界にどっぷりと漬けることを意味
します。この考え方を実践するには「賢そうに見せること」より「知らないふりをす
る」ほうがよいのです。
　プロダクトマネージャーにとって、この変化は不愉快なことが多いでしょう。プロ

ダクトマネージャーは自分たちのプロダクトやビジネス、ユーザーに関する幅広い知識を持っていると思われています。ユーザーと上手に話をして、ユーザーから学ぶためには、具体的な答えや特定の解決策をユーザーに教えたくなる誘惑に抗わなければいけません。初めてのユーザーインタビューを終えたあるプロダクトマネージャーは、「自分がすごく馬鹿になったと感じました。やりたがらないプロダクトマネージャーが多い理由がわかった気がします」とざっくばらんに話してくれました。

ユーザーフィードバックの場で自分のアイデアを「ピッチ」することの危険性

T・R

プロダクトマネージャー

エンターテイメント分野のアーリーステージのスタートアップ

　以前のキャリアで、ポッドキャストのためのコラボレーションとコンテンツの発行を効率化するツールを作るアーリーステージのエンターテイメント分野のスタートアップで、1人めのプロダクトマネージャーとして働いていました。具体的でファンもいる、とてもいけてるアイデアで、自分が関われることに興奮していました。

　初期のプロトタイプを使い込んでいたとき、実はかなり混乱しました。私はポッドキャスティングについてはそれなりに経験がありましたが、提示されたワークフローはあまり的を射てなかったためです。率直に言ってポッドキャストの制作ワークフローというより、ソフトウェアの開発ワークフローに近いと感じました。どうしてこのプロダクトがこの形になっているのか不思議に思ったので、創業者に次のユーザーフィードバックの場に参加できないか聞きました。

　参加して数分もしないうちに、何が起きているのか完全に理解しました。ユーザーに自己紹介をしてもらうよりも早く、私たちの創業者はこのプロダクトがいかにポッドキャスティング界に革命をもたらそうとしているかを説明していたのです。ユーザーに自分でプロトタイプをひととおり触ってもらうより、創業者は一つひとつの手順を指導し、何が起きるのかを説明し、手順が終わるたびに「すごくクールでしょ？　ね？」とキラキラした目で言っていました。言うまでもなく、このユーザーフィードバックセッションは大成功とみなされていました。

　創業者の夢を壊すようなことをしたくはなかったですし、コアのアイデアをと

ても信じているので、自分もユーザーフィードバックセッションをやらせてもらい、チームでレビューするために録画をお願いしました。このセッションのあいだ、ユーザーにはほんのわずかの説明しかしませんでした。ただユーザーの前に座って、期待と行動を見せてくれるようにお願いしただけです。そして、お願いした直後から、どうやってプロダクトを操作したらよいかまったくわからなかったのです。実際、プロダクトが何をするものなのかを理解をするのに数分かかりました。

このビデオを創業者と見るのは簡単なことではありませんでした。初めに、ユーザーにプロダクトについて十分に説明していないのではないか、あるいは、その価値を理解できるよう手を貸していないのではないかとすぐに指摘しました。それでも最終的には、**ユーザーが、戸惑いながら1時間近くも黙ってじっと自分のプロダクトを見つめているのを見ると、何かしらの影響を受けざるを得ません**。そのセッションのあとに、創業者は、実際のユーザーではなくプロダクトマネージャーからの意見だったら耳を貸さなかったような、プロダクトの根本的な部分を見直し始めました。

6.2　そう、ユーザーと話す方法を学ばなければいけない

プロダクトマネージャーがどの程度明示的にユーザーリサーチをすることになっているかは組織やチームによって大きく異なります。一方で、非公式なユーザーリサーチは、プロダクト関連のカンファレンスでの和やかな会話や、家族への「技術サポート」など、あらゆるところで起こります。そのため、ユーザーリサーチの学習に時間を使うことはどのプロダクトマネージャーにとっても有意義です。ユーザーリサーチを学習することで、正式に「ユーザーリサーチ」とみなされるかどうかに関わらず、現在あるいは見込みユーザーとのあらゆる交流のメリットを最大限に活かせるようになります。

この数年間、私は素晴らしいユーザーリサーチやエスノグラフィの専門家と働く機会があり、非常に幸運でした。ビジネスパートナーのトリシア・ワン（http://triciawang.com）は、悪いユーザーリサーチ（「私のチームがこの超クールなプロダクトを作ったんです。いいでしょう？」）の実施から、**ましなユーザーリサー**

チへの旅の惜しみないメンターになってくれました。ユーザーリサーチの改善の唯一の道は頻繁な練習と率直な反省だと、繰り返し指摘してくれました。つまり、初めに**悪いユーザーリサーチ**をたくさんしておかなければ、ユーザーリサーチがうまくなることはなかったのです。

本書はユーザーリサーチの完全なガイドではありませんが、指針となるような書籍を何冊か本章末尾の「チェックリスト」でお勧めしておきました。また、率直な反省の役に立つよう、ユーザーリサーチを実施した経験から得たいちばん注目に値する教訓をいくつか紹介します。

一般論ではなく具体的な例をお願いする

これはたくさんのユーザーリサーチの本やトレーニングで取り上げられていますが、自分が吸収してきた現場で使える方法のうち、いちばん役に立ちます。実例を挙げると、「普段ランチで何を食べますか？」あるいは「いちばん好きな食べ物は何ですか？」と聞くより、「最後に食べた食事について細かく教えてください」と質問するのです。抽象的な答えではなく、具体的な1つの実例でユーザーの**現実世界**を忠実に反映するのが狙いです。この方法は音楽や食事のような、味や好みという重要な価値判断があるところだと特に有効です。たとえば、音楽を聴いた具体例は一般的にすぐに話せるのですが（「この前のランニングのときにデュア・リパの新譜をかけました」）、「音楽の好み」や「好きなアーティスト」を聞くと簡単に固まってしまいます。

自分が聞きたかったことを聞いても興奮しすぎないようにする

ときどき、まさに言ってくれたらいいなと思っていることをかなり早い段階でユーザーがあっさりと口にすることがあります。ユーザーと話すようになったとき、「おお、なんと、それはまさに私たちがやろうと話していることです。すごい！ ありがとうございます！」とよく飛びついていました。しかし、これはユーザーの本当のニーズを深く理解する上での妨げになります。私は、メンターによる優しい軌道修正の助けを借りながら、時間をかけて理解しました。ユーザーはあなたが作ろうと計画している解決策をそのまま説明してくることがありますが、必要とする理由はまったく違うかもしれません。プロダクトを上手に作れたとしても、理由を間違って理解していたら価値を届けるのには失敗するでしょう。

ユーザーにあなたの仕事を依頼してはいけない

OXOの「上から読む」計量カップのストーリーはデザイン思考のワークショップでよく取り上げられ、マーク・ハーストの素晴らしい本である『Customers Included』(Creative Good)(https://oreil.ly/aD7Ic)でも紹介されています。OXOのリサーチャーが「計量カップに求めることは何ですか?」と顧客に質問をすると、一見筋が良さそうな特徴をスラスラとリストアップしてくれます。「丈夫であってほしい! 快適な持ち手が欲しい! スムーズに注げてほしい!」などです。リサーチャーが実際に計量カップを使ってもらうようにお願いすると、一貫したパターンを発見しました。計量カップを満たしたあと、目盛りを横から読もうとしてカップの横にしゃがむのです。そうして「上から読む」計量カップが生まれました(**図6-1**)。

このストーリーはあなたの仕事をユーザーにさせようと質問することの落とし穴を示しています。ユーザーに機能のリストを挙げてもらえば、チームに戻って「これは良いアイデアだ! ユーザーから特に要望があったんだ!」と言って自信を持つかもしれません。でも、ユーザーには、自分たちの目的やニーズと、それに対応する会社独自の機会を結び付ける責任はありません。それはユーザーではなく、あなたの仕事です。

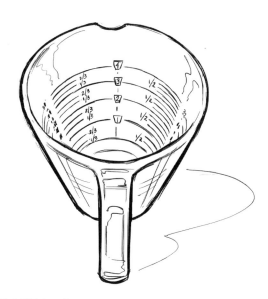

図6-1 「上から読む」計量カップ

　かいつまんで言えば、ユーザーとの対話の仕方はいつでも学べます。ユーザーリサーチの本や記事を読んでください。組織にいるユーザーリサーチャーを探し出して、メンターになったり指導したりしてもらえないか聞いてください。簡単にできないとしても、ユーザーリサーチの練習を続けてください。ユーザーから学ぶだけではなく、ユーザーから学ぶ方法を学ぶことにも、常に素直な気持ちで、好奇心を持ち続けてください。

6.3　ペルソナ・ノン・グラータ

　ユーザーから学ぼうとするとき、ほぼ確実に「どのユーザーをまず第一に考えるべきだろう？」と考えることに気づきます。この質問に対処しようとすれば、「ユーザーペルソナ」を扱う必要性に気づくでしょう。ユーザーペルソナとは、さまざまな種類のユーザーを一般化して、それに名前や背景を持たせたものです。たとえば、10人のスモールビジネスのオーナーとのインタビューから、2つの別々のニーズと行動の集団を表す2つのユーザーペルソナ（ここでは「バート」と「アーニー」と呼びましょう）を生み出す、といったことです。

　プロダクトマネージャーとして働き始めたころ、一緒に働いていたUXデザイナーがユーザーペルソナを作ろうと提案してきたときに、カッとなったことがあります。「いえ、あの、自分は本物のユーザーを理解しているので、偽物のユーザーをいくつも作る必要はありません。わざわざどうも」と思ったのです。このペルソナ行商人の同僚の働きを妨害し、弱体化させようという試みは、結局このツールはとても役立つという発見になりました。そうです。本物の人とのインタビューから合成された「偽物の」人を作ったのです。自分たち以外の人を念頭に置き、さまざまなユーザーニーズを区別できるようになったことで、良い意思決定ができるようになり、最終的に良いプロダクトを提供できるようになりました。

　もちろん、これはペルソナが**非常に悪い**使われ方をされないという意味ではありません。おそらく、プロダクト開発の世界における他のツールやテクニックよりも、ユーザーペルソナは、私たちの思い込みや先入観を有害な作り話として具現化させる方法になりやすいのです。この作り話は、「ベストプラクティス」として、検証されないまま権威を持ちます。以下に、そういった落とし穴に落ちないためのコツを列挙します。

ペルソナが実際のリサーチにもとづくものであることを確認する

中規模のアメリカの都市で皮膚科の開業医をしている友人がいます。最近、彼はサン・ラ風のマントを羽織ってステージに上がったこともあるコズミックジャズ系のミュージシャンでもあることを知りました。実際の人間はこうも複雑で驚きに満ちているものです。もし、人と話さずにペルソナを作ろうとしているのであれば、ペルソナではなく、おそらくステレオタイプを作ろうとしています。ほとんどのプロダクトマネージャーは、最悪の女性蔑視や、人種差別、その他の深い問題を抱えたペルソナに出会ったエピソードがあります。そして実際、あなたのペルソナが、ユーザーの目的やニーズ、行動といった本当のインサイトにもとづくものではなく、ユーザー属性のみにもとづくのであれば、あなたが得たものはステレオタイプです。

定期的にペルソナを見直す

プロダクトは変わり、マーケットは変わり、人も変わります。私の経験では、定期的なペルソナの見直しにコミットしないチームは、ずっと同じペルソナを使います。ペルソナを頻繁かつ計画的に見直して都合の悪いことはほとんどありません。しっかりとしたリサーチによってペルソナの変更がないと確信したなら、ペルソナが最新であるという自信を持って前に進めます。さらに、あなたが行ったリサーチのおかげで、他の価値ある（新鮮な！）インサイトが確実に得られるでしょう。

アンチペルソナを使って、誰のために作るのではないのかを明確にする

通常は、広い範囲をカバーするペルソナを作るほうが、特定範囲のペルソナよりも説得力を持たせやすいのです。つまり、全体で見ると「老若男女」を意味するだけのペルソナ一式ができあがることもあります。チームと組織が本当に労力を集中させようと思ったら、私たちが**対象としない人たち**のプロフィールを合成した「アンチペルソナ」が、日々の意思決定をいっそう具体的にするための強い力になります。たとえば、「夢に投資する意欲的なスモールビジネスのオーナー」のアーニーに向けて機能を開発している場合、「間接コストを慎重に避けるリスク回避指向のスモールビジネスオーナー」であるバート向けにその機能を作るのではないとはっきり決めるのです。

ユーザーペルソナの落とし穴については、「Jobs to Be Done」のような別のアプローチを提唱する人も多くいます。「Jobs to Be Done」について詳しくは、ジム・カ

ルバックの『The Jobs to Be Done Playbook』（Two Waves）を読んでください。

「ヘビーユーザー」の誘惑の言葉

ジョナサン・バートフィールド
プロダクトマネージャー、アーリーステージの出版系スタートアップ

　私が著者向けのファン開拓ツールに取り組んでいたときのことです。初期のプロトタイプとモックアップができあがり、うきうきしながら何人かの本物のユーザーの前に出しました。私たちは、素晴らしい立ち位置にいるようでした。出版界にすごい人脈があり、尊敬されるリーダーシップチームがあり、小さくて明確に定義されたユーザー基盤の本物の課題を解決するプロダクトがありました。

　私たちは、専門家のネットワークを介して声かけを始め、何人かのかなり著名な作家からの反応にとても勇気づけられました。当時はソーシャルメディアの初期のころで、Twitter や Facebook といったプラットフォームを使って、ファンと直接やりとりする最前線の人たちでした。そういった作家には通常、オンライン上での存在感をマネジメントする従業員やチームがいて、新しいツールを待ち望んでいました。このプロダクトの成功を運命づける明確なシグナルがありました。

　その一方で、著名ではない作家と出版業界の専門家からは、明確な反対意見も聞こえ始めました。多くの作家が「そんなことはやらない」とはっきりと言い、多くの出版業界の専門家も「作家はあなたがたが期待していることはしない」と言っていました。しかし、私たちはそれを聞きたくありませんでした。なんだかんだ言っても、私たちのプロダクトを使うことに興奮している、もっと成功した作家がいるのです。プロダクトを使いたいと思わない作家たちも自分たちが提供したプロダクトを見たら行動を変えると信じていました。

　ハッピーエンドのストーリーではありません。このスタートアップは失敗しました。十分な顧客を確保できなかったのです。**すでに成功した作家だけから話を聞きましたが、探さなければいけない実際の対象ユーザーは別にいたのです。**対象にすべきだったユーザーたちからは、私たちがプロダクトでやってほしかったことは理解できず、時間やリソースを割く気もないとはっきり言われました。しかし、私たちは聞きたいことを言う人の話だけを聞きました。そして、プロダク

トがマーケットに出てから、その代償を払うことになったのです。

6.4　プロダクトとリサーチ：友だちのふりをした敵から、永遠の大親友へ

　組織によっては、プロダクトマネージャーが唯一の「ユーザーの声」として指名されることがあります。またある組織では、プロダクトマネージャーは、探索的インタビューの実施やユーザーペルソナの開発、ユーザビリティテストの監督などを職務とするデザイナーとリサーチャーからなる大規模なチームと働いているかもしれません。理論上は、プロダクトマネージャーとリサーチャーは緊密に連携すべきです。どんな成功したプロダクトでもユーザーに価値を提供しなければならず、ユーザーリサーチはその価値が具体的に何であるかを発見する重要なツールだからです。しかし実際には、両者は緊張をはらみ、言い争いも絶えません。

　こうした緊張はある事実に起因します。それは、ビジネスゴール、幹部の思いつき、提供までのスケジュールなどが「ユーザー中心」を難しくし、プロダクトマネージャーはこれらさまざまなものとユーザーインサイトとのバランスを取らなければいけないということです。リサーチャーの視点では、プロダクトマネージャーが締め切りに固執して、顧客を無視する会社の太鼓持ちに見えるのです。

　実際、プロダクトマネージャーは既存の計画やコミットメントとうまく整合しないユーザーインサイトを提示されると、いつもうまく反応できるとは限りません。以下にリサーチとプロダクトを整合させるコツをいくつか提示します。

穏やかかつ恐れることなく制約を説明する

よくリサーチャーが、プロダクトマネージャーに価値あるユーザーインサイトを提示しても、「戦略外」「不可能」、あるいは単純に「遅すぎる」として意味のある行動を起こしてもらえない場合があります。多くの場合、これらは防御的な反応です。計画の健全性への疑問を投げかけるインサイトは、計画にコミットしているプロダクトマネージャーにとって脅威と感じられるのです。

将来的に手に負えないような破壊的になるかもしれないインサイトを無視する代わりに、優れたプロダクトマネージャーは、落ち着いて恐れることなく自分たちの仕事の制約を説明し、この制約のなかでどうやって機会を活かしていく

かをリサーチャーと協力して探ります。直接的かつ率直に、たとえば、「インサイトを共有いただきありがとうございます。このインサイトがどのように方向性を変えうるか理解しました。ですが、私たちはこの機能を来月提供する約束をしています。ユーザーからのこのインサイトをリリース計画に取り込むにはどのような可能性がありそうですか？」のように話してみましょう。

決定的に重要なインサイトを膨大なスライドに埋没させない

スライドはインサイトを死に至らしめる場所です。リサーチャーとプロダクトマネージャーが「幹部がインサイトを無視しようとしている」と訴えるときは、インサイトが膨大なスライドに埋没しています。そのインサイトが本当に決定的に大切であれば、直接提示し、ステークホルダーになぜそれがゴールに近づく助けになるのかベストを尽くして説明すべきです。あるリサーチチームでは、月次で誰でも参加できる「インサイトの分かち合い」を Zoom で開催し、広範囲なステークホルダーと直接的な協働を促していました。このミーティングでは、先月のリサーチについて簡単に紹介したあと、どうやってそのリサーチを有効活用するか、どの新しいリサーチを優先して実施するか、率直に話し合っていました。そのうち、このミーティングはプロダクトマネージャーとリサーチャーが一緒に仕事をする場というだけではなく、ユーザーニーズやインサイトを並べることで、プロダクトマネージャーが**他のプロダクトマネージャー**の仕事に対する理解を深める場にもなっていきました。

チーム全体を巻き込む

リサーチャーはプロダクトマネージャーを自分たちの仕事に巻き込むのをためらうことが多くあります。プロダクトマネージャーが誘導尋問をしたり、あらかじめ決めた解決策を押しつけたり、その他経験が浅いときに**私がしてきたような**、迷惑なことをしたりするのを心配しているのです。同じように、プロダクトマネージャーもエンジニアやデザイナーをユーザーリサーチに招待するのをためらうことが多くあります。エンジニアやデザイナーが専門用語で話したり、これまでの仕事を擁護したり、エンジニアやデザイナーが経験を積んでいくなかで迷惑なことをしたりするのを恐れているのです。チームと一緒にリサーチをすると、フラストレーションが溜まったり、忍耐を試されたりするようなことがあります。でも、チームでのリサーチには 2 つのメリットがあります。1 つは巻き込んだ全員のリサーチスキルがレベルアップすることで、もう1 つは、ユーザーとユーザーのために解決策を構築している人たちを近づける

ことです。ユーザーリサーチに積極的に参加してくれる人たちは、その人たちの仕事がリサーチに関係がある可能性がとても高いのです。

プロダクトマネージャーとリサーチャーは、ユーザーニーズとビジネスゴールの緊張感のなかで正反対の立場に立たされることもしばしばです。でも、より近くで一緒に働くことで、その緊張感の扱いをもっと効果的にしていける可能性が高いのです。いつもどおり、素直な気持ちで、正直に、被害者意識を持たずにいましょう。

6.5　まとめ：いや、真剣な話、ユーザーとの会話を学ぶべき

ここまで挙げたすべての例のとおり、ユーザーとの会話はすべてのプロダクトマネージャーにとって簡単で自然にできるものではありません。「ユーザーの現実に生きよ」のために必要な会話のスキルを身に付けていくことは、多くの場合、社内のステークホルダーと首尾よくやりとりするためのふるまいを捨て去ることを意味します。そしてそれは、もっとうまくユーザーの視点から世界を見られるように、素直に好奇心を持ってすべての人とものを扱うことを意味します。

6.6　チェックリスト

- ユーザーと話しましょう！
- ユーザーとの会話スキルは身に付けるのに時間がかかることを認識し、受け入れてください
- ユーザーとの会話とステークホルダーと働くことは違うことであり、アプローチも違うことを覚えておいてください
- テレサ・トーレスの『Continuous Discovery Habits』(Product Talk)、マーク・ハーストの『Customers Included』(Creative Good)、スティーブ・ポーティガルの『Interviewing Users』(Rosenfeld)、エリカ・ホールの『Just Enough Research』(A Book Apart)、トーマー・シャロンの『It's Our Research』(Morgan Kaufmann) などの本がリサーチスキルを身に付けるのに役立ちます
- あなたの知識と経験でユーザーを感心させようとしないでください。「馬鹿っぽいことをしているな」と感じても、ユーザーが自分の現実世界をあなたに説

明する機会をできる限り作ってください

- もし自分の組織にユーザーリサーチャーがいるなら、コンタクトを取って、使っているツールやアプローチについてひととおり教えてもらえないか聞いてください
- ユーザーに経験を話してもらっているときは、広く一般化した話ではなく、個別の具体的な出来事について話してもらってください
- ユーザーにあなたの仕事をさせないでください！　あなたができることはユーザーのニーズを**理解し、そのニーズへの最良の取り組み**としての具体的なプロダクトと機能について考えることです
- チームが使うユーザーペルソナ（あるいは「Jobs to Be Done」）が実際のリサーチにもとづいたものであるかを確認し、定期的に更新してください
- 決定的に重要なインサイトを膨大なスライドのなかで殺さないようにしましょう！
- リサーチャーと働くときは、既存の計画を狂わせるものとしてインサイトを追い払うのではなく、穏やかかつ具体的に制約事項（予算、締め切り、機能の約束）について説明してください

7章
「ベストプラクティス」の
ワーストなところ

　組織の大小に関わらずプロダクトマネージャー向けのトレーニングをすると、最初に聞かれるのは「ベストプラクティス」です。「Netflix ではどうプロダクトマネジメントしているの？」、「Google でのプロダクトマネージャーとプログラムマネージャーの違いは？」、「業界トップ組織と同じようにプロダクトを運営するには何をしたらいい？」といったものです。

　素晴らしい質問ですし、その答えを知れたら素晴らしいでしょう。しかし、そのような質問には言葉にはなっていない逆効果なおまけがついています。「Netflix ではどうプロダクトマネジメントしているの？……同じことができれば、すごく成功した企業になれるんですよね？」。

　そのように考えること自体は理解できます。プロダクトマネジメントに関わる仕事の曖昧さを考えれば、明確な規律をもって今の形になった会社にガイドを求めたくなるのはわかります。

　でも、この考え方の危険性にはなかなか気づきません。ベストプラクティスに集中しようとすることで、プロダクトマネージャーが成功から遠ざかる具体的な例を3つ見ていきましょう。

ベストプラクティスに集中することで、好奇心を失う

　プロダクトマネジメントを再現可能なベストプラクティスの適用にすぎないとみくびってしまえば、厄介で予測不能で絶対に回避できない人間の複雑さを洗い流してしまうことになります。その複雑さのなかを進んでいくのがプロダクトマネジメントの本来の仕事であるのにです。ベストプラクティスに依存しすぎたプロダクトマネージャーは、同僚に興味を失い、プロダクト自体にさえ興味を持たなくなることがあります。どんな状況でも使えるベストプラクティス

による成功にとっては、ベストプラクティスに従わない物事や人はすべて敵に見えるようになります。

ベストプラクティスはおとぎ話のような結末を騙る

公開されている「ベストプラクティス」のケーススタディのほぼすべては、「それからずっと幸せに暮らしましたとさ」のビジネス版で締めくくられます。「ビジネスは馬鹿高い金額で買収されました」、「Q4 の利益目標 70 万ドル越えを達成」、「チームは、大規模アジャイルフレームワークの 100% 適用を達成」といった具合です。しかし現実の世界では、「それからずっと」はありえません。馬鹿高い金額で買収されたビジネスは、新しいオーナーによって分解されてしまうかも知れません。利益目標を超えた会社も、1 年後には倒産しているかもしれません。大規模アジャイルフレームワークを 100% 適用したチームは、まったく使い物にならない機能を開発しているだけかもしれません。人生は続きます。変化は避けられません。永続する「ベストプラクティス」などありません。

ベストプラクティスに魔法を期待しても、失望して悲しむことになるだけ

ベストプラクティスに関する会話は、たいてい楽観主義と希望にあふれて始まります。でもベストプラクティスが組織の既存の慣習やリズムと衝突するのは避けられないので、すぐに諦めと不満に取って代わられます。なぜベストプラクティスがうまくいかないんだ？　誰のせいだ？　わかっていないのは誰だ？　そのような会話はたいてい何の助けにもならない残酷で断定的な結論で終わることになります。「うちの組織は階層がきつすぎて、プロダクトマネジメントには向かない」、「他の部署が我々が変化を起こすのに必要なサポートをしてくれない」といったものです。組織を特徴づけているユニークな特性そのものが、変化を実現するためのガイドではなく、コントロールできない変化への障害とみなされるのです。

ベストプラクティスについての話をするなと言っているわけではありません。本書自体もベストプラクティスでいっぱいです！　ただ、うらやみたくなるようなサクセスストーリーの裏には、プロセス、人、多大なる運、そしてタイミングといったさまざまな要素が絡んでいることを忘れてはいけません。ベストプラクティスを学び、人に伝えるために重要なことを見ていきましょう。ベストプラクティスを守れない約束ではなく、有用なリソースとするために必要なことです。

7.1　誇張を鵜呑みにしない

　なぜ X 社はプロダクトマネジメントをそんなにうまくやれているのかのような質問がたくさんきた場合は、簡単なエクササイズをやってもらうことがあります。

　　X 社のプロダクトを 5 分間使ってみて、もし X 社で働くとしたら初日に修正したくなるくらい明白な課題や問題を書き出してみてください。

　やってみると「あと 5 分もらえる？」とか、対面でやっている場合は「もっと紙ある？」という反応がよく返ってきます。ここでやりたいのは、人の幻想や思い込みを打ち破りたいとか、「業界トップ」の会社でも目に見える問題を放置していることを見せつけることではありません。どんな会社でも、政治抗争があり、リソースの制約があり、ロジスティクスの課題を抱えているということです。Google のプロダクトマネージャーがタダのスナックを食べまくる開発者と絶えずハイタッチをしているとか、Facebook のプロダクトマネージャーは、スタートアップだからと言いさえすればどんなコードでも 10 億のユーザーがいる環境にプッシュできるとか、そんな話を何回聞かされたところで、そんな組織のプロダクトマネージャーの日々の仕事は、おそらくみなさんの組織の日々の仕事と似たようなものです。

　「業界トップ」企業のケーススタディのほとんどは、言ってしまえば、採用のためのプロパガンダです。プロダクトとエンジニアリングの人材を求めて競争している会社にとって、仕事場の状況を正確に伝えるインセンティブはほとんどありません。少しでもマイナスに働くようなことならなおさらです。「ベストプラクティス」をどう扱っているかについて、本当のところを細かく知りたければ、知り合いのプロダクトマネージャーに聞いてみるのがいちばんです。そうすれば、あなたの組織で直面している課題ともっと密接に関連した話が聞けますし、そこで選択しているツールやテクニックの潜在的な欠点や限界について、より多くの気づきを与えてくれるでしょう。

「やり方を間違った」会社で、プロダクト、チーム、メンタルヘルスを優先する

レイチェル・ディクソン
プロダクトディレクター、メディア会社

　働き始めたころ、お互いに深く信頼し非常にうまく協働している分散チームに

参加する幸運に恵まれました。責任を共有し、問題解決のために協働し、お互い率直にコミュニケーションできていました。「この要求にはまだ不明点があるね」といった発言も、非難と取られることを恐れず自由にできていました。私たちは権限を委譲され、自律していました。自分は本当のプロダクトマネージャーをやれている気分でした。

別の会社で似たような役割を担当するようになって、状況の違いにちょっと怖くなりました。物理的な作業スペースを共有しているものの、協働することはほとんどありませんでした。エンジニアは戦略的なパートナーとしてではなく、チケット処理係のように扱われました。以前の職場では「間違ったツール」とされていたツール群を使っていました。プロダクト開発、プロダクトマネジメントを「正しく」やる方法を会社は知らないことが、私には明白でした。

その問題を強調するのに長い時間をかけましたが、結果的に自分にとってとても高くつきました。プロダクト開発のやり方を大きく変える必要があることを経営陣に伝えようとしましたが、同じ会話の繰り返しにストレスを溜めていました。しかしふりかえってみると、そんなことをやってもプロダクトは良くならないし、チームも強くはならなかったのです。組織全体に対抗するために時間をかけすぎて、自分の組織のなかの自分のチームと顧客に時間を使えていなかったのです。

そのときの私にひとことアドバイスをするとすれば、「プロダクト、チーム、自分のメンタルヘルスに集中しろ。組織全体が『正しく』プロダクトマネジメントをやれているかどうかは気にするな」です。キャリアのなかでは、権限委譲された組織から、制限の多い組織への移動もあります。チームの信頼を一から築き直さなければいけないこともあります。書類の上の「昇進」が、責任の上では降格であることもあるでしょう。うまくいかないときに落ち込むのは普通のことです。ただ、ここで厄介なのは、プロダクトマネジメントでおもしろいことが起こるのはそんなときだということです。あなたのキャリアのなかで完璧ではない時期が、あとになってから、権限委譲が足りなくても自分の能力をフルに発揮してインパクトを出すのに役に立ちます。

7.2 現実と恋に落ちる

　立ち上がったばかりのスタートアップで最初のプロダクト担当として雇われた場合でも、巨大な多国籍企業のシニアプロダクトマネージャーとして雇われた場合でも、プロダクトマネジメントが正しくやれていないとか、もしくはプロダクトマネジメントがまったくできていないという会話を入社まもなく、さまざまなやり方ですることになります。そういう会話は、プロダクトマネージャーが、どの会社にもそれぞれ苦労があるということを認識するのには役立ちますが、凝り固まった自己正当化による思考停止につながる面もあります。会社がプロダクトマネジメントを知らないとしても、ではなぜプロダクトマネジメントをやろうとしているのでしょうか？ ベストプラクティスが、ベストエクスキューズに勝つことはまれです。「会社はわかってない」は最高の言い訳です。

　真実は、どんな組織も何らかの変えられない制約のなかで活動しているということです。ビジネスモデルのなかの職能だったり、会社の規模だったり、リーダーの経験や態度だったり、いろいろなものが制約になりえます。制約をより早く認識し理解できれば、制約のなかでより早くベストを尽くせるようになります。変えられない組織固有の制約、自分が変えようと思わない制約を認識することで、あなたとチームがユーザーに価値を届けることに集中できるようになります。このプロセスを「現実と恋に落ちる」と呼んでいます。

　説明に役立ちそうな絵のメタファーがあります（**図7-1**）。組織には天井と床があるとします。天井は、自分たちの希望よりもかなり低いところにあります。窮屈に感じて心地よくありません。簡単にできるはずのことに、ずいぶんと手間がかかりすぎているように感じることもあります。そこで、天井を上げる努力に集中することにしました。ちょっと手足を伸ばせるようにして、ベストの仕事をできるようにするのです。組織が、「正しい」プロダクトマネジメントをやるように**強く**押し始めました。腕は痛み始め、あなたは疲れ果ててしまいます。

　何がいけなかったのでしょうか？ あなたは、エネルギーを天井を上げるために使ってしまいました。**ユーザーに価値を届けるのに使われてはいなかった**のです。低い天井のせいで、あなたが思うほどのスピードと効率で価値を届けられなかったかもしれません。でも、完全に閉じ込められたわけではないので、価値を届ける余地はあったはずです。

図7-1　組織の天井を押し上げるか、低い天井でもユーザーに価値を届けようとするか。どちらが良いアウトカムにつながるでしょうか？

　組織の限界にチャレンジする価値がないと言っているわけではありませんし、組織の制約や限界を批判せずに受け入れろと言っているわけでもありません。ただ、私の経験では、**制約と限界のなかでベストを尽くすところから始める**のが、結果として制約を取り除き、限界を超えるいちばんの道です。ビジネス、ユーザーのために価値を提供しようとしてあなたが常に限界にぶつかっている状態になったら、組織の他の人に限界の存在や問題を理解してもらいやすくなっているでしょう。

　肝心なのはここです。現実と恋に落ちたら、プロダクトマネジメントの仕事は**とても簡単**になります。「完璧に」プロダクトマネジメントする方法などはなく、「正しく」やる方法さえないと諦めがつけば、自身の状況と制約のなかで、効果的にプロダクトマネジメントをすることに集中できるようになります（そして、制約は常に存在します）。

7.3　フレームワークやモデルは有用なフィクション

　私のプロダクト関連のキャリアの初期のころ（本書の初版で書いたケースも含みます）、私は基本的なツール、フレームワーク、プロダクトマネジメントのコンセプトを徹底的に否定していました。抽象的すぎて空論で、役割の現実にまったく合っていないと思ったからです。プロダクトマネジメントの現実と恋に落ちてから、だんだん

現実をシンプルにしすぎていることに耐えられなくなってきました。ビジネスモデルキャンバスのようなよくあるプロダクトマネジメントツールについて聞かれたときは、元気よくこう答えたものです。「ああ、で、実際に仕事しているプロダクトマネージャーがビジネスモデルキャンバスを使って一から新しいビジネスモデルを考えついたのは、最近だといつ？」。自分でハイタッチしてから仕事に戻りました。

　ふりかえってみると、ちょっと自己弁護していただけで、良いプロダクトマネージャー、コーチ、リーダーになるには役に立っていませんでした。現実の組織で、ビジネスモデルキャンバスを使って、完全な新しいプロダクトを生み出したプロダクトマネージャーはいません。でも、プロダクトアイデアのセッションの前に、ビジネスモデルキャンバスを使って考えをまとめるのに使っていたプロダクトマネージャーはたくさんいます。同じように、プロダクトマネジメントの世界では普遍的に使われるようになったエリック・リースの『リーン・スタートアップ』（日経BP、原書 "The Lean Startup" Currency）の「minimum viable product」を、教科書どおりに完璧に組織で使っているというプロダクトマネージャーも知りません。でも、minimum viable product についての会話は、どれだけ頻繁に顧客から学べているか、「十分によい」とはどれくらいかといった重要な質問に答える助けになっていると大勢の人が言っています。

　最近、ほとんどのプロダクトマネジメントフレームワークやモデルは、**有用なフィクション**と考えるとよいことに気がつきました。「有用な」も「フィクション」も同じくらい重要です。有用なフィクションというコンセプトは、哲学の虚構主義から来ています。ウィキペディア（https://oreil.ly/JpDZ8）によれば、「世界の説明のように見える記述はそのように理解すべきでなく、何かを文字どおりに真実（有用なフィクション）として受け入れるふりをする『作り話』と理解すべきである」ということです。虚構主義についての詳細は、「スタンフォード哲学百科事典」（https://oreil.ly/mazeG）を参照してください。

　このようなとらえ方を知っていれば、「このフレームワークやモデルは、プロダクトマネージャーの日々の仕事を正確に表しているだろうか？」のような疑問に煩わされずに済みます（ネタバレ注意：答えは「たぶん、それなりに」かその派生形です）。その代わりに、フレームワークやモデルをフィクションとしてとらえ、「さてこのフィクションは、自分にどう役立つだろう？」と質問します。この質問で、これまで毛嫌いしてきたプロダクトマネジメントフレームワークやモデルのうちいくつかとは、生産的な関係を築けるようになりました。たとえば、「プロダクトライフサイクルフレームワーク」というフィクションは、ゴールを達成できなくなったプロダクト

や機能をどう再評価するかのような難しい会話のファシリテーションにとても役立ちます。

　有用なフィクションは、難しくて複雑で曖昧になりすぎたプロダクトマネジメントを前に進めてくれます。実際にはフィクションであると認識することで、「ベストプラクティス」をチームや組織の特有のニーズに適応させやすくなります。

小さなステップを体系化してスケールすることで
大きなインパクトを得る

ジャレド・イー
プロダクトマネージャー、政府機関

　民間企業と政府組織でプロダクトマネジメントをやってみて学んだいちばん大事なことは、たとえ所属組織が「教科書どおりの」プロダクトマネジメントをやっていなくても、仕事のやり方を改善する余地は常にあるということです。課題に辛抱強く諦めずに取り組んでいれば、組織も一歩前に進む方法があること、そして予想外のことが起こったら安全に一歩戻れることを学び始めます。

　政府機関では、1人退職したら全体が崩れるような状況は許されません。政府にイノベーションをもたらすビジョナリーとしての英雄は求められていません。有権者へのサービスを改善するために、あらゆる機会を体系化してスケールすることが求められているのです。**そういう意味では、あたりまえのことに見える小さなステップが、ものすごいインパクトをもたらすことも可能です。**テンプレート化されたコンテンツマネジメントシステムを複数の政府機関で利用可能にすることかもしれません。ベンダーとの契約にシンプルなデザイン原則を適用するような簡単なことかもしれません。スピードとスケールのあいだには常にトレードオフがあります。政府機関で働くことで、小さなステップでゆっくりやることを強いられるかもしれません。でも、それが多くの人たちの生活に良いインパクトを与えることもできます。

　政府機関で働く人のなかには、「間違っている！ チームに権限委譲されていない！ まだウォーターフォールをやってる！」みたいなことを言う人もいます。ただ、人を本当に助けられるテクノロジーの構築という大きなゴールの達成のためなら、そのような運用上の課題もチャレンジのしがいがあります。いつもやりたいようにできるとは限りませんが、自分の仕事が人々の生活にずっと続くイン

パクトを与えられるのです。

7.4 あなたはここにいる

あなたの働いているチームや組織には、「ベストプラクティス」だらけの、うまく文書化されていて理解されているプロダクト開発プロセスがあるかもしれません。もしくは、開発プロセスは何もなく、一から始めなければいけないかもしれません。一から始めなければいけないと自分で思っているだけかもしれません。公式なプロセスがないことは、プロセスがないことを意味しません。それ自体がプロセスです。公式な構造がまったくないチームも、公式な構造に縛られたチームとまったく同じ理由で、変化に抵抗します。今までのやり方に慣れているので、現状を変えられたくないのです。

公式なプロダクト開発プロセスがある組織でも、その場限りのシステムを使っている組織でも、ちょっと時間を使って、現時点でプロダクトがどのように開発されているかのマップを作りましょう。次に何をやるかをどうやって決めていますか？開発にかかる期間をどのように見積もっていますか？ロードマップ上のものをどのようにして完了可能なタスクに分解していますか？**完了**したかをどうやって知れますか？

実際に紙とペンを渡して、現時点のプロダクト開発プロセスを**書いてもらう**こともよくあります。描かれたもの（**図7-2**）を見ると、言葉では説明しにくい、深くありのままの状況を見ることができます。しかめっ面の幹部とか、エンジニアとデザイナーの距離とか、ユーザーや顧客がどこにもいないとかです。理解不能な言葉をページに書き殴る以外のことをペンを使って行うことに恐怖心があるなら、Christina Wodtke の素晴らしい本『Pencil Me In』（Boxes & Arrows）を強くおすすめします。

公式なプロセスがなくても、働き方を示す図や文章を一緒に作ることで、今やっていることの事実についてチームとコミュニケーションし、現状のアプローチを評価し、ゴールの達成に役に立っていない部分を明らかにできます。現状と向かうべき方向を明確に認識しないうちに、プロセスを変えてはいけません。

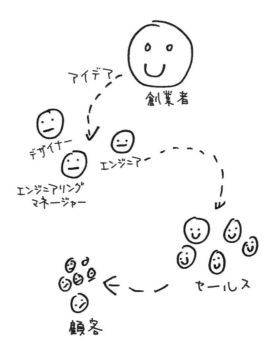

図7-2 「プロセスがない」プロダクトチームの働き方を示す架空の図。絵を描いたのはド素人の著者。この傑作から何が読み取れますか？

7.5 何のために問題解決しているのか？

　実際に結果を出すために「ベストプラクティス」を探しているなら、まずは必ず組織の具体的なニーズやゴールから始めましょう。具体的なゴールが**定まってから**、ゴールの達成を助けるプラクティスについて考え始めます。このようなアプローチを取らない場合、実現しようとする変化が理解されず、懐疑や抵抗を生み、最終的には失敗することになります。

　もちろん、複雑な人間の問題を理解するには時間がかかります。すばやく「結果を出す」プレッシャーにさらされたプロダクトマネージャーは、不運なことに、ツールやフレームワークを手っ取り早く導入、展開したくなってしまいます。ケン・ノートンは、素晴らしいエッセイ「The Tools Don't Matter」（https://oreil.ly/PUblu）で、会話の中心をツールやフレームワークから、根底にある人間の問題に移動させる

ための質問を説明しています。私は、質問で長袖のタトゥースリーブ[†1]を作れば完璧なのに、といつも冗談を言っています。

- 「ロードマップにお勧めのツールは？」→「どうやって会社の内部、外部に次に開発する機能を説明しているか？」
- 「プロダクトビジョンを書くのにどのツールを使っているか？」→「チームを動機づけるためにどうやって未来のビジョンを共有しているか？」
- 「OKR をトラッキングするのに最適なツールは？」→「会社にとって重要なこと、そうでないことをどうやって判断しているか？ そして、どうやって伝えているか？」
- 「スクラムとカンバンはどっちがいい？」→「開発するものと開発しないもの、どうやって判断しているか？」
- 「コンセプト共有のためのワイヤフレームツールのお勧めは？」→「初期のプロダクトアイデアをどうやって伝えているか？」

　組織やチーム特有の課題や機会を理解するときにも、直近、このような質問にどのように回答されたかを具体的に見ていくとよいでしょう。たとえば、何を**作るべきか**、何を**作るべきでないか**を決めるのに強い意見をチーム全員が持っているチームがいたとしましょう。「**直近の計画ミーティングでは**、何を作って何を作らないか、どうやって決定しましたか？」と尋ねてみれば、ゴールに向けて開発を行うチームの能力に影響している実際の課題を見つけやすくなるでしょう。

7.6　でも、前のチームではうまくいったのに

　プロダクトマネージャーが組織を転々とするうちに、それまでの会社の経験を自分の「ベストプラクティス」集として集める傾向があります。そんなベストプラクティスは、入社インタビューでよく語られることになります。「アジャイルプロセスを導入し、翌年のリリースターゲットをすべて達成できました」とか、「厳格に四半期ゴールを設定するようになってから、予測以上に売上を伸ばせるようになりました」などです。新しい組織で働き始めたとき、過去の組織でうまくいったことは、ここでもうまくいくとプロダクトマネージャーは期待しがちです。

[†1]　訳注：つけると腕に刺青が入ったように見えるアームカバーのこと。

　でも、すべての「ベストプラクティス」の成否は、それを取り入れる組織次第だというのが現実です。この期待は、その現実を軽視しています。「ベストプラクティス」と呼ばれるまでには、多数のトライアンドエラーが行われていることを忘れてはいけません。そして、好き嫌いに関わらず、トライアンドエラー、テストと学習、失敗と適応といったプロセスは、どんな組織でも避けられないのです。

　プロダクトマネージャーがやりがちな最大の誤りの1つは、着任するなり、新しい組織を以前の組織とまったく同じように変えようとすることです。多くの変更をいっぺんに行おうとするために、それぞれの変更の効果を測ることもできなくなります。そして全体として見ると、新しくて大きな変更によって、新しくて大きな問題を作り出しているのです。

　たとえば、分散チームでの信頼構築と方向づけに苦しんでいる企業（13章で詳しく見ていきます）のプロダクト担当VPとして雇われたところを想像してみましょう。CEOとの最初の会合で、彼女はもっと健全で協調的な分散プロダクトチームを作るアイデアはないかと聞いてきました。以前の組織では年1回の「プロダクトサミット」を開催していて、普段はビデオ通話とチャットばかりのチームの方向づけの改善と仲間意識の向上に役立ったのを思い出します。自分の経験の深さを見せ、なるべく早くインパクトを出すために、似たような「プロダクトサミット」を次の四半期に実施する提案をします。CEOも、プロダクトの計画作りは顔を合わせてやるほうが好みで、分散チームでのあなたの経験を買っていたので、実施に合意します。

　1か月後、会社の一大イベントとしてのプロダクトサミットをアナウンスするメールを発信しました。素晴らしいロケーションの豪華ホテルで1週間にわたって実施されます。最初のジョブインタビューでも方向づけの失敗と燃え尽きについての問題を聞かされていたので、同僚たちからは、これで英雄扱いされることを想定していました。でも驚くことに、実際に帰ってきたレスポンスは、まったくの無視や、完全な怒りでした。「企画ありがとうございます。でも、次の四半期は多忙なので、できれば参加を見送らせてください」とか、「もっとまともな予算の使い方はないの？ 最高の開発者を去年放出させられたところなのに」とか、「参加は必須ですか？ 非難しているわけではないのですが、出張なしという条件で雇われているものですから」といったものだったのです。ちょっと期待している人もいるようでしたが、不満そうな人もいました。ほとんどの人は、混乱し警戒しているようでした。別組織の幹部は、CEOに怒りのメールを送ってきました。なぜ「プロダクト」はさらに権力を集中させ、ロードマップ上の判断ですでに凍結されているマーケティングとセールスの予算にまで口を出そうとするのか？ と言うのです。CEOは「部屋に全員が集まって一緒

に物事を決定した日々」をたびたび引き合いに出しました。なるほどこれはプロダクトチームの決めた「どこでも働ける」ポリシーを撤回するための口実に過ぎないのだと皆がざわつき始めました。この状況は、一言で言えば、大混乱です。

どこがまずかったのでしょうか？ 問題を認識し、他の組織でうまくいった解決策を提案しました。働きすぎのチームに、無料の1週間の旅行を提供しさえしたのです！ でも、別の組織で似たような症状があったとしても、原因は大きく違うことがあります。ある組織には有効な薬が、ある組織には毒になることもあります。ここの分散チームが苦しんでいるのは、顔を合わせる時間がないことではなく、本質的にゴールやイニシアチブについての方向づけが合意されていないからかもしれません。以前いた組織よりも、「自宅から働く」文化の定着が薄いせいかもしれません。新しい職場では、プロダクトという言葉を使うこと自体にも注意が必要なことがあります。プロダクトを「マーケティングとセールス以外」という意味で取る人もいるからです。

解決しようとする問題を本当に理解するための時間を取らなければ、どんなベストプラクティスも暗闇でむやみに鉄砲を撃つようなものです。最高のプロダクトマネージャーは、ベストプラクティスを**実施する前に**、あるいは**提案する前でも**、組織特有の状況について学ぶのに常に時間を取ります。ベストプラクティスを実施する場合も、小さく始め、だんだん広げていくというやり方をします。逆に、最低のプロダクトマネージャーは、「ベストプラクティス」が想定する結果をもたらせずにあえなく失敗し、たいてい同僚のせいにします。おもしろい事実は、「ここの馬鹿どもは、物事を正しくやる方法を知らない」と愚痴るプロダクトマネージャーは、ジョブインタビューのときにも、同じように**以前の職場**の同僚を馬鹿扱いすることが多いということです。一緒に働く人たちよりも、抽象的なベストプラクティスを大事にするプロダクトマネージャーは、このパターンを何回も何回も繰り返してしまいます。

チームプロセスを構築する遅くても確実なアプローチ

アシュレイ・S
プロダクトマネジメント担当ディレクター、テック企業

急成長中のテック企業で仕事を始めたとき、以前の職場で使っていたベストプラクティスを使ってみようと思っていました。統制が取れていないハイパフォーマンスなインディビジュアルコントリビューターの集まりを本当のソフトウェア

プロダクトチームにしようと熱意を燃やしていたのです。でも、チームは私の熱意を共有していませんでした。改善の余地が多々あることは認めたものの、前の会社ではうまくいっていた変更の提案にはとても懐疑的です。何が起こっていたのでしょうか？

　幸運なことに、私にはチームのなかでアドバイスをくれる人がいました。「こう考えてみたらどうだろう。小さく初めて、どれがうまくいくかを確かめる。確かめてから次に進む」。私はハッと気がつきました。「よかった。もっといいやり方があったんだ」とわかったのです。私は熱意だけで、以前の会社でうまくいったことを全部適用して改善を進めようとしていました。でも、前とは全部違います。チームは違います。ニーズも違います。会社のコミュニケーションも違うのです。

　そこで、以前の職場でやっていたアプローチを再構築しようとはせず、一歩引いて、新しい会社でのコミュニケーションの問題から理解しようとし始めました。チームと一緒に働いて、対応が必要なことをまとめ、改善するためのステップに合意していきました。変更は、ゆっくりと着実に行いました。うまくいったことうまくいかなかったことにもとづいて、アプローチを常に洗練させていきました。あるスプリントでは、デイリースタンドアップを始めました。次のスプリントでは、リリースノートの書き方を変えてみました。ゆっくりと、でも確実に、私たちはプロダクトチームが協働し、良いプロダクトを提供できるようなプロセスを作り上げていきました。

　プロダクトマネージャーの仕事というのは、うまくいくと思っていたことが、思ったようにはうまくいかないという痛みを感じることの繰り返しです。痛みの場所がわかったら、調整を始められます。全部をいっぺんに変えたり、チームに特定のフレームワークを押しつけたり、一連の儀式を強制したりすることではありません。**定常的にプロセスの調整を繰り返すということなのです。うまくいかなかったら、うまくいかない理由を探し、別のことを試します。自分のプロセスにたどり着くまでが、ずっとプロセスなのです。**

7.7　「プロセス嫌い」と働く

　本章の前半で、「プロセスがない」というのは現実には存在しないと説明しました。

それでも、「プロセス嫌い」を自認する人はいますし、もっと具体的に言えば「重たくて意味のなさそうなプロセスにはワクワクしない」人もいます。プロダクトマネージャーの日常では、そういう人はエンジニアであることが多いのですが、デザイナー、マーケティング担当、そしてプロダクトマネージャー自身にも「プロセス嫌い」はいます。

現実的には、「プロセス嫌い」や「過剰プロセス嫌い」の人たちに変更を提案するとこんな経過をたどります。まずあなたが「ここを変えると価値がありそうだな」というものを特定します。そして、ある人たちに変更を提案します。するとそのうちの誰かが、あなたの提案した変更がなぜ**ひどい結果**をもたらすのかについて、説得力のある理由をずらずら並べてリストにします（あるチームにアカウントマネージャーからのリクエストの対応方法をちょっと変える提案をしたら、**その変更はチームの自律と規律を完全に壊してしまうと言われたことがあります**）。理由を数分検討してみると、完全に諦めて、できればそのまま放置のほうがよさそうに思えてきます。「**私がやるべきことはやった**。チームが改善したくないのだから、それは**チームの問題だ**」というように考え始めてしまうかもしれません。

この状況でも、防御的なやり方を避けることで、はるかに良いアウトカムを得られます。プロセス変更の提案を「攻撃」する人から「防御」しようとすることで、本質的に敵対関係を作ってしまっています。そのような状況では、「これまでのやり方で続ける」ことが安全で簡単な結論になります。

反射的に抵抗しようとする人、チームのやり方に対する変更を攻撃と考える人たちと、うまくやるために私が使ってきたアプローチを説明します。

アイデアを考えるところから、プロセス嫌いな人たちを一緒に巻き込む

「プロセス嫌い」な人のいるグループにプロセス変更を提案すると、あなたは苦痛な世界を作る人とみなされてしまいます。そうならないためには、「プロセス嫌い」な人たちに、あらかじめアイデアを共有しレビューしてもらうことです。何かを決定したり、特定の言語なり用語体系なりを使うことを決めたりする前に、時間を取って話し合います。取るに足らないことに見えても、「ベストプラクティス」の枠組みの設定、名前づけに関われる機会があることは、長期的に見てその人たちの価値を認識していることを伝えることになります。

起こりうるひどいことをすべて包み隠さず認識し、文書に残す

防御的なポジションを取っていると、同僚の心配事や懸念事項は、杞憂にすぎ

ないと一蹴したくなります。でも、心配事や懸念事項に対して率直に向き合ってみれば、学びが得られる多くのことに気がつきます。結局、同僚それぞれの経験は、あなたの経験とは違うのです。あなたのお気に入りの「ベストプラクティス」がまったくの逆効果になった経験を持つ人がいるかもしれません。あなたが知らない何かが理由で逆効果になったとわかれば、チームとあなたにとって大いに役立ちます。私は、プロセス嫌いの人をアドバイザーにして早期から会話をすることで、一緒にFAQを収集し、チームの懸念事項を文書化し、率直に話し合えるようにしています。

すべてを決定事項ではなく、実験ととらえる

チームの変更に関わる心配事を共有プロセスに変える強力な方法として、実際に起こるまでは、誰もわからないと認めるやり方があります。「そう、そうなるかもしれない！ これは実験だと考えて、何が起こるか数週間やってみよう」と言うだけで、新しいことを試す人たちを安心させられます。チームがアジャイルな環境で、定期的にレトロスペクティブを実施している状況なら（次の章で詳細に議論します）、実験の結果を一緒に評価するための時間と場所はすでに用意されています。

「今やれること」ではなくて、「次にやれること」にフォーカスする

プロダクト開発の世界では、人は納期、ローンチへの障害など、短期に起こる問題のストレスにさらされていることがほとんどです。まさに今やっているプロセスを変えたいという欲求に駆られるのもわかりますが、チームが**今やっていることを改善しよう**としても、直近の仕事に追われている状況ではインパクトを出すのは難しいでしょう。想定する期間をもうちょっと長くして、次のスプリント、ローンチ、プロジェクトで試せる新しいアイデアについて考えるほうが、インパクトを出せることが多いのです。

　自分の防御的な態度をあらため、プロセス嫌いの人たちをパートナーとして扱い、チームの課題に取り組み始めれば、彼らの持つ知識や経験がいかに助けになるかを目にすることになるでしょう。あなたの考えた最高の計画に対する懸念や仮説が、あなたが考えもしなかったような失敗からチームを救ってくれるかもしれません。

7.8 ベストプラクティスのベストなところ

ベストプラクティスの素晴らしい点を1つ挙げるとすれば、組織にポジティブな変化をもたらす最初のステップになれる点です。ベストプラクティスは、尊敬される組織で使われた実績がある場合が多く、試してもらいやすいのです。「ちょっと変なことをやってみよう。3〜5つのゴールを四半期ごとに設定して、いくつか測定もして、その結果を『指標』ではなくて『結果』と呼んでみよう」とやっても、あまり進展しそうにありません。「Googleで成功したという、OKRというフレームワークを使ってみよう」なら、もうちょっと納得してもらえそうです。

7.9 まとめ：出発点であって保証ではない

ベストプラクティスは出発点にすぎないことを忘れないでください。成功は保証されません。うまくいっていること、改善や調整が必要なことによく注意を払ってください。そして、利用するベストプラクティスのゴールを忘れないでください。そうすれば「うまくいっている」ということの意味を正しくとらえられます。

7.10 チェックリスト

- ベストプラクティスは出発点として扱いましょう。汎用的で指示的な解決策として扱ってはいけません
- ベストプラクティスが仕事のやり方をどう変えるかを考えるのではなく、チームがビジネスとユーザーに価値を届けるのにどう役立つかを考えましょう
- ある会社のプロダクトマネジメントのやり方について知りたかったら、実際に働いている人を見つけて聞いてみましょう
- 特定のベストプラクティスの利用を急ぐ前に、組織のゴールとニーズを本当に理解するために時間をかけましょう
- 抽象的なフレームワークやベストプラクティスは、有用なフィクションと考えましょう。そして、「現時点で、このフィクションは、私のチームにどう役に立つ?」と考えましょう
- ツールやフレームワークについての質問をより幅広いアウトカム指向の質問としてとらえ直しましょう
- それらの質問に対する直近の具体的な回答例から始めましょう

- ベストプラクティスの利用は「遅くて着実な」アプローチで行いましょう。小さな変更ごとのインパクトをテストし計測できるようになります
- 自分が詳しいと思える問題を解いてしまおうという誘惑に打ち勝ちましょう。代わりに、チームとユーザーにとっていちばんインパクトの大きな問題に取り組みましょう
- チームの「プロセス嫌い」な人たちを早いうちから巻き込み、心配や懸念事項を率直に議論し、文書に残しましょう
- 新しいベストプラクティスは、永続的な変更ではなく期限付きの実験として扱いましょう
- 今やっている仕事ではなく、将来を見据えた変化に目を向けるために、視野を広げましょう
- ベストプラクティスを使っている尊敬される企業の名前を使って、新しいことを試す賛同を得ましょう。しかし、うまくいったこと、うまくいかなかったことを見ながら継続的に調整できるように備えましょう

8章
アジャイルについての
素晴らしくも残念な真実

　あなたが本書を手に取って、わざわざ真っ先に本章を開いたのであれば、心から歓迎したいと思います。多くのプロダクトマネージャーにとって、特に職務記述書がスクラムマスターやアジャイルプロダクトオーナーに寄っている人たちにとって、アジャイルプロセスの細部の舵取りが仕事のすべてに思えるかもしれません。スクラム、エクストリームプログラミング、SAFe や LeSS のようなスケーリングのフレームワーク、あなたがどのアジャイルフレームワークを選んだにせよ、それを実装するための本や説明書や手順書が無数に出回っています。

　本書はそういった類の本ではありません。アジャイルを実装するにあたり、あなたがいかに正統で規範的で教科書どおりであろうと、プロダクトマネジメントにおける人間の複雑さをプロセス化して切り離すことはできません。どのアジャイルプロセスやアジャイルプラクティスを実装しようと（アジャイルプロセスやアジャイルプラクティスでなくても）、相互理解やコミュニケーションやコラボレーションをなくすことはできません。アジャイルの素晴らしいところは、価値観を軸にしてプロダクトマネジメントの人やものをつなげる仕事を強化し補強することです。逆に残念なところは、その価値観を実行に移すという作業は完了することがなく、常に内省と改善が必要なことです。

　本章では、広義のアジャイルに分類されるプラクティス、プロセス、フレームワークを成功裏に実装するための戦略と手法を扱います。もしあなたのチームや組織がアジャイルで活動することにしていなくても、表向きは非アジャイルな環境に対して、アジャイルな考え方から良いアイデアをいくつか持ち込むことができるかもしれません。

8.1 アジャイルにまつわる3つの迷信を論破する

この20年で、**アジャイル**という単語は従来とは違うソフトウェア開発手法を指す言葉から、無視できないビジネス用語になりました。具体的なアジャイルの歴史や自分の仕事にそのコアバリューや原則をどう活かせるかについて語る前に、これまで何度も出会ったアジャイルにまつわるよくある迷信と誤解について見ていきましょう。

アジャイルは厳正で規範的な方法論である

おもしろいことに、アジャイルは方法論ではありません。あとで説明しますが、アジャイルはムーブメントであり、いくつものソフトウェア開発フレームワークや方法論を発展させてきた人たちが集まって、それぞれのやり方に共通する価値観について議論したことに端を発しています。「アジャイルをやる」という名目で実施されているプラクティスのほとんどが、実際には根本的にこの価値観に反しています。

アジャイルは仕事をもっとたくさん、もっと速くやるための方法である

幹部がアジャイルを「アウトプットを増やす手段」とか「もっと速く仕事を終わらせる方法」と説明するミーティングに何度も立ち会ったことがあります。そんなミーティングでの経験豊富なエンジニアの表情をキャプチャーできたら、本章を丸々その写真にして終わりにすることでしょう。アジャイルは仕事をたくさんやるとか速くするとかの話ではなく、仕事のやり方を変えるという話なのです。実際、アジャイルのコアバリューに従えば、往々にして少なくとも一瞬は速度が落ちます。今の仕事の仕方がどうであるか、そしてどうすればもっとうまく働けるかということに向き合うからです。

自分の組織で利用されているアジャイルなフレームワークや方法論がプロダクトマネージャーとしての仕事の形を決め、影響を及ぼすことが多い

アジャイル方法論やフレームワークによって、職名やチームの構造や日々のプラクティスが異なります。しかし1章で触れたように、職名や職務記述書がプロダクトの仕事に内在する曖昧さを解決してくれるわけではありません。私たちの使うフレームワークが日々の仕事の仕方を変えるとは言え、ビジネスやユーザーに価値を届ける責任から私たちを解放してくれるわけではありません。このあと触れますが、実際に正しいことをするよりも「アジャイルを正しくやる」ことに会社が目を向けつつあるときでさえも、です。

8.2　アジャイルマニフェストに目を向ける

　アジャイルムーブメントが本格的に幕を開けたのは 2001 年のことでした。17 人のソフトウェア開発者がユタ州のスキーリゾートに集まり、当時の「ドキュメント主導の重厚なソフトウェア開発」に取って代わるものについて議論したのです。その結果書かれたアジャイルマニフェスト（https://oreil.ly/hsYOO）の全文はこのようになっています。

> 　私たちは、ソフトウェア開発の実践あるいは実践を手助けをする活動を通じて、より良い開発方法を見つけだそうとしている。
> この活動を通して、私たちは以下の価値に至った。
>
> 　プロセスやツールよりも**個人と対話**を、
> 　包括的なドキュメントよりも**動くソフトウェア**を、
> 　契約交渉よりも**顧客との協調**を、
> 　計画に従うことよりも**変化への対応**を、
>
> 　価値とする。すなわち、左記のことがらに価値があることを認めながらも、私たちは右記のことがらにより価値をおく。

　これは繰り返し読み込む価値があります。自分のチームがアジャイルの原則やプラクティスを探求し始めるときに、デスクの近くに貼り出したことが何度もあります。基本的に、アジャイルはたった 1 つの規範的なルール集に従うというものではなく、むしろ、価値観に沿ったプラクティスを設計し実行するものです。その価値観の中心にあるのは、人間の独自性と複雑性を受け入れることです。個人を心から尊重することの意味は、肩書きや組織図を超えて現実に共に働く相手を理解することなのです。プロセスとツールはそういった相手とのつながりを円滑にしてくれますが、そのつながりに**置き換わるものではありません**。

　アジャイルマニフェストの序文にも注目すべき点があります。著者たちは、より良いソフトウェア開発のやり方を**見つけだそうとしている**のであって、やり方はすべて**見つかったから**悟りの浅い私たちに教えてくれるわけではありません。本当の意味で、ソフトウェアを開発したり開発できるように支援したりする私たちは（後者がまさに**プロダクトマネジメント**）、より良い仕事の仕方を見つけだそうとしている過程に積極的に参加しているのです。20 年前のある週末にスキー場で考案された例の神

聖な文書のただの読者ではありません。

8.3　マニフェストからモンスターへ

　それなりの時間をかけてアジャイルソフトウェア開発や「アジャイルなビジネス変革」の世界を見てきた人は、アジャイルマニフェストがわざわざ「プロセスやツールよりも個人と対話」を重視すると明示している皮肉に気づいていることでしょう。アジャイルマニフェストへの署名から数年が経ち、アジャイルのエコシステムは、フレームワーク、プラクティス、ツール、認定資格の目眩のするような渦になりました。ラヴクラフト[†1]も真っ青の怪奇の渦です。アジャイルマニフェストを実際に書いた人たちはこの皮肉を見逃しませんでした。さかのぼること 2015 年、アジャイルマニフェストに署名した 1 人であるアンディー・ハントは「The Failure of Agile（アジャイルの失敗）」（https://oreil.ly/HuwWb）というブログ記事を書きました。いったいどのようにこの刺激的なアイデアが、自らのコアバリューに根本的に反するような規範的イデオロギーになっていったのかについて持論を展開しました。

> アジャイルマニフェストから 14 年経つあいだに、私たちは迷子になってしまった。「アジャイル」という単語はスローガンになり、特に意味がないか、最悪な場合は自国中心主義を指す言葉になってしまった。私たちは「ゆるゆるアジャイル」、つまり、いくつかの開発プラクティスを選んでは不十分に従おうとするという中途半端な試みを行っている人たちを大勢抱えているのだ。アジャイルの熱狂的なファンの声も多く聞こえてくる。熱狂的なファンというのは、目的を忘れてもなお倍の努力をする人のことだ。そして最悪なのは、アジャイルな手法自体がアジャイルでなかったことである。これは皮肉なことだ。

　続けてハントはアジャイル方法論がここまで誤解されてしまったと感じる理由を説明します。

> アジャイル方法論は実践者に考えることを求める。正直言ってこれはハードルが高い。与えられたルールに従うだけで、「教科書どおりにやっているんだ」と言

[†1]　訳注：ハワード・フィリップス・ラヴクラフト。アメリカの小説家で、怪奇小説や幻想小説の先駆者の 1 人。特にクトゥルフ神話で有名で、他の作家による作品や映画、アニメ、ゲーム、音楽などが生まれ、独自のエコシステムとして発展している。

い張るほうがよほど心地が良いだろう。簡単だし、嘲笑されることも非難し返されることもない。それが理由でクビになることもない。一方で私たちはルールによる狭い制約を公然と非難するかもしれないが、そうしていれば安全で快適だ。しかし当然、アジャイルになる、もしくは効果を上げることは、心地よさの話ではない。

　この話を共有した私の意図は、「アジャイルはファーストアルバムのほうが良かった」と主張することではありません。そうではなく、アジャイルを生み出した人たち自身でさえ、単に「アジャイルをやる」ことが成功の保証につながるわけではないことを十分理解していると言いたいのです。もう一度、私たちは最初の行動指針である「心地よさより明確さ」に立ち返りましょう。明確さとは絶対的な揺るぎない確実性を意味するのではありません。それを常に念頭に置いておくとよいでしょう。明確さを達成し維持することは、現在進行形で難しく、ときに非常に心地悪い作業です。うまくいけばアジャイルはその作業に価値を与え、保護する方法を提供してくれます。具体的な個人を顧みることなく、不確実性や、絶対主義や、「物事の正しいやり方」のためだけにアジャイルに頼る限りは、アジャイルは私たちを大きく前進させてはくれません。

8.4　アリスター・コーバーンの「アジャイルのこころ」を再発見する

　アジャイルが「スローガン化」することの悲劇は、アジャイルなソフトウェア開発のなかで使われるプラクティスの多くが、そこに書かれた価値を実行に移すのに実際に役立ってしまうことです。アジャイルマニフェストの著者の1人、アリスター・コーバーンいわく「ゴテゴテしすぎ」になってしまった現代のアジャイルへの回答として、アジャイルプラクティスとアジャイルプロセスの全体から「アジャイルのこころ」（https://oreil.ly/sUyhQ）の4つのふるまいを取り出しました。

- コラボレーションする
- デリバリーする
- 内省する
- 改善する

　コーバーンは、この4つのふるまいのシンプルさが、いかにして現代のアジャイルプラクティスを取り巻く専門用語だらけの会話への対応策になるかを説明しています。

> 　この4つの良いところは、多くの説明を必要としないところだ。あまり教える必要もない。最近はほとんど行われていない「内省する」を除けば、他の3つは知っている人も多い。やっているかどうかは自分がわかっている。つまり、単純に「コラボレーションする。デリバリーする。内省する。改善する」と言えば、言うべきこととすべきことは表現できたも同然だ。

　この4つのふるまいがあることによって、アジャイルマニフェストの価値と、特定のアジャイルフレームワークやアジャイル方法論由来のプラクティスがつながります。本当にアジャイルな働き方とそうでないもの、つまり、うわべだけ「アジャイル」と呼ばれるものとか、「ウォーターフォール」とか、もしくは両者を悪魔合体したハイブリッドとの違いを生み出しているものが何か、まさにその核心を突いているのです。そしていちばん重要なのは、チームにシンプルではっきりと手っ取り早く伝わることで、自分たちがアジャイルムーブメントの根底にある原則に本当に沿っているか評価できるようになることです。

　アジャイル、特にコーバーンの「アジャイルのこころ」で私が好きなのは、成功への計画が織り込まれている点です。心から内省し改善する時間を取れるなら、どんな状態から始まってもそれなりに良い状態に行き着くはずです。これまでに私が見てきた、何かしらのアジャイルプロセスを導入するときに組織が犯す唯一最大の間違いは、フレームワークやプラクティス群を導入し、すぐにうまくいかないからと完全な失敗を宣言するような全か無かの手法を取ってしまうことです。もし、コーバーンのふるまいを通じて、自分の仕事の進め方やうまくいかないことの改善の仕方について時間をかけて内省しなければ、どんなアジャイルプロセスでも停滞し、荒れ果て、最終的には失敗するでしょう。

8.5　アジャイルと「常識の我が物化」

　これまででアジャイルについてのひらめきがいちばん得られた読み物は、アジャイルについて書かれたものではありませんでした。エセ医学の歴史の本です。『Bad Science』（Farrar, Straus and Giroux）のなかでジャーナリストのベン・ゴールド

エイカーは「常識の我が物化」と呼ぶ概念を説明しています。

> たとえばコップ 1 杯の水や適度な運動のような至極常識的な介入もできる。しかし意味のないことを付け加えて、専門的だと思わせたり、自分自身を実際より賢く見せたりもできる。これはプラシーボ効果を上げる。だが「常識を、著作権で保護されるような、唯一無二の、所有できるようなものにする」という、もっとシニカルで儲かることが主な目的ではないかとも思うかもしれない。

　つまり、たくさん水を飲めとか定期的に運動しろと伝えるためにたくさん本を売りつけるのは至難の業です。そして、プロダクトチームに、進路をもっと頻繁に調整しろとかもっと緊密に働けと伝えるために何時間もコンサルティングの時間を売るのは至難の業なのです。

　アジャイルの肝心な点、そして私がこんなにも一貫してコーバーンの手法のようなシンプルで率直な手法に魅了される理由は、アジャイルが私たちにやれと言うことは非常に常識的であることです。あなたがチームの働き方を変えたければどうしたらよいでしょうか？ 共に内省し変わるのです。ユーザーの手にもっと多くの価値を届けたければどうしたらよいでしょうか？ 動くソフトウェアをもっと頻繁に届けるのです。

　同じように、アジャイルが**機能しない理由**は、フレームワーク間の面倒くさい差異ではなく、むしろ常識によるところが大きいのです。コントロールや予測性に慣れた幹部にとっては、「計画に従うことよりも変化への対応」という考えにはゾッとすることでしょう。これまでずっと、日々の監視を最低限に抑えて大規模プロジェクトで働いて満足してきたチームにとっては、頻繁なリリースなんてひどい考えに思えるに違いありません。これは人間の問題なので、「わからない奴だ」と人を叱るより、ざっくばらんに話しかけ教条主義的に接しないようにするほうがよほど有意義でしょう。

ウォーターフォールからアジャイルに変わるときの期待値を設定する

ノア・ハーラン

Two Bulls（https://www.twobulls.com）創業者、パートナー

　アジャイルを適用する以前、私たちは超ウォーターフォールなやり方で仕事をしていました。作ろうと計画しているすべての機能を一覧にした巨大なスプレッ

ドシートを作ってからそれぞれのプロジェクトが始まります。このように働いていたときは、私たちの顧客はプロジェクトの初日に素晴らしい仕事をした気分になりがちでした。「4か月後にはプロダクトが手に入るぞ。どんなものになるかは完全に想像がついている！」などと、すべてがとても確実で有限に思えるのです。大きめのプロダクトを作るには、1年や2年はかかることもあります。しかし1年や2年もあればいろいろなことが変化します。たった1か月でもそうです。競合も、技術も、規制環境も変わります。アップルがiOSの新バージョンをリリースして、完成してローンチしたばかりのプロダクトが壊れるかもしれません。現実世界でプロダクトを作っていくと、安心感や確実感は当然ながら低下します。

アジャイルプラクティスの適用は、顧客との初期の会話が劇的に変化せざるを得ないことを意味していました。顧客の予算内でいくつの機能を作れるか値切るのではなく、確実な小道から歩き出し、ベロシティを計測し、2週間ごとに成果を見せ、プロダクトが具体化するに従って機能の追加や変更や削除に一緒に対応してもらいたいのだと顧客に伝えました。何度も「いいけど、いくらかかる？いつできるの？」と聞かれました。最初のうちはこの質問に答えるのに苦労しました。しかし何年もアジャイルで仕事をしてきた結果、今では任意のタイムボックスのなかで何が達成できるかの感覚は以前よりつかめるようになり、その過程でフェンスポストを提供できるようにもなりました。アジャイルでは、常に予測のベロシティと現実の成果を洗練し探求します。これは実際、始めにすべてを予測しようとするよりもはるかに大きな効果を発揮します（**図8-1**）。

アジャイルに仕事をすると、自分のチームだという感覚が増します。プロジェクトが進むにつれて、自分たちの関心がぴったり同じ方向を向いているのがどんどんはっきりします。アジャイルでは、自分が成功しプロダクトを継続的に開発することによって利益が最大化します。ウォーターフォールプロジェクトの終了時に、押し込むものの数を制限し、瑕疵担保を抑えることで利益を維持しようとするのとは対照的です。**ウォーターフォールプロジェクトは、プロジェクトの開始時点では顧客にとって魅力的に映るかもしれませんが、あなたは本質的には敵対者の道を歩かされます。**私たちはアジャイルにすることで、顧客ともっと密接にコラボレーションし、デリバリーするプロダクトもどんどん良いものになっていきました。

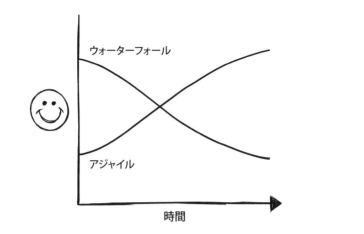

図8-1 アジャイルプロジェクトとウォーターフォールプロジェクトにおける幸福度と時間経過

8.6 アジャイルを「正しく」やって悪化する場合

役割にもよりますが、プロダクトマネージャーには、チームや組織の使うアジャイルのフレームワークや方法論やプラクティスを超える直接的な権限があると思います。アジャイルプラクティスについて内省し改善すること自体がアジャイルのプラクティスであることを忘れてはいけません。たとえ自分が受け身のアジャイル実践者だと思っていても、チームがうまく一緒に働けるようにすることは、あなたの仕事の一部です。

幸いなことに、まさにこれをやりやすくするためのセレモニーがほとんどのアジャイルな方法論やフレームワークにあります。「レトロスペクティブ」と呼ばれ、チームは共に働くことについて内省し、前に進むための変更にコミットします。効果的なレトロスペクティブのやり方に特化して書かれた本は何冊かありますが、まずはエスター・ダービーとダイアナ・ラーセンの『アジャイルレトロスペクティブズ』（オーム社、原書 "Agile Retrospectives" Pragmatic Bookshelf）から読んでみることを強くお勧めしています。

理論上は、チームと、何がうまくいっていて何がうまくいっていないかについて話すのは、とても簡単なはずです。実践的には、自分のチームもそうでしたが、「アジャイルっぽくするにはこうすべきだと思うやり方で、アジャイルっぽいことをやってい

る」だけで、まずそもそも「うまくいっていること」についてあえて議論することを
してこなかったチームがいかに多いことかと驚きます。正式なレトロスペクティブに
組み込むかどうかはさておき、アジャイルなセレモニーや儀式についての 2 つの質問
から会話を始めるととてもうまくいきます。

● このセレモニーや儀式の目的は何か？
● このセレモニーや儀式がゴールを達成している度合いを 10 段階で表すと？

　2 つめの質問はよく「スクラムポーカー」のような形式で行います。チーム全員に
お互いから見えないように答えを書いてもらい、10 数えて見せ合います。このやり
方だと、集団思考を最小限に抑えることができ、驚くほど幅をもった回答が出ること
もよくあります。デイリースタンドアップのような儀式については特にそうで、情報
を報告する側よりも報告を受け取る側の人たちにとって役立つことがあります。

　与えられたアジャイルな儀式の「なぜ」を尋ねたら、歯止めが利かない破壊的な問
題を引き起こすのではないかと感じるのも無理はありません。私は金融サービス会社
のプロダクトマネージャーと働いたことがありますが、その人はユーザーストーリー
（プロダクトチームが顧客に価値を届けるために作るものについて簡潔に記述された
もの）のバックログを保守して「お手入れ」をすることが主たる責任だと伝えられて
いました。しかし時間と共に、このプロダクトマネージャーは、このバックログは腐
りかけで、会社中心で、テストもされていないアイデアの処分場なのではと疑うよう
になりました。確かに、彼のチームはきちんとユーザーストーリーで記述していまし
たが、実在するユーザーの問題を示すものではなくなり、幹部が指示した何年もかか
るプロジェクト計画に感じられるようになっていたのです。チームはそこから逃れら
れませんでした。

　戸惑いがじわじわと広がり数か月が経ったころ、プロダクトマネージャーはチー
ムに「実際のところこのバックログは今でもユーザー中心になっていると思います
か？」と尋ねました。チームのデザイナーとエンジニアは凍りつきました。自分の考
えていることを発言することが許されているんだろうか？ 使っている大規模アジャ
イルフレームワークの正統性に異議を唱えてもいいのか？ このプロダクトマネー
ジャーは実は警察官なのでは？（もし警官ならとっくに伝えていなければ！）チーム
から即座に断固とした行動を求められていることを感じ取り、このプロダクトマネー
ジャーはチームのバックログを**物理的に破壊**してこう宣言しました。「ユーザーから
聞いた話についてでなければ、1 秒たりともここで検討してほしくないんです」。

　こういった極端な行動が常にできるとは限らないし、望ましいとも限りません。し
かし、チームに本当の説明責任を感じてもらい、共に働く方法をコントロールしてほ
しいのであれば、レトロスペクティブをする時間を確保し、場合によっては恥をさら
すような質問をすることは欠かせません。ソフトウェアを作り出すことに直接的に関
わらないからといって、レトロスペクティブを中途半端にやったり完全に取り払って
しまったりするプロダクトマネージャーを何度も見てきました。チームが「少ない時
間でもっとやれ」と命じられているために、コードを量産することにつながらないこ
とはすべて役に立たないとみなされているからです。短期的な最適化としては擁護で
きるように感じるかもしれませんが、長期的には深刻な影響を及ぼします。プロセス
を内省し洗練する時間を作らなければ、ビジネスやユーザーにまったく価値をもたら
さないでっち上げのセレモニーや儀式のせいで、結果的にチームの士気を低下させる
ことになりかねません。

8.7　アジャイルを「正しく」やって改善する場合

　アジャイルを教科書どおりにやることでチームが方向を見失うかもしれないこと、
あるいは少なくとも共通の目的を十分に果たせないかもしれないことはわかったと思
います。おめでとうございます！ あなたがやろうとしていることと**実際に起きてい
ること**のあいだに具体的で明確なズレがあることがわかれば、そこにはチームが共に
働く方法を改善する機会があるということです。

　たとえば、これまで一緒に仕事をしてきたチームの多くは、自分たちの書く「ユー
ザーストーリー」は**ユーザーと実際に話す**とか**ユーザーから学ぶ**しかけになっていな
いことを認識するに至りました。先ほどのプロダクトマネージャーの話と同じです。
チームがこのズレに対応する方法はチームごとに違います。あるチームは、すべての
ユーザーストーリーがユーザーインタビューやユーザーリサーチへの関連を必須にす
るところから始めました。またあるチームは、ユーザーストーリーを書くのはチーム
全体で、しかもユーザーインタビューの実施直後だけとしました（繰り返しになりま
すが、プロダクトチームがディスカバリーインタビューを実施する方法の詳細につ
いてはテレサ・トーレスの『Continuous Discovery Habits』を強くお勧めします）。
また、ユーザーストーリーの形式は自分たちのやっていることにはあまり適さないと
いう難しい結論に達し、計画した作業を別の方法で取り込んだチームもいました。

　チームのアジャイルプラクティスやセレモニーを変えるときは、変更の背後にある
理由や変更自体の本質や変更の本来の目的をドキュメントに残すとよいことがわかり

ました。そういった変更を記録するために、次のようなシンプルなテンプレートを作るのがお勧めです。

- 私たちがやってきたアジャイルプラクティスやセレモニー
- どんな目的を達成するために役立つと考えたか
- 実際に起きたこと
- 次のイテレーションで変更する内容
- この変更を踏まえた目的達成の方法

このテンプレートがあると、変更した内容をチームで合意した目的に結び付けることができます。また新しいプラクティスやセレモニーで達成しようとしていたことと、プラクティスやセレモニーを実践して実際に起きたこととの違いをはっきりと追跡できるようになります。このテンプレートはアジャイルプラクティスやセレモニーが計画どおりにいくわけでもないという事実を説明しており、これを使えばやり方を何度も評価し直す余地が生まれます。

継続的な改善の旅に乗り出すと、アジャイルソフトウェア開発の変えてはいけない正統性のようなものを変えつつあることに気づくでしょう。それでまったく問題ありません。今まで一緒に働いたプロダクトマネージャーのほとんどが、デイリースタンドアップミーティングやユーザーストーリーの書き起こしといった、アジャイルの神聖なる儀式をある時点でガラッと変えました。ユーザーは現実世界で生きるための行動指針に則っているだけであって、私たちがどれだけアジャイル方法論のルールに従っているか、バックログがどれだけ手入れされているかは知らないし、気にもしません。私たちの働き方がユーザーに届けるアウトカムを改善しないのであれば、その働き方に従うべきではありません。

デイリースタンドアップの廃止

A・J
プロダクトマネージャー、企業分析のスタートアップ

プロダクトマネージャーとして働き始めたころ、アジャイルプロセスのことはそれほど詳しく知りませんでした。しかし会社が成長するにつれて、自分たちがプロダクトを作るために使っているその場しのぎのシステムがうまく機能してい

ないことがはっきりしてきました。アジャイルとスクラムについての本を何冊か読み、アジャイル開発の経験がある社内の開発者数名にも目を向けてみました。

どの本にも書いてあり、どの人も必要だと口をそろえていたのが、「デイリースタンドアップミーティング」と呼ばれるものでした。アジャイルなソフトウェア開発の現場で働いたことのない人のために説明すると、これはミーティングです。通常は朝一番に行われ、プロダクト開発チームの全員が起立して、前回のスタンドアップ以降に完成させたもの、今取り組んでいるもの、待ち状態になっているものについて話すのです。そこで私は、アジャイルプロセスを構築するとっかかりとして、チームでデイリースタンドアップミーティングをするところから始めました。

このミーティングは……、あまりうまくいきませんでした。全員嫌々立ち上がってやったことのリストを読み上げるだけで、小学校の読書感想文のように感じていました。ある開発者はデイリースタンドアップのことを「最近会社のためにしたことミーティング」と呼ぶようになりました。ミーティングが機能していないのはわかりました。だからといって、どうすればよいかもわかりませんでした。「アジャイルをやる」ためにはデイリースタンドアップが必要だと誰もが認めていました。そして、私は比較的経験の浅いプロダクトマネージャーだったので、自分のほうがよく知っていると考える立場になかったことも確かです。

デイリースタンドアップをとりわけ嫌っているように見える開発者が1人いました。遅刻してきたり、あきれた表情をしたり、とにかくいつも面倒くさそうでした。皮肉にも、チームにとってスタンドアップが機能しているか評価し直す勇気を与えてくれたのは、まさにこの開発者でした。単調な月曜日の朝のスタンドアップで、彼は「金曜日の午後から」待ち状態になっていると言いました。待たせている側の開発者が心を込めて「なぜ言ってくれなかったんですか？」と尋ねました。彼の答えはこうでした。「だって、このミーティングはそのためにあるんですよね？」。

このやりとりによって、デイリースタンドアップミーティングが本来あるべき姿と正反対のことをしてしまっていることに気づけました。さらにそもそも最初の時点で、あるべき姿についてチームと話す時間を取っていなかったことにも気づけました。**待ちを発生させないようにするはずだったミーティングが、実際には待ち状態の言い訳に使われていました。**これについてチームと会話をしたあと、デイリースタンドアップを廃止しました。待ちが発生したら誰でもその場で

> チームに割り込みをかけ、待ちが発生していることについて話すようにしたのです。「教科書どおり」のアジャイルではありませんが、私たちにとって「教科書どおり」のプラクティスではできなかったことができるようになりました。

8.8　二度としたくないアジャイルについての会話7選

この10年間、私は窓のない会議室で悲しそうな目をした人たちとアジャイルについて苛立たしい論争をして、人生の時間を無駄にしてきました。失われた時間は取り戻せませんが、私がこの会話を共有することによって、みなさんはこの手の会話をさっさと切り上げて人生を無駄にせずに済むようになることを期待しています。

「○○（アジャイルフレームワークの名前）におけるプロダクトマネージャーは本物のプロダクトマネージャーではない！」

大規模アジャイルフレームワークを採用している大企業が増えるにつれ、そういったフレームワークのなかでのプロダクトマネージャーが「お飾りのプロダクトマネージャー」とか「戦略的な仕事はしない」とか「本当のプロダクトマネージャーではない」とさえも言われ相手にされないという話を聞く機会が増えました。私はこれが嫌いです。プロダクトマネージャーがいいかげんな仕事をし、それをフレームワークのせいにする言い訳を作ってしまうからだけではありません。プロジェクトマネージャー、プログラムマネージャー、その他一般的に「非戦略的」とされる役割の人たちが、とてつもなく価値のある重要な戦略的な仕事をするのを目にしてきたからです。

「私たちは○○（規制業界／大企業／スタートアップ／大きすぎ／小さすぎ）だからあまりアジャイルができないんですよ」

私がいつも「アジャイルのこころ」に立ち戻る理由は、この手のありがちなズレた会話を省略できる（できてほしい）からです。「アジャイルについてインターネットで調べたときに見つかる図のようなアジャイル」ができないにしても、コラボレーションして、デリバリーして、内省して、改善するための機会はありませんか？　アジャイルムーブメントの根底にある原則を信じるなら、常に前進する道はあります（ちなみに、この原則を取り入れるには、アジャイルという言葉を使わず、会話のなかのアジャイルの歴史の話を最小限にするほ

うが簡単なこともあります）。

「○○（アジャイルフレームワークの一部となっている儀式）がうまくいかなくても、変えてはいけない。それはもう○○（アジャイルフレームワークの名前）をやっているとは言えない」

ユニコーンが角を失ったら馬になるのでしょうか？　有翼のユニコーンが飛べなくなったら有翼のユニコーンのままでしょうか？　これらはすべて作り話です。現実世界に害を及ぼす作り話をチームが続けるべきだなどという意見には一切共感しません。

「アジャイルはもう古い！ 新しいアジャイルマニフェストが必要だ。もしくはちょっと直して○○（好きな言葉をここに）マニフェストと名づけよう！」

以前私はこれにかなり深入りしてしまいました（2018 年ごろ「本当に必要なのはエラスティックな組織だ」とあなたに耳打ちしていたら、それはお詫びします）。しかしここで重要なのは、現状に挑戦するほど人気の出るアイデアは、この先もずっと現状に取り込まれるということです。「次にくるもの」がアジャイルのように流行れば、私たちはまた**別の**「次にくるもの」が必要だと言うようになります。つまり、どんなチームにしろ組織にしろ、自分たちのニーズに合わせたり自分たち独自の観点を反映したりするためにアジャイルマニフェストを書き換える選択をするのであれば、私は全力で支持します。「ソフトウェア開発の実践、あるいは実践を手助けする活動」をするのですから、それもあなたのマニフェストなのです。

「アジャイルの認定資格はくだらないし馬鹿げている」

長いこと技術畑にいた人ほど、認定資格やそれを求める人を軽んじるのを目にします（申し訳ないですが私もそうでした）。避けられない変化について書かれた例のマニフェスト発祥のムーブメントにおいて、「認定を受ける」という考えは少し馬鹿げて見えるでしょうか？　そうでしょう。しかし、認定資格を求める人たちは、純粋な興味があり何かを学ぶことに真面目に取り組んできたのです。それを否定的にとらえることはなかなかできません。

「アジャイルは最悪！ アジャイルのひどさについて話そう！」

アジャイルがすべてを悪化させると仮定することは、アジャイルがすべてを改善すると仮定するのと同じように、特別な意味もないし有益でもありません。本章の本文には書いてはいませんが、ここ数年間の「偽アジャイル」バッシン

グも私にとってはその輝きを失ってきました。良いことも悪いことも何から何まで「アジャイル」のせいにしなければ、実際にうまく機能させるための余地（と責任）が増えるのです。

そう、アジャイルの世界は圧倒的に広いので、まったく腹立たしく、堂々巡りで無意味な議論に向かいかねません。少なくとも、こんな議論は、自分たちが届ける仕事の品質に多少なりとも影響を与えることはないと認めましょう（もしくは、次回アジャイル手法やプラクティスの細部について議論するときには、せめて有翼のユニコーンについて鋭い質問を投げかけてください）。

8.9　まとめ：曖昧さはここにも

アジャイルは、フレームワークや方法論や「ベストプラクティス」をすべて使って、曖昧さにまみれた役割に標準化をもたらす方法に見えるかもしれません。しかし本質的にアジャイルとは、個人、相互作業、そしてよく練られた計画から離れて未知の世界へと導いてくれる必然的な変化といったものの独自性を尊重し受け入れることを学ぶことなのです。

8.10　チェックリスト

- アジャイル周辺の、曖昧で誤解を生む専門用語は避けましょう。何をするつもりかなぜするつもりかはっきり言いましょう
- アジャイルムーブメントのコアバリューと原則を会得する（そして広める）ことに時間を使いましょう。あなたはこのムーブメントを進めることにおいて当事者であることを覚えておきましょう
- チームとレトロスペクティブを行う時間と空間を作って守りましょう。時間も空間も手に入りにくいときは特になおさらです！
- チームが採用したアジャイルプラクティスやセレモニーの背後にある目的を明確に議論し、その目的をどの程度達成しているかを定期的に内省していることを確認しましょう
- プロセスの変更は、それが意図する目的を添えて文書化しましょう。人が何をしているのか、またその理由が明確になります
- ユーザー中心のアジャイルの儀式があるからといって、ユーザーと実際に話す

ことをやめてはいけません

- アジャイルなフレームワークのルールに従っても、ビジネスや顧客に価値を届けることが保証されるわけではないことを覚えておきましょう

- アジャイルなフレームワークに絶対的な役割の明確化と定義を求めようとする誘惑に耐えましょう。プロダクトの仕事は常に曖昧さを操ることだと肝に銘じておきましょう

- 特定のフレームワークやプラクティスが「いつも良い」「いつも悪い」と宣言されている場合は注意しましょう

- あなたの組織がアジャイルに熱狂しすぎているなと感じたら、アジャイルマニフェストを実際に書いた人たちによる大量のブログ記事を印刷して、アジャイルの熱狂的行為がいかに彼らが始めたムーブメントから脱線しているかを説明しましょう

9章
ドキュメントは無限に時間を浪費する（そう、ロードマップもドキュメント）

　プロダクトマネージャーとして行ういちばんインパクトのあることの多くは、目に見えません。私たちがチームにいちばん貢献できるのは、コミュニケーションの問題の解決、大まかなゴールに向けた会話の推進、戦術的なトレードオフに関する経営陣への説明などです。でも、これらのいずれも、本書の冒頭で検討したプロダクトマネージャーは「実際のところ何をするのか？」という不安をかきたてる質問に対して、すばやく簡単かつ具体的に答えてくれるものではありません。

　まさにこういった理由で、私のプロダクトマネジメントのキャリアにおいて、網羅的で（そうあってほしいですが）印象的なプロダクトの仕様、ロードマップ、本当にたくさんのパワーポイントのスライドを作るのに多くの時間を費やしてきました。自分が作ったイケてるドキュメントを指差して「見てよ、これを自分が作ったんだ！」と言えるくらい手が込んでいました。でも、ほとんどのイケてるドキュメントは、実際にチームがゴールを達成するのには役立ちませんでした。

　だからといって、ドキュメントが本質的に悪いものだとは言いません。正反対です。良いドキュメントを書くことは、プロダクトマネージャーの重要な仕事の一部です。日々の課題は、そもそも何がドキュメントを「良い」ものにするのかを正確に理解し、「良い」と「印象的」は常に同じとは限らないことを認めることです。本章では、どうすれば使う時間を**減らし**つつ、ドキュメントをもっと役立つものにできるかを見ていきます。まずは、ドキュメントのラスボスであるロードマップから始めましょう。

9.1　「プロダクトマネージャーがロードマップの持ち主だ！」

　先日、大手教育企業でプロダクトマネージャーとして働き始めたばかりの友人とお茶をしました。その数週間前、彼は新しくプロダクトマネージャーになった人向けのトレーニングに参加しました。トレーニングは、新しい役割で期待されていることを明確に伝えるのを目的としていました。参加者が背負うことになる大まかな責任についての説明で、トレーナーは「プロダクトマネージャーがロードマップの持ち主だ」と述べました。このような厄介な質問を進んでするところがプロダクトマネージャーとしてのスキルを示しているのですが、友人は「ロードマップを持っていないプロダクトマネージャーはどうでしょうか？」と聞きました。トレーナーはこの質問に本当に困った様子で、こう答えました。「いえ、プロダクトマネージャーがロードマップ**の持ち主**なんです」と応じました。友人はそれ以上は突っ込みませんでした。

　そうです。理論上はプロダクトマネージャーがロードマップの「持ち主」です。でも実際は、オーナーシップは決して簡単でもなければ、絶対でもなく、競争がないわけでもありません。事実、**ドキュメントとしてのロードマップ**に絶対的で一方的な「オーナーシップ」を求めるプロダクトマネージャーは、チームがロードマップに書かれた**ソフトウェア**を実際に届けるのにはまったく役に立ちません。

　どんな結末になるのか例を見てみましょう。あなたは最近、中規模のソフトウェア企業のプロダクトマネージャーになりました。職務記述書に記載されていた大きな責任を果たしたいと思っています。そこで、チームのためにロードマップをまとめ始めました。ここがあなたにとって正念場で、あまりに多くの人がロードマップに関与しすぎると、自分に期待されている絶対的な説明責任を果たせなくなるのではないかと心配していました。そこで、作業中のロードマップへのアクセス権限には細心の注意を払い、完璧だと思えるものができるまで、提案やアイデアをゆっくり取り込みました。

　ついにこの大作を披露するときが来ました。チームを集め、この1か月で念入りに作った、きれいで非の打ち所のない、リサーチに裏打ちされたロードマップを披露したのです。発表を終え、あなたの表情は晴れやかそのものでした。「このロードマップがあれば、チームの次の四半期のゴールを達成するどころか、それ以上になること間違いなしです。質問はありますか？」。

　驚くことに、緊張感が漂い、失望の沈黙が訪れます。チームのエンジニアの1人が疲れ切った声で口火を切ります。「うーん、えーっと、ロードマップにはたぶん

3か月で作れないものがあるんですが、どうしましょう？」。あなたは固まります。「あー、うーん、はい、えーっと、うーん、何とかする方法が見つかると思います！」。さらに緊張と沈黙が続きます。別のエンジニアは「これについて他のプロダクトマネージャーと話しましたか？　ぱっと見ただけでも、どれを実現するにしても対処しなければいけない依存関係がたくさんありますよ」。あなたはまた固まります。「うーーーーん、まだですが、何とかする方法が見つかると思います！！！」。さらに緊張と沈黙が続き、眉をひそめている人もいます。あーあ。

　そのあと数週間で、チームからのフィードバックをもとに一生懸命ロードマップを調整しますが、すでに大きなダメージを負っています。あなたはすぐに美しいドキュメントにまとめますが、それを**作らなければいけない**エンジニアからの信用を失っています。さらにひどいことに、どんどん疑心暗鬼になっているチームに対して、ロードマップを何度も提示し続ける状況に陥っています。遠回りで疲弊するパターンにはまっていて、新しいロードマップを提示するたびに、チームはうまくいかない理由を話し、振り出しに戻ります。このサイクルは間違いなくあなたを忙しくさせますが、そのあいだチームは実際には大したものを届けられていません。

　優れたプロダクトマネージャーにとってロードマップは、他のドキュメントと同じく、チームと役に立つ会話をするきっかけとなるものです。決して、自分たちの努力や重要性を示す記念碑ではありません。

9.2　問題はロードマップではなく、それをどう使うか

　プロダクトマネージャーとして働いていたときに受けた最高のアドバイスの1つが、ロードマップはいつ何を実行するかの厳密な計画ではなく、戦略的なコミュニケーション用のドキュメントととらえることでした。よくなかったのは、そのとき私が、ロードマップはいつ何を実行するかの厳密な計画ではないことについて**全員が理解している**と早とちりしてしまったことでした。そのため、何度も辛い目に遭いました。というのも、エンジニアから（エヘンと咳払いするような）役員会のメンバーまでさまざまなステークホルダーに対して、自分が出したロードマップはプロダクトチームが作ろうと計画しているものを実際に反映しているわけではなくて、単にチームが会話を始めるためのものであることを説明しなければいけなかったからです。結局、ロードマップは約束ではなく、戦略的なコミュニケーション用のドキュメントだと私に教えてくれたのは、本当に賢い人だったということです。みなさんは習いませんでしたか？

　私の失敗から教訓を挙げるとしたらこうです。ロードマップが何を意味して、それをどう使うかについて、チームと組織は明確な共通理解を持たなければいけません。これは厳密な約束なのでしょうか？「たぶん」くらいのざっくりしたアイデアの集合なのでしょうか？　プロダクトロードマップの次の4年間は、次の半年分と同じくらい不変なのでしょうか？　これらの疑問に答えるために時間と労力を割かないでいると、ロードマップはそれが解決するよりも多くの誤解を生み出すことになります。

　あなたの組織がロードマップをどのように利用するつもりなのかを明確にするために、指針となる質問を紹介しましょう。

- ロードマップでどこまで先を見据えるか？
- ロードマップに「短期」計画と「長期」計画の区別があるか？
- ロードマップには誰がアクセスできるか？　顧客に見せるのか？　一般に公開するのか？
- ロードマップは誰がどんな頻度でレビューするのか？
- ロードマップの変更はどう伝えるのか？　どれくらいの頻度か？
- この先3か月のロードマップにとある機能があったとして、組織の誰が何を合理的に期待できるか？
- この先1年のロードマップにとある機能があったとして、組織の誰が何を合理的に期待できるか？

　質問への回答はプロダクトや組織、ステークホルダーによって変わります。重要なのは、質問にどう答えるかではなく、自問自答することにあります。

　私が見てきた多くのチームがやっていた有益なステップの1つは、組織全体に展開されるロードマップドキュメントの先頭ページに入れる「ロードマップのREADME」を書くことです。この「ロードマップのREADME」で先ほどの質問に答えます。そうすれば、ステークホルダーが、ロードマップから何を期待できるのか、ロードマップがどう使われるのかを理解できるようになります。チームがロードマップそのものに取りかかる前に、この「README」を作るようにチームに頼むこともよくあります。そうすれば、ロードマップの形式や内容をその用途に合わせることができるためです。

組織的なロードマップで初めの一歩を踏み出す

ジョシュ・W
プロダクト担当幹部、テックスタートアップ

　アドテク企業でプロダクトリーダーとして働き始めたとき、私たちにロードマップはまったくありませんでした。必要なのはわかっていましたが、ロードマップはとても危険なドキュメントになりうることも知っていました。私は以前セールスとして働いていましたが、経験が浅いセールスは、ロードマップを見ると、それを売り込みの道具として使っていました。これは一概に悪いことだとは言えません。売るためには使えるものは何でも使うべきです。でも、ロードマップを使ったことがまったくない組織では、セールスはそれがどういうものかを理解せずに、約束のかたまりと考えてしまいます。これには大きな危険が伴います。

　そこでまずは、セールスチームのオフサイトミーティングで「プロダクト担当者の考え方」というテーマで発表できないかと持ちかけました。セールスのオフサイトミーティングは、プロダクト担当者にとっては悪夢のようなものですが、自分の役割や担当以外の人たちと接点を作る機会が必要な状況でした。セールスに対して、今のやり方は間違っていると言うのではなく、セールスから依頼が来るとなぜプロダクト担当者がイライラするのか、その理由を理解してもらおうと思ったのです。また、プロダクトチームの現状や、取り組んでいるロードマップは約束のかたまりではなく進行中の作業にすぎないことを確実に知ってほしいと考えました。

　最終的にはロードマップを作ったのですが、最初のロードマップはもちろんひどいもので、当然のように「バージョン0」というラベルをつけました。私はいつも、何かが作業中であることを伝えるために、はっきりと見てとれるバージョン表記を使うようにしています。そして、ほぼすべてのものは作業中なのです。このドキュメントをセールス部門長に共有したときは、このドキュメントを約束のかたまりとしてセールスが使うことのないようはっきりと伝えました。このドキュメントをチームにどう伝えるかの責任と、間違った使い方をして問題が起こったときの管理責任を彼に負わせたのです。こうすることで、ロードマップの使い方を間違えた場合には、直属の上司の責任になることをセールスに確実に理

解させました。プロダクト側の人間として、私には直接の権限はありませんでしたが、セールス部門長は確実に権限を持っていました。

　四半期ごとに、リーダーチームと一緒にロードマップそのものと使われ方についてふりかえりをしました。3回めの四半期が終わるまでには、全員がロードマップを持つことの価値をはっきりと理解し、ロードマップにどんな情報が必要なのか、どんな情報は無関係なのか、どんな情報は誤解を招くのかをうまく理解できるようになりました。**ロードマップそのものだけでなく、どのように、なぜロードマップを使っているのかを真摯にふりかえる時間がなければ、こうはならなかったと思います。**

9.3　ガントチャート上は欲しいものが必ず手に入る

　ガントチャートはデータ可視化の形式の1つで、ある期間内に届ける（もしくは届ける予定の）作業量を水平線を使って表現します。キャリアのどこかで必ず、プロダクトロードマップを表現するのに**ガントチャートが最悪な理由**を正確に説明する記事を読むことでしょう。そして、アウトカムベースのロードマップ、問題領域ベースのロードマップといったもっとまともな選択肢を学ぶはずです。ガントチャートのせいで、確実なものだと間違ってとらえてしまい、チームが進む先を調整しアウトプットよりもアウトカムを優先する能力に蓋をしてしまう理由を熱弁することにもなるでしょう（次の章でいくつか取り上げます）。

　それでも、ほぼ確実に、ガントチャートにとてもよく似たロードマップを提供することになります。

　私がこう言うのは、もっとまともな選択肢を信用させないためでも、プロダクトマネージャーが熱弁を振るうのをやめさせるためでもありません。たいていの組織では、ガントチャートに並べられた情報を見慣れている人が多いので、ガントチャートを捨てるように説得するよりも、ガントチャートに手を入れるほうがうまくいきやすいのです。至極もっともな理由があることもあります。たとえば、広告宣伝のために何か月も前に計画しなければいけないときのように、機能がどんなもので、いつリリースされるのかをステークホルダーが正確に知りたい場合です。こういった理由をできる限り理解して、不確実なことや変わりそうなことを率直に恐れることなく伝えるようにしてください。

　あなたやチームがロードマップを作るときの網羅的で視覚的にも説得力のあるガイドとしては、トッド・ロンバード、ブルース・マッカーシー、エヴァン・ライアン、マイケル・コナーズが書いた『Product Roadmaps Relaunched』（O'Reilly）を強くお勧めします。

9.4　プロダクトの仕様書はプロダクトではない

　ロードマップ上のプロダクトや機能は、プロダクト仕様書、もしくは略して「仕様書」と呼ばれるドキュメントにまとめるのが一般的です。ドキュメントがあれば、プロダクトを作る上での構造化、ファシリテーション、優先順位づけがしやすくなります。でも、**これはプロダクトではありません**。チームが実際に何かを作るまでは、プロダクト仕様書はユーザーにまったく何も価値を届けていません。

　悪いプロダクトマネージャーは、プロダクト仕様書を自分の個人としての強みや専門知識を見せつける機会だと考えます。こういった人たちが書いたプロダクト仕様書は、考えうるすべての質問に回答しようとしていて、実装の詳細まですべて扱います。これをチームからのインプットを**まったく受けずに**行います。プロダクトマネージャーは、プロダクトを作る人たちが質問をたくさんしたり、大騒ぎしたりすることなく、完璧に作ったプロダクト仕様書のとおりにそのまま作ることを期待しています。そして、必ずと言っていいほど、そのプロダクトと最終的にはそのユーザーにとって悪い結果になります。

　優れたプロダクトマネージャーは、プロダクト仕様書をチームに共通する強みと専門知識を把握し、それを組み合わせるための方法だと考えます。プロダクト仕様書はたいてい雑な仕掛り中のもので、未解決の質問だらけですが、それでも同僚と密接にコラボレーションすることで作業を進められます。プロダクトを作っている人たちは積極的に関わっていて、なぜプロダクトを作るのか、どうやるのかに口を出します。誰かがプロダクト仕様書について質問すると、それを個人攻撃ではなく、プロダクトをよくする機会だと考えます。

　プロダクトマネージャーが、プロダクト仕様書は完璧である必要はないと理解すれば、それをもっと有効活用すること、場合によっては**遊び心**にあふれたものにすることに集中できるようになります。ジェニー・ギブソンは、光栄にもここ数年一緒に働かせてもらっている驚くべきプロダクトリーダーです。彼女はチームに対して、プロダクトの機能を提案するときには「松」「竹」「梅」のバージョンを説明するように求めています。同じ問題に対して、複数のソリューションを比較することで、多くのこ

とが学べます。そして、多くのプロダクト仕様書を読んできたので自信を持って言いますが、他の仕様書よりも示唆に富んでいて、楽しいものでした。

　プロダクト仕様書はプロダクトではありません。「ユーザーストーリー」はユーザーではありません。8章で説明したように、作ろうと計画しているものを表向きはユーザー中心のフォーマットで書いたところで、ユーザーが欲しがったり必要としたりしているものを作っていることにはなりません。ユーザーのゴールや、そのゴールを達成するためにユーザーが**望んでいること**がわからなければ、その質問をチームに持ち帰って、一緒に話してください。

複雑なプロダクト仕様書による予期せぬ影響

ジョナサン・バートフィールド
エグゼクティブプロデューサー、大手出版社

　15年ほど前、ニューヨークの大手出版社の仕事を始めました。肩書きはエグゼクティブプロデューサーで、当時のプロダクトマネジメント部門長のようなものでした。私は社内の注目プロジェクトに取り組んでいて、初期のベータ版をリリースしたものの、拡張性がない状況でした。私の仕事は、これを本当のビジネスへと変えることでした。私はこの指示を「プロジェクトの仕様をかなり細部まで書き直せ」という意味だととらえました。元のドキュメントはあちこちに散らばり、いきあたりばったりで、そのせいでプロダクトの拡張性がないと考えたのです。従うべき詳細がなければ、プロダクトチームはビジョンの実現に向けてどう行動できるというのでしょうか？

　そこで私は、「専門家も入れて、私の部屋にみんなで集まって、4か月かけて詳細なプロダクト仕様書を作ろう」と言いました。このアプローチの結果、悲惨なことが2つ起きました。1つめは、この期間中まったく顧客と話さなかったことです。最終的にできたものは必要以上に複雑すぎました。実質的には、顧客から何が必要なのかを学習するのをやめてしまったがゆえです。2つめは、このような複雑なプロダクト仕様書を書きたがために、本当に熟練の開発チームが必要だと判断してしまったことです。そして、イケてるプロダクト開発会社と契約し、壁越しに仕様書を投げ込んだのです。それからは、プロダクトを作るという日々の仕事からはほぼ逃れることができました。なんせ仕様書に全部書いてあるから

です。

　プロダクトは完成しましたが、大失敗でした。予定より1年半も長くかかり、大惨事でした。でも、そこでの教訓は、それ以降のすべてのことに活かされています。何かを書き出すというのは、かなりの諸刃の剣です。書けば書くだけ時間がかかりますし、実際にやらなければいけない仕事から遠ざかってしまいます。**長くて詳細な仕様書を書くと、プロダクトを作るために多くの仕事をしている気にはなりますが、それは必ずしも正しい仕事ではありません。**プロダクトマネージャーとして、脳内にあるものを吐き出したからといって、それを実際のプロダクトへと変える作業から逃れられると思ってはいけません。

9.5　最高のドキュメントは不完全

　プロダクト仕様書や他のドキュメントを確実に会話のきっかけにする方法の1つは、それを意図的に不完全なものにすることです。過去数年で、嫌々ながらも、乱雑で洗練されておらず未回答の質問だらけのドキュメントを提示することに慣れてきました。私はもともと完璧主義者なので、不完全なドキュメントを共有すると同僚から怠け者とか中途半端だと思われることを**いまだに**心配しています。でも、自分に言い聞かせているのですが、同僚に**良い印象を与えること**など、チームに**関わってもらうこと**に比べたらまったく重要ではありません。

　意図的に不完全にしたドキュメントがチームのコラボレーションの足並みをそろえて加速することに気づいたのは、決して私が初めてではありません。2008年にラグ・ガルド、サンジャイ・ジャイン、フィリップ・トゥエルスカーが発表した論文「Incomplete by Design and Designing for Incompleteness」（https://oreil.ly/JKMoH）ではこう言っています。「不完全であることは、危険をもたらすのではなく、行動のきっかけになります。行為者が不完全なままのものを完成させようとするときも、新たな問題や機会を生み出し、それが絶えずデザインを進める原動力になるのです」。つまり、不完全なものをチームに持ち込んでも、それだけで一緒に問題解決に取り組んでいることにはなりません。問題解決のために一緒に働きながら、継続的かつ協調的に問題を再構築していくのです。素晴らしいでしょう？

　プロダクト関連のキャリアにおいて、私は、完全で「完璧」なドキュメントを作る

のに何週間も使い、それに対してチームから公正かつ思慮に富んでいて、建設的な質問を受けた結果、修正に数週間を費やしたことが何度もあります。反対に、「意図的に不完全」なドキュメントを共有したときは、チームからの質問や貢献は**前に進めるために不可欠です**。「未完成のものを素晴らしいものにするにはあなたの助けが必要です」と言ったときの参加度合いや質は、「完璧なものが完成しました。質問はありますか？」と言ったときのそれよりも圧倒的に高いのです。

そこで、あなたへの課題です。次のミーティングに何か不完全なものを持っていきましょう。イケてるパワーポイントのスライドではなく、雑なペライチを持っていくのです。それに対してチームが役に立つ変更を提案してくれたのであれば、その場で一緒に反映しましょう。発表、批評、編集というサイクルを何度も繰り返すよりも、一緒にドキュメントに取り組むほうがずっと簡単なことに驚くことでしょう。

9.6　最初のドラフトは1ページで、作るのに1時間以上かけない

数年前、私はビジネスパートナーたちに「チームにドキュメントに使う時間と労力を減らせとコーチする割には、いまだにあなた自身は内部ミーティング資料を念入りに作り込んでいるんですね」と指摘されました。私が「当然ですよ。あなたたちは優秀だからいいけど、私は仕事をちゃんとやってるって思わせたいんです」と言うと、全員が一瞬固まりました。「はぁ」。

私の完璧主義の傾向を抑えるために、当面のあいだペライチだけで仕事することに合意しました。プロダクトチームにおけるペライチの価値については、あちこちで書かれています（ジョン・カトラーの話（https://oreil.ly/FFzbq）は定評があり、一見の価値があります）。でも、こだわりを持っていて矯正が難しい人の場合、**完璧な**ペライチを作るのに何時間も、何日も、ときには何週間もかかることがあります。短いドキュメントを作る約束をしたあとでも、私はドキュメントを作るのに**長い時間**をかけ、まるで称賛に値する非の打ち所のない大理石の石碑かのように、ビジネスパートナーに披露していました。

私は自責の念に駆られて、簡単な誓約書を書いてビジネスパートナーと共有しました。「**いかなるドキュメントや成果物**でも、チームに共有する前に1ページ、1時間以上は使いません」というものです。私はそれを印刷して、ノートPCに貼り付け、ビジネスパートナーには**何があっても**自分が責任を持つと伝えました。

言うまでもなく、これは私にとって簡単ではありませんでした。ビジネスパート

ナーと私が同じ方向を向いていると確信するあまり、時間制限ありのペライチを共有せずに、最終的なプロジェクト計画やトレーニング資料、書籍の章の最終稿（おっと）へと進めてしまったことが数え切れないほどありました。そして、毎回後悔するはめになりました。というのも、こういった「最終的」なドキュメントを作り直すことになったり、ビジネスパートナーからなぜ約束を破ったのかと単刀直入に聞かれたりするためです。

　ビジネスパートナーの後押しで、私は 1 ページ/1 時間の誓いを onepageonehour.com（https://onepageonehour.com）というウェブサイトにしました。現在、ディズニー、Amazon、American Express、IBM といった組織の多くの人が署名してくれています。共感できるのであれば、ぜひあなたも同じように署名してください！

「1 ページ/1 時間」のアプローチを活用して、大きな組織で足並みをそろえる

B・E
プロダクトマネージャー、大手マーケティングソフトウェア会社

　私の働く大手マーケティングソフトウェア会社では、多くのプロダクトチームが緩やかに連携しています。他のプロダクトマネージャーと連携し続けることが大きな課題で、ときにはそれを乗り越えられないと感じることもあります。

　数か月前、別のチームのプロダクトマネージャーが私のところに来て、このチームで取り組んでいることを理解するのに役立つような共有可能なドキュメントがないかと聞きました。確かにたくさんの長ったらしいプロダクト仕様書と山のような Jira のチケットはありました。でも、私たちが何に取り組んでいるのか、それはなぜなのかを本当に理解できるものは何もありませんでした。とは言え、チーム同士が連携する重要性はわかっていたので、1 時間でペライチにまとめる提案をしました。

　このペライチはとてもシンプルなものになりました。先頭にチームのゴール、それからそのゴールを達成するために作ろうと考えているものの一覧、ページの末尾に未解決の問題と不明点を記載しました。正直なところ、これがそのプロダクトマネージャーが期待していたものかはわからず、私がいいかげんなプロダクトマネージャーだから私の渡したドキュメントもいいかげんなものに見えるのではないかと心配しました。しかし、彼はまさにこれが期待したものだと言ったの

です。そして、実際にここからヒントを得て、彼も自分のチームの仕事を似たようなドキュメントにまとめることにしました。

　以上で話は終わりです。**かなり短い時間でチームのためのドキュメントを作りましたが、思った以上に役立ちました。**

9.7　テンプレートがある場合

　プロダクト仕様書から、四半期のロードマップ、チームのプロセス変更まで、すべてにおいて私は軽量で柔軟性の高いテンプレートがとても重要だと思っています。テンプレートがあれば、まっさらなページが怖い人やチームでも始められますし、いちばん重要な情報が確実に優先されるようになります。

　一方で、テンプレートが重くて柔軟性がなく、完成させるのが難しければ、**とてもストレスが溜まるもの**にもなります。残念ながら、こういうことがとても多いのが実情です。以下では、チームの役に立つ価値あるテンプレートにするためのコツを紹介します。

テンプレートの内容だけでなく、構造自体も「活用する」

　テンプレートはあなたの思考を構造化するための素晴らしい方法ですが、テンプレートが思考を制限したり押しつけたりすべきではありません。チームのゴール達成には役に立たないと思ったら、ためらわずにテンプレートの構造を変えましょう。付け加えると、テンプレートの構造はチームと一緒に変えてください。素晴らしいアウトカムを提供するために、ドキュメントはいつ変えてもよいということをモデル化するのです。

定期的にテンプレートを見直して更新する

　かつて、一緒に仕事をしたチームでは、分析チームの同僚からデータをもらうために、毎回 10 ページものテンプレートを嫌々完成させなければいけませんでした。チームの誰も、そのテンプレートがどういう経緯で始まって、どこからやって来たのか知りませんでした。でも、チームのマネージャーがそれを必要だと考えていて、考えを変えることはないと思っていました。

　チームのプロセスと同じように、テンプレートも定期的に見直して、役に立つように更新しなければ、悪臭を放つイライラするものになります。チームのふ

りかえりで「今知っていることを踏まえて、前のスプリントやイテレーションで使ったテンプレートをどう変えればいいか？」と聞いてみるのも素晴らしい活動です。こうすることで、前回テンプレートを使って学んだ具体的な教訓に焦点を当てながら、テンプレートをチームみんなで変える機会が得られます。

人にテンプレートを埋めるように依頼する前に自分で最低3回は必ず埋めてみる

要するに、テンプレートは作るのは本当に簡単でも、埋めるのが本当に難しいのです。「念のため」にテンプレートに入れた普通に見える質問でも、チームがそれを追求するのに何週間もかけてしまうかもしれません。それだけの時間があれば、もっと重要でインパクトのあることに使えたはずです。自分がチームに共有するテンプレートは、自分の手元を離れる前に、**3回**は自分で埋めて、それをサンプルとして共有するルールにしています。

もちろん、「良い」テンプレートが厳密にどういうものなのかはチームや組織によって大きく違います。どこから始めればいいかわからない場合は、Google で検索すれば、自分がイメージするどんなドキュメントでも、それに近いテンプレートが何百と出てくるでしょう。チームが一緒に学んでふりかえっていけば、どんなテンプレートでも良い出発点になります。

9.8 商用ロードマップツールとナレッジマネジメントツールの簡単なメモ

「old man yells at cloud」のインターネットミームが流行った 20 年ほど前は、ドキュメント用のツールと言えば、スプレッドシート、スライド、ワードくらいしかありませんでした。今は、商用ロードマップツールとナレッジマネジメントツールが増え続けていて、どれもチームが必要とする情報を 1 か所にまとめて、どこからでもアクセスして情報を探せるとうたっています。こういったツールの多くは、チームが日々のタスクを管理するのに使っている Jira などのプラットフォームと統合できます。**1 ユーザー**いくらといった価格体系になっているため、ドキュメントを透明性や可視性の手段として使おうと考えている組織にとっては、逆のインセンティブが働きます。いずれのツールも、経験の浅いユーザーは学習が必要になります。私の経験上、単純なツールと比較すると、こういったツールを導入するのにかかる時間と労力は、得られるメリットを考えると割に合いません。

　もちろん、巨大な企業で、相互に関連する数え切れない情報を管理しようとするのであれば、しっかりと時間と労力を割いて、使えそうなツールを評価するのはたぶん良い考えです（そういう企業には、そういったツールの評価を**仕事**にしている人がいることでしょう）。でも、一緒に働いたことのある多くのプロダクトチームにとって、「どのロードマップツールを使うべき？」という質問は、「何をロードマップに載せるべきか？」もしくは「ロードマップは自分たちにとってどんな意味があるのか？」という質問と比べると、安易で価値の低いものです。

　数年前に、新しいナレッジマネジメントのプラットフォームに多大な投資をしている組織と働いたことがあります。必要な数のユーザーライセンスを購入し、トレーニングを予約し、既存の雑多なドキュメントをこの新しい、シンプルで全部入りのプラットフォームにすぐに移行する必要があることを知らせるメールをチームに送りました。でも、この会社の情報エコシステムが強固なものになるどころか、新しいプラットフォームは断片化をさらに進めただけでした。あるチームはそれに従って新しいプラットフォームでロードマップを作り直しましたが、「本当」のロードマップは別のドキュメントのまま残しました。新しいプラットフォームを学ぶ時間もやる気もない幹部は、相変わらず他の慣れ親しんだフォーマットのドキュメントを要求し続けました。結局、新しいプラットフォームを展開してから1年も経たないうちに、同じような綿密でコストのかかるプロセスを経て、このプラットフォームの使用を**中止**することになりました。

　イケてる商用ツールをただ導入すれば成功が保証されるわけではありません。もちろん失敗が保証されるわけでもありません。数年前の自分が聞けたらよかったと思うアドバイスを1つ紹介しましょう。それは、もしすでに商用のロードマップツールやナレッジマネジメントツールを使っているチームと働いているなら、ツールそのものに怒りをぶつけるよりも、そのツールが**どう使われているか**に注目することです。ナレッジマネジメントは、コミュニケーションの課題そのものです。情報がロードマップ用のイケてるプラットフォームにあるのか、一緒にいじれる Google Docs にあるのかに関係なく、人は必要な情報を探します。問題は、必要な情報と、何よりもその情報がなぜ必要なのかを明らかにして理解できるように、腹を割ったコミュニケーションをすることなのです。

　最近は、自分たちが使えるいちばん簡単なツールから始めて、**具体的な限界**を迎えた場合はもっと複雑なツールに移行するようにアドバイスしています。自転車を乗りこなせないなら、レーザーを発射するバイクに投資する必要などありません。

9.9 まとめ：メニューは食事ではない

人生変えてくれる書籍『The Wisdom of Insecurity』（Vintage）の著者アラン・ワッツはかつて、「メニューは食事ではない」と言いました。この引用は、付箋紙に書いて自席に貼っておく価値があります。ロードマップは道ではなく、プロダクト仕様書はプロダクトではなく、ユーザーストーリーはユーザーではありません。世界最高の印象的で網羅的なメニューを作ることより、素晴らしい食事を作ることに集中しましょう。

9.10 チェックリスト

- あなたの仕事でいちばんインパクトがある仕事は、形がないものかもしれないことを理解しましょう。何かを指差して「全部自分でやったんだ」と言えなくても、ストレスを溜めないようにしましょう

- 「メニューは食事ではない」ことを忘れないでください。あなたが作ったドキュメントは実際のプロダクトではなく、ユーザーに必ずしも価値を届けるものではありません

- 職務記述書にどう書いていようが、ロードマップの唯一の「持ち主」を目指さないでください

- チームや組織にとってロードマップが何を意味するか決めつけないようにしましょう。ロードマップをどう使うかについて率直かつ明確な会話をするとともに、その会話をロードマップ自体と一緒に文書化しましょう

- たぶんガントチャートを作らなければいけなくなるという現実を受け入れましょう。そして、そのガントチャートがステークホルダーにとって役に立ち価値のあるものにするためにできることを何でもしましょう

- プロダクト仕様書やその他のドキュメントを「意図的に不完全」にして、チームを巻き込んでコラボレーションしましょう

- チームに共有する前のドキュメントの最初のドラフトは1ページとし、作るのに1時間以上使わないようにしましょう

- 思考を構造化し、標準化するために軽量で柔軟なテンプレートを使いましょう。テンプレートは定期的に見直しましょう

- チームにテンプレートを共有する前に、自分自身で最低3回は埋めてみましょう

- 商用のロードマップツールやナレッジマネジメントツールを導入するのにかかる実際のコスト（時間やエネルギー）について、慎重に考えてください

10章
ビジョン、ミッション、達成目標、戦略を始めとしたイケてる言葉たち

　アソシエイトプロダクトマネージャーにせよチーフプロダクトオフィサーにせよ、ほぼすべてのプロダクト関連の求人情報には、本章のタイトルにある言葉が使われています。ですが、そういった求人情報に、その言葉の意味が十分に明記されていることはほとんどありません。

　ここで良い知らせがあります。用語の意味や用法をズバッと提言するものは、よくまとまった雑誌記事、流れるように美しい図表、強烈な言葉で主張する Medium の記事など、枚挙に暇がありません。

　悪い知らせもあります。どれも一見信頼できる筋の情報に見えますが、すべてが違う意見を言っているのです。戦略と達成目標はまったく別の概念であると主張するものもあれば、「戦略」のひとことでどちらもまとめているものもあります。説得力のあるミッションこそプロダクトチームにとって圧倒的に重要だと力説するものもあれば、ミッションステートメントはふわふわして意味がないと軽んじるものもあります。プロダクトマネージャーはどうすればよいのでしょうか?

　プロダクト関連のキャリアの初期のころ、このように断定的かつ相反する意見をいろいろ聞くと不安になったものでした。経営陣にプロダクト戦略を聞かれるたびに、私はいつも恐怖で固まっていました。そもそも良いプロダクト戦略がどんなものか自分はわかっているのか? あきれるほど的外れなものを出してしまったらどうしよう? 完全な詐欺師のように思われる恐怖から、自分はなぜ実行可能な戦略を提出する立場に置かれていないのか、正当で保身にも聞こえる理由のリストを作ってスラスラと言えるようにしていました。「会社のゴールがまるで明確じゃないんですよ!」とか「経営陣がポイッと渡してくる気まぐれな締め切りをもって、どう戦略を練り上げればいいんですか?」とかです。「ああ、はい、そうですか、まあいいでしょう」と

だけ伝えてそっと立ち去り、あとは全員が忘れてくれるのを願うこともありました。

　プロダクト戦略、ビジョン、達成目標、その手の重要そうなものを作るように圧力をかけられた挙げ句、プロダクトマネージャーはたいがい似たり寄ったりの回避行動を取るのを見てきました。そういったプロダクトマネージャーの多くは、私が「そういうときはチームに来年何を達成してほしいか、どうやってそれを達成するつもりか、ざっくりと書き留めるところから始めるといいですよ」と言うと、目を見開いて信じられないという反応をしました。そしてこの「重要ドキュメント」はチームのところに持っていってフィードバックをもらうまでは、1 ページ以内で、1 時間以上かけて作ってはいけないと言うと、さらにその目は大きく見開かれます。

　プロダクトマネジメントにまつわる大げさでイケてる言葉の多くは、次の 2 つの質問に集約されます。「何を達成しようとしているのか？」そして「どうやって達成するつもりか？」です。あなたの答えがシンプルで直接的で協調的であればあるほど、チームは意志決定がうまくなります。その意思決定の質こそが、チームの成否を握っています。

　本章が短いのには理由があります。チームのゴールと戦略を設定する「正しい」方法を求める時間が減るほど、さっさとチームと働き始めることができ、どこに向かおうとしているのか、どうやって向かうのかをチームにはっきりと伝えることができるからです。

10.1　アウトカムとアウトプットのシーソー

　雑に言うと、本章のタイトルにある言葉は、私たちが仕事をするときに実際のアウトカムを目指せるように存在しています。それは、自分たちのビジネスにもたらす成果だったり、顧客のために解決する課題だったり、（願わくは）世界全体に与えたいプラスの影響だったりもします。

　これらのアウトカムは、おそらくは私たちのビジネスやチームの存在理由でもあります。ところが、私たちが機能をリリースして締め切りに間に合わせようとするときは、いつもそれが中心にあるとは限りません。だからこそ、「アウトプットよりもアウトカム」というスローガンが、プロダクトに関わる人たちにとっておなじみの矯正手段になりました。ジョシュ・セイデンの素晴らしい著書のタイトルも、まさに『Outcomes Over Output（アウトプットよりもアウトカム）』（Sense & Respond Press）です。

　多くのアイデアがスローガン化されたように、「アウトプットよりもアウトカム」

も誤解されやすく振りかざされがちです。「そもそも何をいつまでにデリバリーする
つもりか」と尋ねられたプロダクトマネージャーは、当然チームを守ろうとします。
そのためにこの言い回しを使うのを何度も目にしました。前の章で触れましたが、ス
テークホルダーがデリバリーとリリーススケジュールについてうるさく尋ねるのには
真っ当な理由があります。その理由を理解すれば、チームが「ほらやっぱり、うちの
会社はアウトプットばかり気にして本気でアウトカムに集中するつもりのない完全な
る機能の製造工場なんですね！」とお手上げするよりも一歩先を行けるようになり
ます。

　「A よりも B」という意見を多く目にした結果、見方を変えて「アウトプットより
もアウトカム」を「アウトカム**のための**アウトプット」にすると役に立つことがわか
りました（この手法はアジャイルマニフェストの「包括的なドキュメントよりも動く
ソフトウェア」、「計画に従うことよりも変化への対応」にも使えます）。アウトカム
とアウトプットを二者択一ではなく、つながっているシステムだと考え始めれば、自
分たちの望むアウトカムを達成するアウトプットをデリバリーするシステムをどう設
計し維持したいかについて考えられるようになるのです。

　さまざまなチームや組織と一緒に働き、アウトプットとアウトカムをつなげる方法
を深く理解しようとしたところ、興味深いパターンが浮かび上がってきました。アウ
トプットに著しく集中しているように見えるチームは、多くの場合、壮大で具体性の
乏しいアウトカムを目指して仕事をしていたのです。チームやリーダーたちと何度も
レトロスペクティブを繰り返すうちに、これが確実性と予見性を求めてしまう人間的
な反応の結果なのだと理解できるようになりました。開発内容や期日は**何らかの方法**
で決めなければいけません。アウトカムに具体性がなければ、アウトプットに具体性
が求められるようになります。アウトプットに裁量を持ち柔軟に決めたいのであれ
ば、チームはアウトカムを**具体的に**決めなければいけません。これをアウトカムとア
ウトプットがシーソーに乗っていると見立てることもできます（**図10-1**）。片方を具
体的な開発内容と期日で押し下げれば、もう片方はテーマや機会のように変更可能な
もので押し上げられることになります。

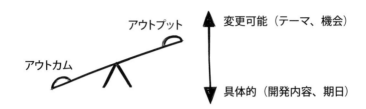

図 10-1　アウトカムとアウトプットのシーソー。片方を変更可能にするなら、もう片方は具体的にしなければいけない。

　これは、チームのゴールを変更可能にすることでマイクロマネジメントを避けようとする私のような人たちにとっては、厄介なものだと認識できました。しかし同時に、「コンバージョンを上げる」とか「顧客を喜ばせる」といった広範なゴールを私が設定するたびに、チームが必ず特定の期日までに特定の機能をリリースするために奔走せざるを得なくなった理由の理解にもつながりました。

　というわけで、私が今プロダクトマネージャーたちにアドバイスしているのは、チームが達成しようとしているアウトカムや達成しようとしている正確な時期について、チームと協力してできる限り具体的に（実際、不快なほど具体的に）するとよいということです。直感的には逆に感じるかもしれませんが、「向こう 3 か月でユーザーコンバージョンレートを 10% 上げる」と言うことで、チームは複数の手法や解法を自由に検討する可能性が**高まる**のです。あなたたちが達成しようとしている具体的なゴールと期間についてステークホルダーがはっきりイメージできさえすれば、具体的にどの機能をいつまでにと要求されることははるかに減ります。そして、とりわけよいのは、具体的で期限の定まったゴールを達成するために、たとえそれが機能とは似ても似つかないものだったとしても、いろいろなやり方を試すモチベーションがチームに生まれることです（これについては 12 章で詳しく触れます）。

具体的なゴールがないとプロダクト殉教者チームができてしまう理由

M・G
プロダクトリーダー、非営利団体

　最近ジョインした非営利団体は、主に他の非営利団体のためのプロダクトを作っています。多くの非営利団体と同じく、リソースに大きな制約があります。

私の直属のプロダクトオーナーたちと会話をすると、各自が少なくとも 3 つのプロダクトに関わっていて、ストレスを溜め、手を広げすぎているようにも見えました。幸い私はリソースを増やしてもらえたので、プロダクトオーナーをあと数人採用できました。思うに、これが自分たちの抱える問題に対する答えでした。つまり、プロダクトオーナーを増やせば、一度に 1 つのことに注ぐ時間も集中力も増やせる、ということです。

　驚いたことに、直属の部下はこのニュースにそれほど興奮していないように見えました。実際に、初めの反応は懐疑的なものから完全に守りの姿勢までさまざまでした。私からすれば、会社としての取り組みに集中して無駄をなくす機会に思えましたが、個人攻撃のように解釈されてしまったのです。「私からプロダクトを奪おうというんですか？」。この反応は明らかに私を混乱させました。というのも、たった数週間前にはいかに残業がひどいか文句を言っていた人の言葉だったからです。

　残業についての文句は組織のリソースが足りないことの裏返しではないと理解するには、少し時間が必要でした。これは、問題がもっと深刻で複雑なことの表れだったのです。プロダクトオーナーは成功を測るすべがなかったため、どれだけたくさん働いているか、どれだけ多くのプロダクトを抱えているかで測るしかありませんでした。なぜでしょうか？ **それは、組織として目指しているゴールについての共通認識がなかったからでした。ゴールがないので、各プロダクトオーナーは、個人の想定とその場しのぎの成功指標に頼るしかなかったのです。**

　皮肉なことに、私がこの根本的な問題に対応することなく物事を進めて、プロダクトオーナーの採用を増やしただけであれば、事態は悪化していたことでしょう。明白な組織全体のゴールがなければ、プロダクトオーナーは何をもって成功とするか、それぞれ利害の対立するものを前提にしてしまっていたことでしょう。プロダクトオーナーを一堂に集めてゴールの共有について話すとすぐ、利害対立や守りの姿勢は自然に解けて消えました。プロダクトオーナーはリソースや知識を共有する方法を模索し始めました。自分たちの成功は顧客にどれだけの価値をデリバリーできたかに照らして評価されるのであって、どれだけ多くのプロダクトを「所有」しているかとか、金曜日の夜にどれだけ遅くまで残るかではないことを理解したからです。

10.2　SMART なゴール、CLEAR なゴール、OKR などなど

　プロダクト、チーム、組織に設定するゴールに具体性を持たせるさまざまな方法についての情報には事欠きません。Specific（具体的な）、Measurable（計測可能な）、Achievable（達成可能な）、Relevant（関連性のある）、Time-bound（期限がある）の頭文字を取って SMART なゴールとか、Collaborative（協調的な）、Limited（範囲が限定されている）、Emotional（感情に訴える）、Appreciable（重要な）、Refinable（洗練できる）の頭文字を取って CLEAR なゴールとか、Objective（目標）と Key Result（主な結果）とか、OKR フレームワークとか、あなたはすでに手にしているかもしれません。このうちどれがいちばんうまくいくかは、数字ベースかストーリーベースかなど好みにもよりますが、やはり、あなたのプロダクトやチームや組織によるところが非常に大きいでしょう。SMART と CLEAR の比較を雑に眺めただけでも、自分のチームだったらたとえば「計測可能な」ゴールと「感情に訴える」ゴールのどちらを受け入れるだろうかと考えるのに役立ちます。

　私は自分の仕事については、OKR フォーマットを好むようになりました。定性的なスローガン（Objective、目標）と、正しい方向に進んでいることを示す定量的な尺度（Key Result、主な結果）の両方が使えるからというのが主な理由です。簡単な例を挙げると、フィンテックのスタートアップなら、「複雑な金融商品へのアクセスを民主化する」が定性的な目標で、「この四半期中に 1,000 人の新規ユーザーを獲得する」が目標に向けて順調に進んでいることを示す計測可能な結果です。

　OKR フォーマットについてもっと学ぶには素晴らしい情報源がたくさんあります。そのなかで私が特に好きなのはクリスティーナ・ウォドキーの『OKR（オーケーアール）』（日経 BP、原書 "Radical Focus" Cucina Media）という本です。ウォドキーが生き生きとした語り口で詳細を書いたのは、OKR を取り入れたときにチームがはまるよくある落とし穴についてでした。そこで強力な事例をもとに証明しているのは、ゴールが明確で十分理解されているときの、引き算する力と集中する力についてです。

　当然ながら、ゴールを OKR に統合するだけでは、あなたにとってもチームにとっても今後それが役立つかは保証されません。チームのゴールの究極の評価基準は、あらかじめ決められたフォーマットやフレームワークに適合しているかどうかではなく、チームの戦略と連動した良い意思決定ができるようになるかどうかなのです。

10.3　優れた戦略と実行は不可分だ

　ゴールや達成目標を自分たちの達成したいアウトカムをとらえる方法と考えるのであれば、アウトカムを達成しようとする方法が戦略だと考えられます（これは私の言う戦略の定義と同じくらい具体的なものであり、そこも触れたい話題です！）。

　私が好む戦略論はアダム・トーマスというプロダクトリーダーのもので、彼は戦略の目的をチームがより適切な意思決定をできるようにすることだと説明しています。私はこの説明が大好きです。戦略はチームや組織によって違って見えますし、そうあるべきと解釈できるからです。しかし、最終的には現場の人たちが良い意思決定をするのに役立たなければ、それは本当の「戦略」とは言えません。

　実際に、戦略に関してプロダクトマネージャーがやりがちな唯一最大の過ちは、戦略をチームの日々の職務実行とは別々のつながりがないものかのように取り組んでしまうことです。「戦略的な」話ができるようになるためのキラキラした勲章を目の前にぶら下げられたとき、多くのプロダクトマネージャーがこの罠にはまっていきました。自席に向かい、Google で「優れたプロダクト戦略」を調べたありったけの検索結果を寄せ集めて、「世界一の包括的戦略プレゼンテーション資料」にまとめようとします。何日もかけてこのプレゼンテーション資料を作ります。何週間も、何か月もかけることもあります。完成するころには、「戦略的な」プロダクトマネージャーがうまくやるべきすべてのことがまとまったハイライト集のように思えます。フレームワークがある！ 財務モデルも！ ユーザーペルソナも！ さらに、聴衆に混じっている**影の権力者**に向かって、「やるべきこと」はわかっているとうなずいてみせます。何か重要なものが欠けていたからといって、このプレゼンテーション（もしくは発表者）を誰も非難できなくなったことは間違いありません。

　そして案の定、このプレゼンテーションは幹部に大ウケします。幹部は真剣にうなずきながら、「プロダクトマーケットフィット」とか「イノベーション」についての質問をたくさんします。幹部のフィードバックはそれぞれ熟慮の末に取り入れられ、最初に 10 ページだった戦略資料はあっというまに 20 ページになります。更新された資料が次の超重要戦略会議で発表されると、誰もが喜んでいるように見えます。

　幹部お墨付きの戦略資料が、超重要会議という空気の薄い山頂からプロダクトチームで働く労働者の手に落ちてきたとき、現実的な問題が発生します。結局、問題はプロダクトチームで顕在化するのです。この仮想プロダクトマネージャーが「戦略資料を作るのに忙しすぎて」やりとりできなかった相手もプロダクトチームです。プロダクトチームがプロダクトをマーケットに届け、同じように、ビジネスにアウトカムを

もたらします。「で、実際この手の問題にはどう対処したらいいんだろう？」という冷めた光に照らされると、「世界一の包括的戦略プレゼンテーション資料」だったものが、まとまりのない、ビジネス用語を寄せ集めた委員会謹製の、ややこしい図表や希望的観測だらけの代物に見え始めるのです。

戦略的な仕事は重要で、外部から注目を集めます。これによって、あなたはチームから引き剥がされる恐れがあります。でも、戦略と実行を常に結び付けておくことがあなたの仕事です。優れたプロダクトマネージャーは、戦略と実行が 1 枚のコインの表と裏のように切っても切り離せないことを知っています。そして、チームの日々の意思決定の指針にかなり強い影響を持たせる方法として、戦略を重視しています。しかし同時に、戦略がどれだけ包括的で形式上素晴らしいものであっても、自分たちの日々の意思決定とつながっていなければまったく使い物にならないことも理解しています。

実践的には、不完全で未完成な戦略文書をチームに持ち込み、一緒に「試乗」して、日々の意思決定の役立つ指針になるかを見てみるとよいということでもあります。そうすれば、Medium に書いてあるようなイケてる戦略フレームワークは、実際には抽象的で複雑すぎて、チームが差し迫った現実世界の質問に答えるのには役立たないことがわかります。さらに、実際チームにとって必要なのは、あなたが考えたり恐れたりするよりももっとシンプルで端的な戦略であることがわかるでしょう。

「ニーズの階層」を作り戦略と実行の階層に優先順位をつける

J・W

プロダクトマネージャー、1,000 人規模の SaaS 企業

何か月か前、気づくと私は、エンジニアとデザイナーの部門担当者とのあいだで、何をどう作るべきかについて、別物とは言え関係なくはない話し合いを山のようにしていました。チームリーダーの会議では、ゴールと戦略に関するざっくりした質問と、人員配置とチームのプロセスに関する戦術的な質問の両方が飛び交っていました。話題が混ざってぐちゃぐちゃで、立ち往生せずに前に進めることは困難になっていました。

話題を整理してくれることを期待して、私はチームのプロジェクトマネージャーに連絡しました。社内で何度も複雑な難問に挑戦してきた経験のある人

でした。チームとして下す必要のあった最重要の決断について、一緒に確認作業をしました。当然ながらそれは、「どんなゴールに向けて取り組むべきか？ そのゴールを達成するために何をすべきか？」に集約されるものでした。そこから、私たちは「ニーズの階層」（**図10-2** 参照）を作りました。極めて重大な優先順位づけの質問に答えるために、自分たちにとって何がいちばん重要かを洗い出し、見える化したものです。

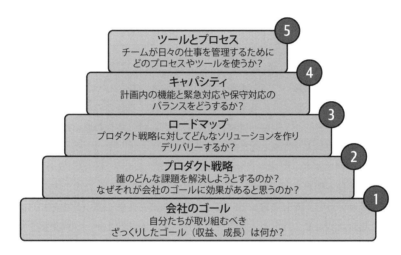

図10-2　プロダクトの意思決定のための「ニーズの階層」

　「ニーズの階層」が見える化されたことで、チームは、自分たちの待ち状態を解消し前に進めるためにいちばん重要な情報が見つけやすくなり、総合的に扱えるようになりました。目に見える階層構造が整ったことで、ロードマップや人員配置やプロセスに関する会話を保留し、全社的なゴールの理解を深めチームのプロダクト戦略を作ることに集中できました。**重要な意思決定に必要なこういった階層の異なる情報を見える化し優先順位をつけることで、自分たちの時間の使い方や取り組みの仕方が改善され、最終的には待ち状態はなくなり勢いをつけることができました。**

10.4　優れた戦略はシンプルで明快だ

リチャード・ルメルトの古典的名著『良い戦略、悪い戦略』（日本経済新聞出版版、原書 "Good Strategy/Bad Strategy" Profile Books）の冒頭にある説明は、戦略に関する記述では私がいちばん気に入っているものかもしれません。「良い戦略は必ずと言っていいほど……単純かつ明快である。パワーポイントを使って延々と説明する必要などまったくない」というものです。

最近私はこれを目的として、プロダクトチームとあるエクササイズをやってみました。そのチームはプロダクト戦略を定義しようと1か月近くかけていました。すでに見た目の素晴らしい図表やフレームワークからなる20枚のスライドがありましたが、「プロダクト戦略を正しく実行する」ことができているかわかっていませんでした。そこでチームにお願いして、戦略は書いてあるとおりとした上で、それを使って個々人に今後数週間か数か月のうちに作ろうと考えているもののバックログに優先順位をつけてもらいました。戦略が効果的なものであれば、多少の違いはあれど全員の優先順位づけは同じようになると説明しました。

ところが、プロダクトマネージャー、エンジニア、デザイナーからなるたった10人程度だったにも関わらず、2つのまったく別のパターンが現れたのです。あるエンジニアが「悪いけど、新規顧客にとってどれがいちばん価値が高いかなんて、はっきりわかりそうなもんですけどね」と言いました。沈黙が訪れます。プロダクトマネージャーは決まり悪そうに「既存顧客を第一優先に作ろうとしてるんじゃなかったでしたっけ？」と反応しました。

驚くべきことに、プロダクトマネージャーは、プロダクト戦略を「正しく」やっているかどうかに夢中になっているあまり、このような基本的な質問に答えることを忘れてしまうことがあります。経験上、すぐに使えるプロダクト戦略は、「ユーザーは誰？」、「解決しようとしている課題は何？」、「私たちがその課題を解決するにふさわしい会社である理由は？」といった、単純な質問に集中的に答えられるものになっている傾向があります。

これらの質問にまとめてシンプルに回答することが、プロダクトチームにとって良い出発点になります。たとえば、音楽配信会社でアルゴリズムによるプレイリストを作っているチームで働いていることを想像してください。あなたのチームの仕事は、自社の持つ膨大なデータを活用してプレイリストを自動生成し、ユーザーに提供することです。ところが、それだけでは**どんなユーザー向けに**プレイリストを作っているのかわかりません。そもそも、なぜプレイリストが必要なのかもわかりません。もっ

と具体的なプロダクト戦略がなければ、チームは自分たちがどんなものを作るか、ど
う作るかについての日々の意思決定にも苦労する可能性があります。そしておそらく
いちばん重要なのは、**何を作らないか**についてです。

　具体的な戦略が長期的で複雑な戦略である必要はなく、そうあるべきではないこと
のほうが多いです。「ライトユーザーが、類似した嗜好のユーザーのデータを分析す
ることによって、次のお気に入りアーティストを見つけられるようにする」のような
シンプルで端的な戦略があったほうが、良い意思決定ができるようになる可能性が
あります。ほら、注力すべき相手は明確です。ライトユーザーであって、ヘビーユー
ザーではありません（6章のコラム「『ヘビーユーザー』の誘惑の言葉」を思い出して
ください）。そのユーザーに何をさせてあげたいかも明確です。次のお気に入りアー
ティストを見つけることです。そして、自分たちがそれをするにふさわしい会社であ
る理由も明確です。類似したリスナーの豊富なデータによって、非常に上質なリコメ
ンデーションができるのです。チームや会社のゴール（と収益化モデル）に応じて、
この戦略があることによってチームが収益や定着率などの主要指標に影響を与えやす
くなると考える理由やその方法について、例を挙げて説明しやすくなるでしょう。

　さて今度は、同じ音楽配信会社で**プレイリストの編集チーム**で働いているところを
想像してください。チームの仕事は、プロダクト全体で目立つように、高品質なプレ
イリストを手作業でキュレーションすることです。ここでもまた同じですが、「編集
者の専門知識を活用して、ヘビーユーザーに高品質で共有可能なプレイリストを提供
する」のようなシンプルな戦略があるとよいでしょう。ここでもまた、注力すべき相
手が明確です。ヘビーユーザーです（この場合は、知り合いとプレイリストを共有す
ることの多いユーザーだと定義されている可能性が高いです）。そのユーザーに何を
させてあげたいかも明確です。高品質なプレイリストを共有することです（これが**ど
の程度望まれているか**は議論の余地があり、しっかりとユーザーリサーチで裏付けら
れているとよいでしょう）。そして、自分たちがそれをするにふさわしい会社である
理由も明確になっています。編集の幅広い専門知識を持っているからです。繰り返し
になりますが、チームや会社のゴールに応じて、この戦略があることによってチーム
が新規ユーザーの獲得などの主要指標に影響を与えやすくなると考える理由やその方
法について、例を挙げて説明しやすくなるでしょう。

　もちろん、これらはあくまで理論的な例です。チームが良い意思決定をする上で、
あなた自身の戦略が実際に役立っていることを示す兆候を紹介します。

チーム全員があなたの戦略を 1 行か 2 行で暗唱できる

「チームの戦略は何ですか？」というよくある質問への回答で、私がいちばん嫌いなのは「資料に従っているだけです！」というものです。あなたの戦略が 1〜2 行にまとまらないほど複雑なら、チームが重要な意思決定を行う際に、それについて考えが及んでいる見込みは非常に低いです。

あなたの戦略は何を作らないかを決めるときに役に立つ

多くの場合、詰め込みすぎで複雑すぎる戦略は、特定のユーザーペルソナや課題にコミットすることへの心理的抵抗が大きいことの表れです。あなたの戦略がどんなユーザー向けにどんな機能を作るにもそれなりの説得力を持つものなら、それはあまりいい戦略とは言えないかもしれません。

しばらくするとあなたの戦略が古臭く思えてくる

あなたの戦略が顧客とマーケットを理解した上で本気で推進され、顧客やマーケットの変化に追随するために本気で一生懸命やっていくなら、戦略の更新が明らかに必要になるときがきます。これは決して悪いことではありません。実際、おかしなほど長い時間あなたの戦略が変わっていない場合は、その戦略はあまりにも世界から切り離されすぎて、チームや会社の成功には役立たない可能性が高いです。ユーザーペルソナに沿って、定期的に戦略を見直し、陳腐化しないように気をつけましょう。

プロダクト関連のキャリアが長くなると、少数のユーザーペルソナや小さな課題にコミットすることは、ページを追加したりフレームワークを追加したりするよりよほど難しいことがよくわかると思います。しかし、あなたの戦略が手短で鋭く集中的であればあるほど、有意義なアウトカムをビジネスとそのユーザーに届けられる可能性が高まるのです。

10.5　わからないなら例を求めよう

誰かにあなたの戦略やビジョン、ミッション、達成目標を尋ねられたときに、相手の求めるものが心の底からわからないことが、あなたのキャリアのなかでこの先 3 回は間違いなくあるでしょう。私の経験から言えば、こういった場面でいちばん生産的なのは、相手に例を 1 つか 2 つ挙げてもらうことです。曖昧な質問に対して素晴らしい回答になりそうなものを急いで取り繕うよりも、このように答えましょう。「あり

がとうございます。はい、実は、次の四半期に向けてチームと一緒にプロダクト戦略を立てるのに夢中になっているんです。組織が違えば戦略に対する取り組みも異なりますし……。これは絶対に役立つぞ、という例は何かありませんか？　あったらお聞きしたいのですが」。スタート地点となる具体例が聞ければ、あなたの組織ですでにうまくいった方法をそこに重ねていきやすくなります。もし相手が戦略やビジョンの具体例を出せなければ、あなたと同じように自分が何を聞いているのかわかっていないだけの場合がほとんどです。そんなときは、具体的でわかりやすい情報を提供することで、相手を助けてあげられる可能性があります。

10.6　まとめ：シンプルに保ち、役立たせよう

　チームが成功するためには、自分がどこに向かうのかをしっかりと把握し、どうやって到達するか計画しなければいけません。しかしあなたの目的地が漠然としすぎていて計画も複雑すぎると、目的地にまったく到達できないこともありえます。あなたのゴールと戦略をシンプルに保ち、何よりもチームと緊密に働き、あなたのゴールと戦略が実際にユーザーのためにものを作る人たちにとって**役立つもの**になるようにしましょう。大げさでイケてる戦略資料は重要そうに思えるかもしれませんが、チームの意思決定を良くするために必ずしも役立つものではないということは覚えておきましょう。

10.7　チェックリスト

- **ビジョン**、**ミッション**、**戦略**、**達成目標**のような用語の、唯一正しい規範的な定義を求めるのは諦めましょう
- これらすべての大げさでイケてる言葉は、目指しているゴールがどこでどうやって達成しようとしているかをチームが理解しやすくするために存在することを忘れないでください。集中を切らさず、シンプルに保ちましょう
- アウトカムとアウトプットはつながっているシステムで、どちらか一方の選択ではないと考えましょう
- アウトプットに対するチームの裁量と自由度を上げたいなら、達成したいアウトカムといつまでに達成するかのスケジュールをもっと具体的にしましょう
- SMART なゴール、CLEAR なゴール、OKR など、いくつかのゴール設定のフォーマットやフレームワークを試して、いちばんチームに合うのは何かを確

かめましょう

- 戦略と実行を別のもの、あるいは実行より重要なものとして戦略に取り組みたい衝動を抑えましょう。戦略と実行はいつでも密接に結び付けておきましょう

- ゴールと戦略をできるだけ早い段階でチームと一緒に「試乗」しましょう。実際にチームが良い意思決定をする助けになるかどうかを確認しましょう

- 戦略は、資料やドキュメントを参照しなくても、チームの誰もがすばやく簡単に暗唱できるように、シンプルで端的なものにしておきましょう

- 「ビジョン」や「戦略」について誰かに尋ねられたときに意味がわからなければ、いくつか例を挙げてもらうようにしましょう

- 本章を読むのは終わりにして、さらっと汚くていいのでチームのゴールと戦略についてラフにメモしましょう。続きはみんなでワークショップをしましょう。冗談抜きで！

11章
「データ、舵を取れ！」

　最近は、誰もが「データドリブン」な（少なくとも「データにもとづく」）プロダクトマネージャーになりたい、あるいは採用したいようです。お好きにどうぞ。プロダクトマネージャーにとって「データドリブン」とは「曖昧に定義された人間的な柔軟さに満ちたこの役割のなかで、**真剣にデータビジネスをする方法**を知っている」の便利な略語になります。そして、採用責任者にとっては「どんなミスも起こすな」の略語になります。何か問題でもありますか？

　真剣に考えれば、ユーザーやプロダクト、マーケットのデータから学ぶものはたくさんあります。ゴールがどこに向かおうとしているかを見せてくれて、戦略がどうやってそこにたどり着くかを決めるのに役立つなら、データは今自分たちが実際に適切な道を歩んでいるのかどうかを知るのに役立ちます。もちろん、そのためには「適切な道」があなたのプロダクトとチームにとって何なのかを知っている必要があります。プロダクト関連のキャリアのなかで、必要だと思うデータへのアクセスができないときや、アクセスできるデータがあまりに多く、意思決定が不可能に思えるときもあります。これらの状況にうまく対処するには、何のデータが自分にとって重要なのか、なぜ重要なのか、どのような意思決定に役立つのか、といったことに対してしっかりした見解を持たなければいけません。

　本章では、舵を手放すことなくデータを活用できるよう、ツールセットに依存しない大まかな方法を紹介します。

11.1　「データ」という禁句をめぐるトラブル

　まずは**データ**という言葉を見ていきましょう。この言葉は、いろいろなことを表現するために使われます。理屈では、データとは定性的、あるいは定量的に客観的な情

報を表現することです。実際には、情報から導かれる結論や、データのフィルタリングや構造化の表現もしくは可視化、あるいは「数字やグラフっぽい形式で表現されたもの」などを表すものとして**データ**という言葉は使われています。データという言葉は、一般的かつ日常的に使われるため、それが実際に何を表現しているかほとんど明確にしませんが、確実さや厳密さの印象を手軽に与えることができます。**データ**という言葉は、具体性がなくとも権威性を持つので、それが役に立つのと同じ理由で危険であるとも言えます。

そのため、本当のデータドリブンな手法を取り入れたいプロダクトマネージャーに「**データ**という言葉を一切使わないでください」とよくアドバイスします。特定の情報について話しているのであれば、その情報について説明してください。その情報にもとづいた結論について話しているのであれば、その結論とどうやってその結論に至ったのかを説明してください。

たとえば、やや仮定的な「データによると、ミレニアル世代が私たちの価値提案に高い受容性を示しています」という文章について考えましょう。これを「私たちが実施したメールアンケートの結果によると、ミレニアル世代が私たちの価値提案に高い受容性を示しています」と言い換えることを想像してください。まだ明確にする必要のある点（その価値提案とは何か？ メールアンケートはどうやって受容性を示している？）がたくさんあります。しかし少なくともこの言い換えは、どんな情報が集められたか、どうやって集められたか、どうやって解釈されたかといった点への会話の糸口をつかむことになります。

もっと一般的な例として、使い古されていてよく誤用をされている「ソーシャルデータ」を「顧客のツイートの感情分析」といった、より具体的で説明的なものに置き換えることを想像しましょう。後者の言い回しはより質問を引き出しそうですが、その質問は情報を利用しやすく、行動にもつなげやすいものになります。「データ」という禁句を使わないことで、情報と仮定を見分けるのが簡単になり、明確で理にかなった予想を立てやすくなります。

11.2　意思決定から始め、それからデータを見つける

10 章で議論したように、ゴールと戦略は、私たちが行う意思決定を力づける以上の価値はありません。それは、データや指標の広い世界においても同じようです。ドミニク・バートンとデビッド・コートによる 2012 年のハーバード・ビジネス・レビュー（https://oreil.ly/RpgVO）の記事では、「必要な情報が全部そろったとしたら、自

分たちはどのような意思決定ができるのか？」という、私が多くのワークショップや
コーチングでの会話で使っている質問を投げかけています。

　この質問に答えるのは驚くほど難しいことがよくあります（数年前に提供したワーク
ショップで、部屋にいたプロダクトマネージャーとデータアナリストが思いついた
最良の答えは「宝くじを買う」でしたが、**役立つ方法ではありません**）。プロダクト
マネージャーが「自分たちの最大の問題は、意思決定のための十分なデータがないこ
とです」と言って、データを使って実際に試みた意思決定の1つを挙げるのにも苦労
することが驚くほど多いのです。重要なデータにアクセスできないことは、確かに実
務に就いている多くのプロダクトマネージャーにとって問題です。しかし、したいと
思っている意思決定から始めると、代わりのデータソースや大雑把ながらも使える
代替の指標、その他自分自身やチームを前進させることが見つかる可能性が高まり
ます。

　想像してください。たとえば、ECの購入体験を改善するタスクを任されたとしま
す。前任のプロダクトマネージャーは、新しい機能の追加に集中するあまり、ユー
ザーがどこでつまずいているかを知るための計測ツールは優先していませんでした。
何をしろというのでしょうか？ ユーザーがどんな体験をしているかわからない状況
で、購入体験の改善にいったいどうやって優先順位をつけるというのでしょうか？

　まずは、実際に着手しようとしている意思決定について、深く掘り下げる時間を少
し取りましょう。チームが改善を検討している購入体験について把握していますか？
把握していないなら、自分でひととおり体験して、いちばん混乱したり落胆したりし
たところを記録したらどうでしょうか？ もしかしたら、組織に実際のユーザーと一
緒に購入の流れを体験したことのあるユーザーリサーチャーがいて、その学びを共有
してくれるかもしれません。

　現在の購入体験をもっと理解するために時間を使ったら、欠けている計測データが
「必須」なものではなく「あればなおよい」程度のデータであることに気づくかもし
れません。購入体験のうち、明らかに作り直しが必要な箇所が1つや2つはあって、
チームは自信を持って優先順位を高くできるでしょう。もしくは、チームにとってい
ちばん意義のある機会は、個々の部分を改善することではなく、全体の流れを再考す
ることだと気づくかもしれません。その場合、粒度の細かい計測データへの過度の依
存は間違った方向に導くでしょう。

　プロダクトマネジメントのキャリアのなかで、欲しいデータを得られないことはい
くらでもあるでしょう。しかし、前に進める方法は常にあります。そして、自分がし
ようとしている意思決定をより深く理解するために時間を使い、定量的か定性的かを

問わず、意思決定に役立つありとあらゆる情報を探し求めることは、その道筋を見つけるのに役立つでしょう。

直感を信じて「見えない」証拠を見つける

ショーン・R

プロダクトマネージャー、B2B広告ソフトウェアのスタートアップ

　私がプロダクトマネージャーとして働き始めたとき、取り組めそうな課題はたくさんありましたが、どこから始めるかの指針はあまりありませんでした。しかし、ビジネス側は、どのような道を進むべきかを示すよう求めていました。私には、プロダクトの方向性や優先順位の意思決定を支える確かなデータを欲しがっているように感じました。

　当時の私たちのインターフェイスは、使えはするものの見栄えはしませんでした。使い方を時間をかけて学ぶ価値はありましたが、使い始めはとても混乱するものでした。私は、シンプルでモダンな、使い勝手の良いインターフェイスにすることで、学習コストを下げ、プロダクトへの親近感を持ってもらえると強く思っていました。しかし、それが適切なアプローチなのかを証明する具体的なデータはありませんでした。これをやるべきだという明確な証拠が欠けているように感じていた私は、この取り組みを提案するのにためらいがありました。

　3か月後、ダッシュボードの改善に取り組む提案にビジネスメンバーはしぶしぶ合意しました。「OK、他に簡単に取り組めるものがないので、前に進めてください」という反応でした。新しいダッシュボードをリリースするまでにユーザーからのフィードバックを受けたところ、シニアリーダーからの反応は「こんな良い効果があるなんて驚きだ！」といったものでした。「だからずっと言っていたじゃないか！」と言いたくなりましたが、実際にはずっと言っていなかったことに気づきました。私は、証拠が欠けているように思っていたことを恥ずかしく思いました。すでにあるデータを探すのではなく、前向きな変化を測るためにデータを使う場合にどのように説明すればいいか、まだわかっていなかっただけなのです。

　この経験から、私は推測から始めて、「この理由で、指標の改善が見込めるのではないかと思います」と言う方法を学びました。何かがうまくいっていること

をどうやって測るのか？ 売上が向上することを期待するのか？ コンバージョンの改善を期待しているのか？ プロダクトマネジメントよりはるかに長く存在する科学は、実験を組み立てるための初期の推測、つまり、最初の仮説や判断の飛躍に依存しています。**本当のデータドリブンの実験では、直感に従い、そのあとで直感が適切かをテストするためのフィードバックループを作るのです。**

11.3　重要な指標に集中する

　一部のプロダクトマネージャーがデータ利用の制約に苦労しているのと同じく、データが多すぎて苦労しているプロダクトマネージャーもいます。現代の分析ツールやダッシュボードは、いつでも最新の情報を大量に提供し、重要そうな指標の重要そうな急上昇や急下降を一日中追跡できます。

　プロダクト関連のキャリアの初期のころ、パターンやトレンドを調べて興味深いところや変則的なところをいつでも見つけられるように、かなりの時間をこういったダッシュボードに張り付いて過ごしました。それこそが「データドリブン」プロダクトマネジメントのすべてだと思っていました。ユーザー登録数の急降下に気づいたら、すぐに直近1週間のマーケティング資料に目を通して、何か問題がないか確かめるようにしていました。たくさんの指標のうち1つでも「ユーザーエンゲージメント」と言えるような指標の急上昇に気づいたら、激励の言葉を添えてチームに知らせていました。時が経つにつれ、ダッシュボードはスロットマシンのように感じられるようになり、勝つために見るようになりました。

　プロダクトマネジメントを賭け事のように扱うことがチームがゴールに到達するためのベストの方法ではないと気づくのに長い時間を要しました。しかし、ダッシュボードにあるすべての数字やグラフがチームのゴールにどう関係しているのか本質的に理解をしていなかったため、やり方を改善するのには苦労しました。どの指標がチームにとって重要なのかを把握する作業をしていなかったため、リーン・スタートアップの著者エリック・リースが「虚栄の評価基準」と呼ぶものを追いかけることに多くの時間を割いていました。虚栄の評価基準は「右肩上がりの何か」、言い換えればチームが良い仕事をしているように見えるものは何でも、と表現されることが多々あります。一方で、プロダクトマネージャーが過剰に時間を使って心配するような負のトレンドの指標もまた虚栄の評価基準と言えます（急落したまったく見当違いの指

標からチームを救うために、私は大胆不敵なプロダクトマネージャーの英雄を演じた
ことが何度もあります）。もし、どの指標がなぜチームにとって重要なのか、強力で
具体的な考えが培われていない場合、**すべての指標**は本質的に虚栄の評価基準です。

この点について説明する古典的な例を紹介しましょう。検索のプロダクトに取り組
んでいるプロダクトマネージャーであると想像してください。あなたは、日次のペー
ジビューが突然下がったのを発見します。これは何を意味するでしょうか？ 何をす
べきでしょうか？

これは、Google のプロダクトマネージャーの採用面接でよく聞かれる質問として
知られていて、そこには理由があります。ユーザーが適切な情報になるべく早くたど
り着けることをゴールにしているプロダクトに取り組んでいるのであれば、ページ
ビューが下がることはよいことかもしれません。ページビューが収益と比例するプロ
ダクトに取り組んでいるのであれば、ページビューの減少は非常に悪いことかもし
れません。チームや組織の全体的なゴールや戦略との整合性によって、同じ指標でも
まったく違う意味を持つことがあります。

指標が具体的なゴールや戦略とどのように関連するかを考え始めると、負のトレン
ドを予想する、あるいは負のトレンドになってほしい指標があることに気づくかも
しれません。たとえば、チームがサブスクリプションの値上げ額の検討を指示されて
いると想像してください。この値上げに応じて、総売上額の向上が見込めます。一方
で、一定数のユーザーはサブスクリプションを解約する可能性も高いです。この「反
方向指標」を事前に特定することで、どれくらいのユーザーを失う覚悟があるか、そ
の数字が予想を超えたときに自分たちが何をすべきかといった、重要な会話をステー
クホルダーと始められるのです。

まとめると、「何を計測すべきか」という質問に万能の答えはありません。自分た
ちのゴールと戦略を調べ、現在地と行き先を理解させてくれる計測可能なシグナルを
解き明かすことに全力を尽くしてください。

11.4 明確な期待を定めるためにサバイバル指標を利用する

プロダクトマネージャーにいちばん頻繁にする質問はおそらく「何を期待していた
のですか？」です。

この質問は、たとえば「今週 200 名の新規ユーザーを獲得しました！」や「新機能
の利用が大幅に増加しています！」といった興奮した報告に対する返事によく使われ

ます。

200 名の新規ユーザーを獲得したといっても、ユーザー獲得に費やした努力の時間と量に応じて、大勝利なこともあれば、惨敗なこともあります。そして、高額な報酬のエンジニアがどれだけの時間を新機能に投下したかによって、利用が「大幅に増加」したとしても、ビジネスにとっては大きな損失が引き続き発生していることがあります。特定のアウトカムが「良い」か「悪い」かは、アウトカムが自分が望んだものなのかを積極的に把握しにいく勇気がない限り、実質的に断言できません。

これは、10 章で議論したアウトカムとアウトプットの一進一退についてのもう 1 つの例と言えます。もし、自分たちが得たいアウトカムをはっきりと特定できていない場合、「ほら、誰かがプロダクトを使ってる！」や「ほら、この機能を予定どおりリリースしたよ！」といった虚栄の評価基準を使って仕事の成功を測ることに逆戻りするでしょう。

最高のプロダクトマネージャーは、事前に成功の見え方について約束するだけではなく、言いづらくても非常に重要な、**失敗の見え方**についての会話も積極的に行います。プロダクトリーダーのアダム・トーマスは、この会話に対峙する方法として「サバイバル指標」（https://oreil.ly/p962F）を提唱しています。サバイバル指標は「成功指標」という非現実的な天井に対して、現実的な底を表現します。たとえば、新機能が 3 か月以内に 1,000 人のアクティブユーザーを獲得することを成功と定めたとします。しかし、この機能への追加投資をする根拠となる**最低限のアクティブユーザー**は何人ですか？ 100 人？ 50 人？ その数字にも届かなかったらどうしますか？

こういった会話は一筋縄ではいきません。でも、150 名の新規ユーザーという結果を受けてこれが良いのか悪いのかを慌てて考えるよりは、新しいプロダクトや機能のリリースの前にこの会話の機会を設けるほうがずっと良いのです。

「データドリブン」プロダクトマネジメントでユーザーから遠ざかる

マートル・P
プロダクトディレクター、400 名の SaaS スタートアップ

数年前、私はユーザー向けのウェブサイトでロードされる機能のパフォーマンス改善を任されたことがあります。エンジニアのパートナーは、1 ミリ秒遅延するごとに直帰率が劇的に増加するという、興味をそそる仮説を持っていました。

　私たちは、ロード時間の遅延を短縮することで、ユーザーの操作を本当に驚くくらい増やせるのだと強く主張しました。それはまるでプロダクトマネージャーが夢見る、「変化を起こし、指標を動かし、ビジネスに大きな勝利をもたらす」シナリオのようでした。

　問題は、この機能はソフトウェアのなかでもかなり古い部分であり、ロード時間のちょっとした改善でも大規模な改修が必要なことでした。何年も一緒に働いていて信頼していたエンジニアのパートナーは、はっきりと「これをやるならゼロから再構築するしかない」と言いました。そこで、この方針を提案し、私たちは4か月かかると見積もりました。これは非常に大きな時間の投資ですが、巨大なインパクトをもたらすので十分に投資に値すると考えました。数名からは良くない案だと言われましたが、近い将来の大きな勝利が見えていたので、うまくいくだろうと思っていました。

　何の驚きもありませんが、4か月のはずだった予定は2年になりました。複数バージョンが存在するコアプロダクトの作り直しは簡単ではなく、着手する前に考えていなかったことがたくさんありました。最悪なのは、この2年間、顧客のためになることを何も提供できなかったことです。**確実だと感じる道を進んでいたのにも関わらず、実際のユーザーが成し遂げたいことを見失ってしまいました。**ミリ秒単位のロード時間がユーザーにとっての問題かどうかを実際に検証せず、理論的に大きなインパクトを与えそうな簡単に計測できることを見つけ、その最適化に取り組むことを決めてしまったのです。

　ふりかえると、この方法がこれほど魅力的だったのは、多くのプロダクトマネージャーがやりたくないと思っている「たくさんの顧客と話す」ことをしないで済んだからです。顧客から実際に学ぶことがいちばん少ない道を選びましたが、これは偶然ではなかったと思います。テレサ・トーレスのオポチュニティソリューションツリー（https://oreil.ly/du5IJ）のように、ユーザーが抱える他に解決できそうな課題を理解し、それから実現可能な解決策を評価するのではなく、魅力的で正当化しやすそうに見えるデータを発見したときに多くの段階を飛ばしてしまったのです。もし進んでユーザーと話をしに行っていたら、多くの時間と苦痛を省けたはずです。

11.5　実験とその不満

「データドリブンの実験」という考え方は現代のプロダクトマネジメントの中心的なもので、そこには正当な理由があります。膨大なリソースと時間を投資して何かを構築する前に、現実のマーケットと現実のユーザーで成功するのかそうでないのかを学ぶため、できる限りのことをするのには価値があります。

理屈では、事実にもとづかない意見や組織内の政治によって対応が決められたかもしれない課題に対して、客観的に解決できるのが実験とされています。でも実際には、まったく逆効果になることがよくあります。実験によって議論を収束させるのではなく、**実験についての議論**を巻き起こし、実験が適切に行われたか、実験結果が本当に重要なのか、そもそも実験自体意味がないのではないかといった激しい論争に発展してしまうのです。

長いあいだ、これがなぜ起きるのか、そしてどう対処できるのかを理解しようとしてきました。そして、いつも素晴らしいティム・カサロラのニュースレター「The Overlap」（https://oreil.ly/oJNk3）で、自分の世界を揺るがすシンプルな記述を目にしました。「価値を証明するな。価値を作れ」（https://oreil.ly/3dXpM）というものです。つまり、ユーザーに対して理論的に価値を提供できることを同僚に証明する目的で実験するのではなく、ユーザーに価値を提供することを目的にして実験するのです。

このシンプルな記述に興味をそそられたので、最近の実験がチームの仕事の流れを変えることに成功したプロダクトマネージャーと、最近の実験がまったくうまくいかなかったプロダクトマネージャーに連絡しました。案の定、明確なパターンが浮かび上がりました。いちばんインパクトを生み出した実験は、**ユーザーに対する価値を作る**というはっきりとした動機にもとづいていたのです。成功した実験の背景にある動機は、「小さなものをリリースし、ユーザーの価値になっているかどうかを判断する根拠を作るために、たくさんの数値を分析する」のではなく、「自分たちがユーザーの価値になると思う小さなものをリリースし、実際にユーザーにとって価値があるかを確かめる」でした。

では、EC の購入体験の改善への取り組みに戻りましょう。このチームのプロダクトマネージャーとして、重要なビジネスのワークフローに大幅な変更を加える前に、チームが適切な方向に進んでいることを確認したいと考えます。そして、購入プロセスの 2 ステップを 1 つに効率化することでコンバージョンを高められると**確信しています**。そのためには、既存の 2 つのステップで表示されている「おすすめ商品」の

位置を移動しなければいけませんが、残念なことにその部分は別のプロダクトマネージャーが担当しています。そのプロダクトマネージャーは、控えめに言っても乗り気ではありません。そのため、効率化したワークフローがコンバージョンの向上につながるか、「おすすめ商品」の利用に影響があるかを確認するため、実験に取り組むことに合意します。

この実験を少数のユーザーに展開し、結果を心待ちにします。期待どおり、コンバージョンは統計的に有意に増加しました！ しかし、おすすめ商品へのクリック数も有意に減少しています。ある意味では、自分ともう1人のプロダクトマネージャーは両者とも「正しい」のです。それぞれの指標が、もう一方より重要であることを説得するための準備に取りかかります。数か月に及ぶ本当の前進を伴わない論争ののち、より抵抗の少ない道がより魅力的に見えるようになります。結局、実験は「結論に至らず」とみなされ、何の変更もなされません。

ここで少し違う方法を選択したとしたらどうなるか考えてみましょう。もう一方のプロダクトマネージャーの強固な反対に直面したとき、一歩引いてユーザー視点で購入体験をもう一度ひととおり見直します。すぐに、なぜ多くのユーザーが「おすすめ商品」にアクセスしているかが明らかになります。それは、購入体験のど真ん中に「おすすめ商品」があるため、かなりの数の誤クリックが発生したためです。放置されたショッピングカートも同じくらいたくさんあるようでした。考えれば考えるほど、おすすめ商品の位置がユーザーに価値を届けているか確信を持てなくなってきます。

そこで、おすすめをクリックしたユーザーの何人が購入を完了したかを調べることにしました。でも、元の例を覚えているかもしれませんが、詳細な計測データはありません。そこで、サポートの人たちに何か共有できるデータがないか聞きます。すると案の定、数名のユーザーが、購入を完了しようとするときにおすすめ商品をクリックしてしまうことへの苦情を寄せていました。ユーザーの期待全般に対する理解を深めるために他のECアプリを調べたところ、おすすめ商品は「ショッピングカート」に表示されていて、購入の流れに入ってから2クリックしたところにはないことがわかりました。これはいい線を突いていそうです。

どうやって話を前に進めるかを考えてから、もう1人のプロダクトマネージャーのところに戻ります。リサーチの結果にもとづいて、おすすめ商品をショッピングカートに移動し、購入体験を効率化することがあらゆる面でユーザーの利益にかなうと説明します。この方法は最終的にユーザー、会社、両方のチームにとっての利益になることを確信しています。どのみち、より多くのユーザーが購入処理することは、おすすめ商品を含め、会社の商品をより多く買うことだからです。コンバージョンこそが

最終的に**両チーム**にとっていちばん意味のある指標だと理解した上で、ショッピングカートと購入体験の改善がコンバージョンの向上を実現するかの実験を提案します。しぶしぶ、もう1人のプロダクトマネージャーも同意します。

この実験には計画よりもう少し時間がかかり、自分のチームとおすすめ商品のチームとの協力も簡単ではありません。しかし、少数のユーザー向けに公開した新しい体験は、最終的に、あらゆる点でユーザーへより価値を届けると信じられるものです。案の定、コンバージョンは統計的に有意に向上しています。一方で、おすすめ商品の利用についてはわずかではあるものの無視できない減少があります。しかし今回は、もう1人のプロダクトマネージャーはすぐに実験が失敗したと力説することはありません。いちばん意味のある指標について事前に同意を得ていましたし、実験ではその指標が有意で疑いようのない影響を与えているようです。実験ではおすすめ商品チームとの連携もしていたので、成功を共有できます。そして、**2人は一緒に**経営陣のところに行き、実験結果を見せながら、より多くのユーザーにこの新しい購入体験を展開すべきだと強く提案します。

この例が示すように、実験の前後のコミュニケーションの方法は、多くの場合、実験そのものより重要です。要するに、誰だって何かを「証明」されることを好むわけがないのです。ユーザーに本当の価値を提供するものを作れば、政治的な行き詰まりの解消や勢いをつけることもより簡単になります。もし最善を尽くして作ったものが価値を提供できなかったとしても、チームと一緒になって自分たちの誤解や思い込みについての理解を深め、将来本当にひどい結果になることを防げます。

世界でいちばん無意味な A/B テスト

G・L
プロダクトマネージャー、消費者向けテックスタートアップ

プロダクトマネジメントのキャリアの始めのころ、アプリ上のボタンの色と位置でデザイナーともめたことがありました。私たちは小規模なデザイン変更の途中で、現状のボタンの形のほうがデザイナーが提案した更新版よりも魅力的だと確信していました。良い「データドリブンのプロダクトマネージャー」はこういった意見の不一致をデータと実験で解決することを知っていたので、簡単なA/B テストを提案し、デザイナーも同意しました。

　こういったテストをするためのとても良いシステムがしっかり整っていたので、全部の準備をするのに1日もかかりませんでした。数週間後、テストの結果を確認したところ、とてもショックなことに、自分が完全に間違っていたことがわかりました。デザイナー案のほうが良い結果を出しただけではなく、「統計的に有意」だったのです。ですので、私は彼女が提案した修正をすぐにリリースしなくてはいけないと理解しました。

　慎ましい気持ちで彼女のデスクに歩いていくと同時に、実際のユーザーデータを使って議論に決着をつけた自分に誇りを感じてもいました。彼女は笑って、「あ、はい、そうですね。結果を確認しましたが、これについてはそのままにしておいて、別のことに取り組むのがよいと思います」と言いました。えっ？ そして、「いいですか、結果は統計的に有意かもしれませんが、全体としてこのボタンの利用はそれほど多くありません。アプリのなかのごく一部ですし、ここの調査にすでにかなり多くの時間を割いていることを考えると、どこか他の場所で自分たちの時間を使ったほうがよいと思います」と続けたのです。

　このデザイナーはとても大切な教訓を授けてくれました。テストが「統計的に有意」な結果をもたらしても、それがビジネスやユーザーにとって重要というわけではありません。**「科学的」であることにこだわるあまり、全体像を見失っていました。ビジネスとして必要なより大きな成果に向けて前進することより、計測可能でテスト可能なことに集中していました。**今では、まずは機会の大きさから考え始めることにしています。何人のユーザーがこれを実際に使っているのか？ そしてそれにはどれくらい意味があるのか？ それが大したことがないなら、「データドリブン」な実験は本当に無意味なエクササイズになるかもしれません。

11.6　「説明責任」から行動へ

　多くの組織では、プロダクトマネージャーに特定の指標への具体的な変化を起こすことに責任を持たせることで、「説明責任」を負わせようとしています。理屈では、これによってプロダクトマネージャーがアウトカムに優先順位をつけ、プロダクトと会社を適切な方向へ進めることに集中できるとしています。

　しかし実際には、これが完全に裏目に出ていることがよくあります。数値目標の責

任を直接負わされたプロダクトマネージャーは、目標が達成できないと感じたとき、目標自体を放り出してしまいがちです。たとえば、新規ユーザー獲得の増加をあるパーセンテージ分増加させることに責任を持っているときに、競合が自分たちのマーケットシェアを削るプロダクトをリリースしたら、ただ指をくわえて見ていることしかできず、辛い四半期レビューに備えるだけかもしれません。実際のところ、自分を評価する指標が「成功の地」にまっすぐ向かっていると早い段階で気づいた場合も関与をやめることがあります。

そこにプロダクトマネージャーのデータドリブンな「説明責任」を取り巻くいちばん厄介で困難な難問があります。**自分ではコントロールできないものに対してどのように責任を持たせられるのでしょうか？** ここまで議論してきたように、ビジネスにとっていちばん意味のあるアウトカムはユーザーの行動やマーケットの動向によって決まりますが、それらは両者とも気が狂いそうになるほど複雑なシステムです。これらのシステムの変化をたとえば新機能のリリースといった、1つの要因に起因すると考えるのは不可能です。とは言え、10章で議論したように、自分たちの仕事がゴールに対してどのような影響を与えるかが曖昧で計測しづらくても、プロダクトマネージャーとチームは具体的な目標を持つことが重要です。

では、具体的な定量的目標と、これらに直接的に影響を与える能力が常に非線形で曖昧であることへの理解とのあいだで、どうバランスを取るのでしょうか？ これは難しい質問で、明確で包括的な答えはありません。大まかに言うと、プロダクトマネージャーの指標ドリブンな説明責任は、特定の定量的目標を達成することではなく、**定量的目標に沿ったチームの行動に優先順位をつけることであると明示的にとらえ直す**のが良さそうだと気づきました。通常、これを6つの責任に分けています。

- どの指標を見ていて、それらがどうやってチームや会社全体のゴールとつながっているか知ること
- 指標に対して、明確で具体的な目標を持つこと
- 指標に今何が起きているのか知ること
- 指標を動かす内在的な要因を特定すること
- どの内在的な要因に対して自分とチームが効果的に対応できるのか決定すること
- 対応について優先順位づけされた行動計画を立てること

全体を見ると、これらの6つのポイントは、これらのゴールが良い話か悪い話かに

関わらず、プロダクトマネージャーをチームのゴールに関わらせ続けるのに役立ちます。自分が責任を持っている数字が良い方向に動いていたとしても、それがなぜなのか、何をしたらよいのかわからない場合は、プロダクトマネージャーとして仕事をしているとは言えません。また、責任を持っている数字が悪い方向に動いていたとしても、なぜなのか理解し、行動計画を立てる時間を作っているのであれば、プロダクトマネージャーとして仕事をしていると言えます。

11.7　まとめ：近道なんてない！

データドリブンのプロダクトマネジメントという概念は、まるで魔法のように、心配やリスクと無縁の世界を約束するように思えます。よく考え、徹底的に使うのであれば、データはユーザーやプロダクトを理解するための重要なツールになりますが、代わりに仕事をしてくれるわけではありません。最終的な責任は、意思決定すべきことを理解し、その意思決定に役立つ最善のデータを見つけ、組織にある絶望的に定性的な人間関係に向き合って、実際の意思決定を下すことにあります。

11.8　チェックリスト

- データドリブンな手法であっても、優先順位を決めたり意思決定をしたりすることは引き続き必要であることを認識しましょう
- 特定の情報を一般化するために**データ**という言葉を使わないでください。その情報が何か、どう集められたのかに言及しましょう
- チームにとってどの指標が重要なのか、それがどのように自分のゴールと戦略につながっているのか明確な視点を持ちましょう
- プロダクトのリリースや計測可能な結果を伴うアクションをする前に、何が起きると**期待しているか**明確にしましょう
- 「サバイバル指標」と成功指標を組み合わせ、どのようなアウトカムが新しいプロダクトや未来への継続的な投資を正当化するのか、前もって話してください
- 実験は自分を証明するためにではなく、ユーザーへの価値を作ることを目的としましょう
- 成長や収益といった上位のビジネスアウトカムへの自分の仕事のインパクトは、常に定量化が難しいことを認識しましょう
- 具体的な定量的目標や対象をチームの取り組みの優先順位をつけるために利用

し、プロダクトマネージャーとしての個人の成功や失敗を評価するために使わ
ないでください

12章
優先順位づけ：
すべてのよりどころ

　ここまで触れてきたように、重要な意思決定を下すことを避け、守りに入る方法はいくらでもあります。重厚長大なパワーポイント資料を作ったり、「ミッション」と「ビジョン」の違いについての激論を交わしたり、「もっとデータを！」と言いながらダッシュボードに没頭する手もあります。

　しかし遅かれ早かれ、チームと協力して答えるべき重要な質問があります。何を作りますか？　そのうちどこまで作りますか？　どうなったら成功だと思いますか？　作るべきでないのは何ですか？　もっとはっきり言えば、切り捨てるべきところはどこですか？

　このような質問は、広義の「優先順位づけ」をしているときに、よく頭に浮かびます。これはチームと膝を交えて、これから次の区切りまでに何をするかを考えるときです。現行のバックログからユーザーストーリーを持ってくる場合もあれば、チームと一緒に新しいアイデアを見つけて詳細を調べることもあるでしょう。しかし何をするにせよ、どこかで重要な意思決定をしなければいけません。あなたの望む信頼度と確度をもって意思決定を下せるほど、十分な情報が得られたと感じられることは絶対にありません。

　この優先順位づけの過程で、ゴール、戦略、指標、実験結果、単にこれまで話してきたことすべてが1か所に集められます。あなたにとっては残念なことですが、それぞれが思い描くものはまったく一貫性がなく、ややこしくて矛盾しているかもしれません。ここでもまたプロダクトマネージャーは、優先順位づけが「正しく」行われていることを保証してくれるようなフレームワークに頼ってしまいがちです。ところが優先順位づけのフレームワークはどれも曖昧さを含んでいて、あなたがチームの目指す先とそこへの行き方をわかっていない限り、完全に失敗に終わります。インパクトエフォートマトリクスを用いるのであれば、ゴールが不明確なのにどうやって正確に

インパクトを定義できるのでしょうか？ MoSCoW 分析（M は「Must have」つまり必須）を用いるのであれば、誰のためのプロダクトかもわからないのに何をもって「必須」とするのでしょうか？

どのフレームワークを使いどれだけ準備しようと、優先順位づけの過程では、重要な質問への答えがないことやゴールが思っていたより明確でなかったことに気づく瞬間が必ずあります。形式的な優先順位づけフレームワークやプロセスはさておき、本章では、物事を前に進め、最善の意思決定を下す方法について目を向けます。

12.1　層になったケーキをひと口食べる

優先順位づけの意思決定をするにあたっては、会社、チーム、プロダクト、ユーザーのゴール、戦略、指標など、さまざまな層やレベルに留意しなければいけません。理論上、すべての層は目的に沿ってきれいに並びます。でも現実には、ぐちゃぐちゃな層がたくさんある巨大なケーキのような見た目をしていることのほうが多いです（**図12-1** 参照）。ケーキのすべての層が必ずしも美味しいわけではなく、すべての層が隣り合った層を引き立てているわけでもありません。甘くてふわふわの層もあれば、パサパサでボロボロの層もあります。ひと口食べるときにどの層を含めるべきかを決めるのが、意思決定を下すあなたの仕事です。

会社が大きいほど、層になったケーキは背が高く扱いにくいものになりがちです。会社が小さいほど、ぐちゃぐちゃでぎっしり詰まったものになります。ひと口では完璧というわけにはいきませんが、それでも毎回必ず、できる限り最高のひと口にしなければいけません。

例として、明瞭な収益目標とユーザー成長目標があり、それに加えてしっかりした戦略的構想があって、それらが組織に行き渡っている大企業で働いていることを想像してください。全員が参加するさまざまな会議での発表内容にあなたはウンウンとうなずきますが、自分のチームの次の四半期の仕事の優先順位を発表する番になると、話をまとめるのに苦労することになります。その構想は、刺激的で説得力のある言葉で表現されてはいるものの、会社の利益目標に直接つながっているようには見えません。会社の中核プロダクトに変更を加える案を考えていましたが、構想はすべて新規プロダクトや新機能に焦点を当てているようです。さて、あなたはどうしますか？

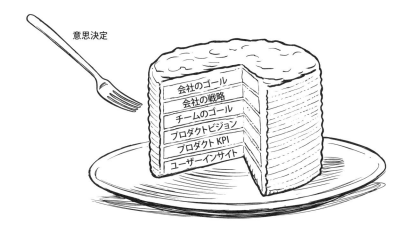

意思決定

会社のゴール
会社の戦略
チームのゴール
プロダクトビジョン
プロダクト KPI
ユーザーインサイト

図12-1　ゴール、戦略、インサイトなどの層からなるケーキ。何を作るか、どう作るか、どのくらい作るかの意思決定がそのひと口を決める。

　手短に言えば、ベストを尽くすのです。できるだけすべての層を見ましょう。ざっくりしたところでは会社全体のゴール、下は特定のユーザーインサイトやプロダクト指標までです。そして、あなたの会社やユーザーにとってのいちばん美味しいひと口をすくいましょう。たとえばプロダクトの計測データを見て、突き詰めれば、中核プロダクトに対する変更のほうが、会社の利益目標にとっても自分たちの四半期のOKRにとっても結果が出やすいと確信できたかもしれません。この場合は、経営陣に「会社の中核プロダクトの改良を優先することにしました。それが自社の利益目標に最も直接的に貢献できると考えたためです。これは、収益とリテンションを促進するために、既存顧客に対してできる限り最高の体験を生み出すという、私たちのチームのOKRにも沿ったものです」などと主張することでしょう。

　あるいは、競合分析をしてみたら、会社全体で取り組んでいなかった新しいユーザーセグメントに注力するという、非常に興味深い機会が見つかるかもしれません。**チームが新規顧客**のための新しい解決策探しに集中することは、会社の戦略構想にも全体的な成長目標にもしっかり沿うことができます。この場合は、経営陣に「私たちの中核プロダクトで対象にしていなかった新規顧客セグメント向けの解決策を理解して開発することにします。これは会社の戦略構想にも沿ったもので、最終的には会社の成長目標にもプラスの効果をもたらす自信があります」などと主張することでしょう。

どちらのやり方も基本的には正しいとも間違っているとも言えません。いつでもそうですが、自分が持っている情報が不完全で矛盾したものであったとしても（それが普通です）、その情報だけで最善の意思決定を下す能力が試されます。

12.2　どの意思決定もトレードオフ

Netflix にログインするたびに、「マット」か「キッズ」のどちらのアカウントを使うか聞かれます。私には子供もいないし、私が Netflix に会員登録してからのこの 10 数年、キッズユーザーに私のアカウントを使わせたこともありません。それなのになぜ、寝落ちするまでのあいだに『ホント？　これってケーキなの？』の最新話を見るために、この余計なひと手間をやらなくてはいけないのでしょうか？

情報開示しておきますが、私は Netflix のプロダクトマネージャーを今に至るまでやったことはありません。しかし、私が黙ってリモコンの決定ボタンをもう 1 回押すように言われているときより、私の知り合いの親御さんたちが、自分の 8 歳の子供がドラマ『イカゲーム』にふけっているのを発見したときのほうが、ものすごく動揺するであろうことは自信を持って言えます。

この、今やどこでも目にするようになった方式は、プロダクト開発の根本的な真実の良い例です。どの意思決定もトレードオフなのです。ある種類のユーザーのために新しい機能性を追加すると、別の種類のユーザーをイライラさせる可能性が高まります。余計と思われた手順を取り除いて流れるような体験にすると、手順がなくなって寂しいとうるさく文句を言う人もいるかもしれません。そして、チームの膨大な時間とエネルギーを費やしてワクワクしそうな新規機能を作り込んでも、その機能はつぎ込んだコストを正当化するには程遠いものになるかもしれません。

ここでは、これらのトレードオフに慎重かつ効果的にあたるためのヒントを紹介します。

小さく始める

たいていの場合、意思決定が良い結果になるかどうかは、**やってみないとわか**りません。そのため、フィードバックをもらって軌道修正できる程度に小さなステップで優先順位づけをしたほうが良い結果になることが多いです。ここで非常に有効なのは 11 章で触れたようなある種の実験であり、多くのアジャイル開発フレームワークが課しているようなタイムボックスや決まりごとを使ってみるのも手です。

さまざまなユーザーセグメントやペルソナを念頭に置き、そのニーズに合わせて優先順位づけする

上の例が示すように、ユーザーセグメントやペルソナによってニーズやゴールは異なり、一方に役立てばもう一方が不満を抱えることはよくあります。たとえば、数は少ないけれど単価の高いヘビーユーザー向けの機能は、数が多く単価の安いライトユーザーの体験を悪くするかもしれません。どちらのセグメントを優先するか、そしてどのようにそのニーズに応えるか見当をつけるには、大きくてぐちゃぐちゃな層になったケーキからぐちゃぐちゃのひと口をいくつか取り出してみなければいけません。

さまざまなユーザーセグメントやペルソナの観点から考えることで、あなたの下す意思決定のマイナス面を軽くできます。たとえば、現在の行動や好みにもとづいて、ある一部のユーザーに新しい変更を適用できるかもしれません。一般的には、「全員」の妥協点を見つけようとするより、特定のユーザーの特定のニーズを考えたほうがよいとされています。

仮説は文書化しておく

確かな情報にもとづくトレードオフに取り組んでもなお、物事を前に進めるためには仮説を立てなければいけないこともあります。「小規模な実験の結果は、多くのユーザーにも当てはまるはずだ」とか「チームが調べた特定のデータセットにある外れ値は、それほど重要でないはずだ」とか「ユーザーの根本的なニーズは、チームが解決策を模索し提供するまでのあいだは変わらないはずだ」といった仮説です。このような仮説を甘くみたり隠したりするよりは、文書化しチームと議論しましょう。チームと一緒に仮説をカタログ化して理解しておくと、その仮説が有効(もしくは無効)だとわかるような新情報が手に入ったときに、軌道修正をするための良い備えになります。

何を作ろうにもコストはかかることを覚えておく(隠れたコストでも)

プロダクトマネージャーの仕事は、その時々でいちばん言い訳の立つものを見つけ、チームと協力してそれを作り、また次の仕事に移っていくものだと思われることがあるようです。しかし、チームの時間はビジネスにとってコストであり、その理由を説明できない場合、ゆくゆくはチームの存在意義を説明しなければいけなくなるかもしれないことは頭に入れておきましょう。チームが作ろうと検討しているものがどれも影響力の強いものに思えないなら、チームのゴールと戦略を広げるか狭めるかして、会社全体の大きな目標に足並みをそろ

える方法を考えましょう。

　優れたプロダクトマネージャーは、自分が行うトレードオフのマイナス面を伝えることを嫌がりません。そうすることで優れたマネージャーは、チームや組織やリーダーが安心してその意思決定を受け入れて前に進めるようにします。そしてその意思決定は、理想的にはすべての意思決定と同じように、完全ではなく前進を目指すものです。

レガシー企業で小さく始めて大きく変えた話

ジェフ・H
プロダクトリーダー、紙類包装資材製造企業

　私は最近、紙と包装資材を扱う会社でプロダクトのリードを始めました。ここは非常にワクワクする場所で、数え切れないほど多くの人や企業の日常に深く溶け込んだプロダクトを改善するという、ものすごく大きな可能性を秘めています。しかし、プロダクトに関わる仕事を始めてこの10数年でわかったことがあります。軽々しく踏み込んで「この会社は遅れてますね！　デジタルネイティブな企業みたいにならなくちゃ！」なんて言ってはいけないのです。現実的で、長続きする変革を起こすには、できる限り迅速にアイデアから結果を得て、会社に「この手のことは実際に実現可能なんです。シリコンバレーから流れ込んだ、現実離れしたおとぎ話などではないんです」と示す必要があります。

　そこで手始めに私がやったのは、工場のフロアにいるゼネラルマネージャー（GM）たちと知り合うことでした。日々のゴールや課題をいちばんわかっている人たちだからです。いちばんの課題は何かと尋ねると、非常に明快で一致した回答が得られました。パレットの紛失です。なるほどそれはそうです。100個の部品からなる複雑な販売ディスプレイを組み立てているとき、その部品を1ダース乗せたパレットが1台どこかにいってしまった場合を想像してください。突然作業全体をやり直す必要が発生し、実質的に生産スピードを落としかねません。そこで私はGMの1人に「あなたの荷物がどこにあるかいつでもわかるようになったらどうですか？」と聞きました。はっきりとした答えが返ってきました。「ええ！　もしそれができるのであれば、実現するためにうちの施設で必要なことは何でもやってもらって構いませんよ」。

　技術的な見地から言えば、解決するのにそれほど大変な問題ではありません。必要最低限の機能を持った市販のセンサーを使ってプロトタイプを作り、そのGMに即座に実際の結果を見せればよいのです。正直に言えば、私の戦略は、GMを英雄にすることです。あなた自身にはビジネスを「変革する」とか「破壊する」とかいう野望があるかもしれませんが、ビジネスを作っている人たちには、別の野望があります。あなたの野望が、その人たちの野望を実現する上でどう役立つのかを理解してもらわなければいけません。**誰かにとっての現実の問題を解決できれば、その人は上司にその話を伝え、上司もその上司に伝えるでしょう。そして知らず知らずのうちに、あなたの仕事は全社から支持を得られているのです。**

12.3　体験全体に留意する

　プロダクトチームやプロダクト組織が容易に「機能の製造工場」に陥る話は有名です。そうなると、ワクワクしそうな機能を大量に作る割には、ビジネスやそのユーザーには大した価値を届けなくなってしまいます（ここでもまた私がお勧めするのはメリッサ・ペリの名著『プロダクトマネジメント』《オライリー》です）。知り合いのプロダクトマネージャーはほぼ全員、少なくとも1回は「うちの会社はユーザーのことを気にかけているなんていうのはウソで、アウトプットで頭がいっぱいの機能の製造工場なんだ」とボヤいたことがあります。しかし、知り合いのプロダクトマネージャーはほぼ全員、私も含め、いちばん影響の大きな機能（機能以外も含む）よりも実現しやすい機能を優先することで、この問題の一端を担ってしまったという側面もあります。

　実務的な言い方をすれば、他のプロダクトマネージャーやチームと調整がいちばん少なくて済みそうな機能を優先するという意味です。プロダクトマネージャーはほぼ全員、暗黙的か明示的かを問わず、アプリや成功指標、ユーザージャーニーの一部分を託されています。そしてプロダクトマネージャーはほぼ全員、明確で安心できる自分の責任範囲のなかで完成できる仕事を優先する可能性が高いのです。

　この背景にある理由は想像に難くありません。足並みを揃えるべきステークホルダーが毎日一緒に働いているデザイナーや開発者だけだったとしても、プロダクトマネジメントは十分に難しいものです。他のプロダクトチームとの調整が必要になった

ら、そのチームのゴールや野望や期待値やチーム内部の認識のズレにもあたる必要が出てきます。やるべきとわかっていても、うんざりします。

　複数チームの責任領域をまたぐ機能や改善こそが、まず間違いなく、ビジネスとそのユーザーに対する影響がいちばん大きいというのが不都合な真実です。2013年のハーバード・ビジネス・レビューに掲載されたアレックス・ローソンとユアン・ダンカンとコナー・ジョーンズの記事で、「The Truth About Customer Experience」（https://oreil.ly/mOo97）というものがあります。そこでは、プロダクトマネジメントについての会話の途中で見失いがちな重要な指摘がされています。顧客の観点からすると、プロダクトのいちばん重要な部分が個々の機能であることは少なく、むしろ、機能を組み合わせていかにシームレスでまとまりのある体験を作り出せるかにあります。

　手短に言えば、優先したときにプロダクトマネージャーにとって大きな影響がありそうなものこそ、多くの場合、結果が出づらく難しいものです。その結果、多くのプロダクトマネージャーやチームは、プロダクトが相互接続している部分への変更を律儀に避けるようになります。するとモダンなプロダクトは、シームレスで操作しやすい体験どころか、徐々にバラバラの機能の寄せ集めに感じられるようになります。

　このアンチパターンが現実世界で起こる例を見たければ、カンファレンスでの講演やホワイトペーパーで「ベストプラクティス」が紹介されるようなデジタルプロダクトの会社の主力プロダクトに目を向ければよいでしょう。そういった企業を根拠なく批判するために言うのではありません。むしろ、これは本気ですが、これをはっきりと解き明かした人がいないと指摘するためです。顧客中心の大合唱のなかで複雑なプロダクトの鼻歌を集めて1つにまとめてくれるような、現場の調整、コラボレーション、慎重に下された意思決定……、それらについて解いてくれる唯一の運用モデルやポートフォリオマネジメントフレームワークはありません。

　では、これは働くプロダクトマネージャーにとってどんな意味があるのでしょうか？　簡単に言えばこれは、あなたの組織のどこにサイロや境界があるかに関わらず、あなたはそれを乗り越えるというきつい仕事をする必要が出てくることを意味しています。直属のチームの範囲を超えて、機会を特定し、優先順位をつけ、実行するための戦術的なヒントをいくつか紹介します。

定期的に自分たちのプロダクトを使って、タスク全体やユーザージャーニー全体を通しでやってみる

　あなたがユーザーの現実のなかで生きていることを確認する1つの方法は、実

際のユーザーの使い方に寄せて、普段から自分たちのプロダクトを使うことです。自社の機能（機能群）を狭い範囲でテストしたりウォークスルーしたりするより、新しいアカウントを作って、特定の種類のユーザーやペルソナにとっていちばん重要な作業や流れをひととおりやってみてください。全体のエクスペリエンスを改善するいちばん有意義な機会は、あなたのチームの仕事に限定されるわけでもなければ、いかなる単一チームの仕事に限定されるわけでもないことに気づくでしょう。

作業の依存関係ではなく、チームのゴールから始める

チーム間の調整をするとき、仕事を前に進めるために解決しておきたい作業面での依存関係を明らかにするところから始めたくなるかもしれません。しかし、それらの依存関係はそれほどモチベーションを高めてくれるわけでもなく、チームと一緒に対応していくユーザーニーズを証明するわけでもありません。依存関係の核心に入る前に、どのように働けば最大の効果を出せるかについて話しましょう。複数の機能やプロダクトの領域に関わる仕事は、ユーザー（ひいてはビジネス）に対して特別に価値があります。したがって、ゴールベースの会話をすれば、コラボレーションの調子が「うわっ、そんなにいろんなことをこまごま調整しなきゃいけないのか」というものから「やったね、ここで大きな違いを出せるぞ」というものに変わるかもしれません。

引き算の解決策に目を向ける

Nature 誌に最近掲載された記事（https://oreil.ly/X8QE8）に、プロダクト界隈で広く共有されたものがあります。そこには、いかに私たちの脳が、引き算の解決策を検討もせずに足し算の解決策を追求しがちかが書いてありました。この記事を読めば、私たちプロダクトマネージャーにとって、何か問題が起きると「機能を追加して解決しよう」と考えてしまう理由が明らかになります。「ユーザーは機能が多すぎると思っているようだ」という課題のときさえそうなのです。複数の機能やプロダクトの領域を横断的に見ることの利点の 1 つは、機能を引き算したり整理したりする機会が増えることです。これは、プロダクトの限られた一部だけを見ていたらそう簡単ではありません。

例を挙げると、昔一緒に働いていたプロダクトリーダーが、「どのユーザー設定でもいい。うまく周りを説得してアプリから削除できたら、プロダクトマネージャーに現金 5,000 ドルの報奨金を出す」と言ったことがあります。もちろん、アプリから設定を削除するというのは、たいがいプロダクトマネージャー

やチームの仕事に悪影響をもたらすことが多いです。しかし、現金のボーナスが出ることは、たとえボーナスが最終的にいくつかに分割されなければいけないものだったとしても、プロダクトマネージャーにとって、チームをまたいで調整するという仕事に対するインセンティブとなりました。

小さく始める（再）

関わるチームや人が増えるほど、利害関係も増えます。同じように、不安やリスク回避の気持ちが高まる可能性があります。ユーザー体験のより大きな部分を評価し直すために協力し合うのであれば、小さな変更から始められる機会を探しましょう。それらの変化を計測し、結果を分析し、次に進みましょう。

　繰り返しになりますが、これをすべて理解しているプロダクト組織はどこにも存在しません。会社の運営モデルや組織図がチームをまたいだコラボレーションを阻止する目的で作られたように思えても、諦めないでください。できる限り最高のアウトカムを出すためには、片足をユーザーの現実にしっかりと置き、もう片足をチームやサイロの外に踏み出すことを恐れないでください。

12.4　うわべだけの魅力ではなく本質の理解へ

　苦労してユーザーやビジネスにとって重要なものに優先順位づけをすると、一見すると良さそうな新しい機能に対するアイデアを次々と浴びせかけられるでしょう。どんなに完璧にまとまった戦略があっても、これに対する防波堤になることはないでしょう。そして、自分の仕事が「うわべだけのもの」をできるだけ遠くに打ち返す仕事のように思えてくるかもしれません。しかし、普通は自分の意見が打ち返されると人は嫌がるものです。そして、最終的にあなたのゴールは、ステークホルダーにノーと言うことではなく、ステークホルダーにできる限り良い意思決定をしてもらうことです。

　そのため、誰かが興奮した様子で新しいアイデアを持ってきても、その興奮を反感に変えてしまう反応をしてはいけません。アイデアを提案した人と協力して、そもそも何がそんなにワクワクするものなのかを理解しましょう。この新しいアイデアは、あなたがまだ知らない、会社全体の戦略や優先順位の変更を反映しているものなのかもしれません。競合他社の新しい機能の世間の評判がとてもよくて、さらに調査が必要なのかもしれません。単にとてもイケてると思ったことをあなたに共有したいと

思っただけなのかもしれません。うわべだけの新しいアイデアを推す勢いに対抗するのではなく、その勢いをユーザーやビジネスにとっていちばん価値の高いものを届けられそうなアイデアに向けましょう。うわべだけの新しい機能が、どうすればユーザーの本当の課題を解決できるかを頑張って理解しようとすれば、どのような形で課題を解決することになったとしても、前向きに取り組んでもらえるようになります。

　たとえばチームの開発者が、ユーザーのログインにとあるソーシャルプラットフォームの認証情報を使おうとして、張り切っているところを想像してください。あなたの優れた判断力によれば、そのソーシャルプラットフォームは一発屋で短命に終わります。この開発者は、新しいプラットフォームの認証情報でログインしたいかユーザーに尋ねるための段取りをつけた上で、あなた主催の優先順位づけミーティングに参加します。あなたは少し止まって、苛立ちを抑えようとします。そんな取るに足りないものを優先順位づけする価値があると考えるなんて、この人はいったい何を考えているんだろう？　ゴールベースの質問でこの提案をさっさとやっつけようとして、あなたは「なるほど、この機能がないせいでログインできないユーザーは実際にはほとんどいないのでは？」と尋ねます。開発者は観念して首を縦に振りました。チームを元の話に戻します。

　残念なことに、あなたも重要な機会を逃してしまった可能性があります。このアイデアの何かが、優先順位づけミーティングの前にユーザーフィードバックを漁るほどに開発者を興奮させたのです！　おそらくこの開発者は、ユーザーのためにログイン全体の体験を改善することに非常に情熱を持っているのでしょう。このような情熱が、パスワード復旧の手順の改善のような、それほど魅力的でも新しくもないものの実は効果の高いアイデアについて、重要な議論のきっかけとなったかもしれません。おそらくこの開発者は、このソーシャルプラットフォームを使って、本当に斬新で興味深いアプローチを認証手順に適用する方法を本で読んだのでしょう。そもそもよい認証手順とはどんなものかという重要な議論のきっかけとなったかもしれません。このアイデアの何かが開発者を心からやる気にさせたのですが、提案をばっさり却下する方法を探すようでは、あなたにはそのやる気を活かすことができないでしょう。

　このような落とし穴に気をつけることで、当初は探求する価値があると思っていなかった新しいアイデアを受け入れられるようになるかもしれません。これは、チームが計画を実行するだけでなく、学習し、考え、実験するための、また別の重要な機会にもなります。残念ながら、これらの活動は、チームの時間と労力の優先順位づけの一部と明示しなければ、頓挫することも少なくありません。アジャイルの業界用語では、使う時間の上限を決めてから学習、研究、実験を行うことを「スパイク」と呼び

ます。7章の「7.8　ベストプラクティスのベストなところ」を頭に置きつつ、「スパイク」という用語を使えば、「無計画に実行作業から時間を奪おうとしているのではなく、意図的に時間の優先順位をつけてどんなやり方が最善かを探求しているんだ」と伝えられるようになります。

　ここで思い浮かぶのは、私たちの行動指針「すべての努力はアウトカムのために」です。成功するには**単に多くのことをやるだけではダメ**で、自分たちがゴールを達成するためにいちばん役立ちそうな活動を優先するというものです。実際、チームメンバーによる意思決定のなかでもとりわけ重要となったのは、そんな状況で下されたものでした。次週の ToDo リストの先頭に「機能を完成させるために山のようにコードを書く」を置かず、それよりも「機能への理解を深めるために取れそうな手段を5つリサーチする」を優先したのです。

プロトタイプを使って機能のアイデアの有効性または無効性を検証する

J・D

プロダクトマネージャー、50人規模のエンターテイメントスタートアップ

　50人規模のエンターテイメントスタートアップで働いていたとき、かなりイケてる位置情報ベースの機能を思いつきました。着任当初からずっと頭のなかにあったアイデアですが、私がリードして軽量な仕様を書き上げ、組織をまたいで了承を得て、ロードマップに載せてくれることを確認しました。

　数か月の計画ののちに、いよいよ作り始めることになりました。プロダクトチームと一緒に優先順位づけミーティングを行い、プロダクトを開始するために取りうるいくつかの手段について議論しました。初めは、位置情報ベースの機能をどう実装しようかというかなり技術的な議論に引っ張られてばかりでした。ある開発者は、オープンソースを使いたがっていました。作業は増えますが、これ以上のコストが掛からなくて済むからです。別の開発者には好みのベンダーがありました。少々値は張りますが、こちら側でやる作業が減るからです。

　常に技術的な挑戦に乗り気なので、オープンソースのほうがいいと思っていた別の開発者は、こんな解決策を提案をしました。「彼女に2週間与えて、オープンソースを使った位置情報認識のプロトタイプを作れるかを確認して、そのあと意思決定したらいい」。必ずしも私たちの本来の機能につながるわけではないプ

ロトタイプをもってこのプロジェクトをキックオフするのは少し不安でした。しかし全員がこれに乗り気だったので、前に進めることにしました。

　半月後、彼女の作ったプロトタイプを開発者に見せる時間を設定しました。彼女の目線からすれば、技術的には成功していました。私たちがプロダクト仕様に記載した位置情報の基準を満たすとアラートを飛ばすという、基本的な PoC アプリを作成できたのです。さらに、彼女が好きな無料のオープンソースを使うこともできました。

　しかし彼女が作ったものの説明を聞いているうちに、何人か嫌なことに気づき始めました。「この機能がどれだけ便利だからといって、ユーザーにとって実際はどうだろう」。彼女の説明どおりこのプロトタイプをひととおり触った開発者の話を聞くと、私たちのイメージしている本格的な機能をユーザーはどのくらい価値があると思ってくれるのだろうという大きな疑問が残りました。そこで、この機能の作成を前に進めるのではなく、プロトタイプアプリを何人かの同僚に使ってもらって、実際に役に立ちそうなのかを確認しました。

　たった 1 週間で、この機能は思っていたほど価値がないことがはっきりしました。私たちがエンターテイメント体験のカスタマイズに利用できると考えていたある位置情報条件を満たす頻度が、期待したほど高くありませんでした。さらに、アラートが発生するタイミングも同僚の実際のニーズや好みにあっていないようでした。

　もちろん、プロトタイプをテストするときは社外のユーザーに使ってもらったほうがよいです。内部で何かをテストすることの最大のリスクは、ユーザーにとって価値がないアイデアを有効だと評価してしまうことです。なので、私たち全員が素晴らしいと考えたアイデアが実際は間違っていて、そのことを検証できた事実を誇りに思います。私たちが単なる技術的な PoC だと思っていたものは、作ろうとしている機能がユーザーにとって価値があるかどうかをテストする重要な手段であることがわかったのです。**半月かけてプロトタイプを作らなければ、組織のゴールの達成に役立たない開発におそらく半年は費やすはめになっていたでしょう。**

12.5　でもこれは緊急なんです！

　理論上、優先順位づけの主な効用は、与えられた時間の枠内で作るものと作らない
ものを決めることです。しかし現実的には、どの組織にも必ず「緊急」の要求があり
ます（この要求の1つは5章の後半で扱いました）。プロダクトマネージャーの自ら
を不要としていく精神に則り、テンプレート化した受付フォームでそういった要求を
処理する方法をよく提案します。これらの質問から始めるとよいでしょう。

- 問題は何か？
- 報告者は誰か？
- 何人のユーザーに影響するか？
- この問題は収益のような全社的なゴールにどう影響するか？
- この問題を半月放っておくと何が起きるか？
- この問題を半年放っておくと何が起きるか？
- この問題についてさらに議論したり、解決したりするときの担当は誰か？

　組織によっては、機能追加が大好きなマーケティングチームや、ギリギリで特殊対
応を求めるアカウント管理チームに対応できるよう、テンプレートをカスタマイズし
ても構いません。優先順位づけのミーティングで決めた仕事の順番よりも、習慣的に
新しく発見したバグを優先するような開発者に対応させてもよいでしょう。影響を受
けるユーザー数や潜在的な逸失利益について、社内でその情報にどれだけ広くアクセ
スできるかにもとづいて、任意の質問を微調整すればよいのです。（このテンプレー
トを起点に、その情報にもっとアクセスしやすくなるとさらによいでしょう！）

　多くの場合、このようなテンプレートがただ存在するだけで、緊急の要求をかなり
減らすことができました。結局、おしゃべり（チャットルーム）に突入して「今すぐ
ここを直して」と言うほうが、そうやって誰かに丸投げした機能が実際に及ぼす影響
を腰を据えて調べるよりも、はるかに楽なのです。

12.6　優先順位づけの実際：項目は同じでも、ゴールと
戦略に応じて結果は変わる

　あなたは、広告付き動画のスタートアップのプロダクトマネージャーです。あなた
の会社は、インターネット上から動画を集めてきて「パーソナライズされた動画プレ

イリスト」を作り、パーティーや移動中や単なる暇つぶしの時間に楽しめるようにしています。今はショート動画が大流行しており、動画マーケットが細分化されていくなかで、個人の嗜好に合わせたまとめ機能の可能性は大いにあると思っています。

次の優先順位づけミーティングに取りかかると、次の四半期に予定されている5つの項目が目に入ります。

- 新しいディスプレイ広告ネットワークに接続する
- SNS共有の機能を追加する
- プレイリストにスポンサー機能をつけられるようにする
- パーソナライズのアルゴリズムを改善する
- Android アプリをローンチする（現在は iOS のみ）

アイデアのなかには、会社が立ち上がったときから放置されてきたものもあります。前四半期に構築できていたはずなのに延期されていたものもあります。そしてなかには、シニアステークホルダーが何度も要求するために、当面は考える必要がないと思える些細な点について議論するよりも、「はい、ロードマップのここに載せましたよ！」と言ったほうが楽という理由で、ロードマップに載ることになったものもありました。

よくあることですが、これらはそれぞれてんでバラバラです。どれを優先して作るか、そのためにどんなリソースが必要かといったことがまったく明らかになっていません。そこであなたは、組織のゴールに向き直ります。ちょっと待って、ゴール？ここはスタートアップです。創業者からもらった古いメールをひっくり返して、「私たちのミッション」とラベルのついたものを見つけます。そこには、こう書いてあります。

> 私たちのミッションは、動画を消費する方法をガラッと変えることです。ネット上の動画をくまなくかき集め、機械学習を使って「パーソナライズされたプレイリスト」を作ることで、メディア業界を破壊し、ユーザーにより良い体験をもたらします。

「よしわかった」と独り言を言います。「ゴール（動画を消費する方法を変えること）に似たものと、戦略（機械学習を使ってパーソナライズされたプレイリストを作ること）に似たものがあるようだ」。これらのゴールに反する可能性のあるこれら5つのアイデアをどうやって優先順位づけしますか？ 簡単ではないですよね？

　そこであなたは、ただ右往左往するのをやめて、創業者と膝を交えて話し合うことにします。このミッションがあることで、どれだけチームが作るものの優先順位づけの意思決定を打ち出ししやすくなるか（もしくはならないか）を確認するのです。あなたがチームのロードマップの5つの項目についてひととおり説明すると、創業者は、会社のミッションステートメントがあまり戦術的な指針にならないことに同意します。あなたも、チームが前に進むための労力を優先しやすくなるような、四半期のゴールのたたき台をいくつか書くことに同意します。そして、チームが優先順位づけをしようとしている実際のロードマップに照らし合わせて、このゴールを洗練させることにします。

　何度か行ったり来たりを繰り返し、次の四半期に向けて以下のようなOKR風のゴールを作ります。

> 　次の四半期に向けた大まかなゴールは、現在複数のプラットフォームをまたいで動画を見る習慣のある人たちにプロダクトを提供することです。次の場合に、私たちがこのゴールの達成に向けて正しい方向性で進んでいることがわかります。
> - アプリダウンロード数が週あたり2倍に増加する
> - アプリをダウンロードしたユーザーの70%がアカウント作成を完了する
> - 1ユーザーあたりの動画プラットフォーム接続数の平均が1.3から2に増加する

　このゴールとそれに一致する成功指標は、完璧でもなく、100%包括的でもないことはわかっています。それでも、創業者にこれを説明すると、リストからいくつかの項目（特に、収益を増やすもののユーザー数の増加には貢献しない可能性のあるもの）を削除できました。もう少し調べる必要のあるアイデアもありますが（Androidアプリがないことで現在どれだけのユーザーを失っているのか、とか）、少なくとも前に進める程度にはすっきりしました。セールスの人が自分たちの優先順位を尊重してくれないのではないかとヤキモキしているようですが、あなたはあまり気にしません。なぜなら、あなたの選択は、会社レベルのゴールに明確にもとづいているからです。

　では、創業者との会話がまったく別物だった場合を想像してください。ミーティングのあと、次の四半期に向けて以下のようなOKR風のゴールを作ります。

> 　次の四半期に向けた大まかなゴールは、開発のカスタマイズ作業の必要性を最小限にしつつ、会社の収益を増加させることです。次の場合に、私たちがこのゴー

ルを達成できそうだとわかります。

- 全体の収益が 30% 増加した
- 自動広告システムからの収益の割合が 30% から 60% に増加した
- 現在のユーザー増加率を維持または増加させることができる

　ここでもまた、これらは完璧でも 100% 包括的でもないし、あなたが何を作ろうとしているのか、ユーザーのどんな課題を解決しようとしているのかについて、あまり語られていません。しかし、現時点で何を作るとよさそうかについての明白な指針にもなるし、ロードマップ上の項目をどのように実装するのがよさそうかについてのある種の指針にもなります（開発のカスタマイズを増やさずに「スポンサー機能付きプレイリスト」システムを作れるでしょうか？）。

　戦略と実行の足並みをそろえることは重要ですが、実際に優先順位を決めようとすると、ゴール、戦略、達成目標、指標などをはっきり区別することは容易ではありません。このシナリオをじっくり考えることで、それが理解できるのではないかと思います。意思決定するときは、できる限り最善を追求してください。そして、チームと協力しながらやるようにしてください。

12.7　まとめ：志は大きく、スタートは小さく

　プロダクトマネージャーの仕事のうち大部分を占めるのは、何をどのようにいつ作るかを決めることです。会社の戦略に一貫性がなく、データが欠落し、チームも足並みがそろっていない、といった状況になると、自分が何か間違った意思決定をしたに違いないと感じることもあるでしょう。しかし良くも悪くも、プロダクトマネジメントは、自分の意思決定の正しさに最大限の自信と確信を持てるなどという贅沢はさせてくれません。この不快な現実を自分に有利なように使いましょう。大きな計画や意思決定を分割して、フィードバックをもらって再評価し必要に応じて方向性を微調整できるくらい小さくするのです。

12.8　チェックリスト

- 会社やチームのゴール、戦略、達成目標、指標は、きれいに並んだ層に落とし込んではいけません。ぐちゃぐちゃの層からなるケーキとして扱い、どんな意思決定をしてもできる限り最高になるようなひと口を探しましょう

- 優先順位づけのフレームワークは、相変わらずどれも「インパクト」「必須」の ような主観的な概念を下敷きにしていることを理解しましょう。どのフレーム ワークを選択しても、選択したなりに、不完全な情報をもって重要な意思決定 をしなくてはいけないという胃がムカつくような感覚を操る必要は残ります

- あなたが下す意思決定はすべてトレードオフとして扱い、そのトレードオフは できる限り総合的に大胆に説明しましょう

- 意思決定に関わった仮説は文書化し、チームに見せましょう。甘くみたり無視 したりするのはやめましょう

- 単独の機能ではなく、ユーザージャーニーやユーザータスクの全体を考えま しょう

- 機能や機能性を**引き算**することは、ユーザーやビジネスにとっての付加価値に なる場合もあります。機能を追加することがベストな課題解決であるとは限り ません！

- 同僚が何か作りたくて興奮した様子でやってきたときは、反射的にノーと言う のではなく興奮している理由を理解するように進めましょう

- 優先順位づけの活動をするときは、「スパイク」など、チームと共に探求と学 習をする機会を組み込みましょう

- 「緊急」の要求をさばくための簡単なプロセスを用意しておきましょう。1人 で慌てて対処してはいけません

- 現実世界のプロダクト優先順位づけの意思決定に対して、ゴール、戦略、達成 目標を評価し、戦略と戦術の乖離を減らす機会を常にうかがいましょう

- 大きな計画や意思決定を分割して、フィードバックをもらって方向性を微調整 できるくらい小さくしましょう

13章
おうちでやってみよう：
リモートワークの試練と困難

　もう数十年前のことに思える 2019 年のなかごろ、リモートワークに移行したプロダクトマネージャー数人と会話をしました。1 人は「素晴らしいよ」と言い、「通勤で人生を無駄にしなくて済む。実際、仕事も上手になった気がする」と続けました。私はちょっとひねくれて、「ああ、そうだね、いいね。でも人と顔を合わせないで過ごすなんて信じられない。仕事のための移動時間は嫌いじゃないんだよね。リモートで、いつもみたいにうまく仕事できるかわからないし」と返しました。

　おっと。

　ここ数年で、リモートワークや分散ワークについてのガイドが数多く出版されました。そこに書かれた有用なフィクションは、分散チームやハイブリッドチームとうまく働くための助けになるかもしれません。でも、プロダクトマネジメントのための唯一の万能な手順がないように、リモートプロダクトマネジメントにも唯一の万能な手順はありません。1 つ確かなのは、リモートワーク志向もしくはリモートワーク回避といったトレンドの変化は、もともと複雑な方程式に新たに変数を加えるということです。

　本章では、プロダクトマネジメントをリモートで行う場合にありがちな課題について見ていきます。そして、それらの課題に取り組むために必要な、膨大な努力と考慮事項について考えます。ここでの**リモート**とは、集中オフィススペース以外の場所で働く個人のことを指します。一般的に使われる、集中オフィススペースを持たないチームの働き方のことではありません。本章で扱われるアイデアは、完全な分散チームや、オンサイトとリモートワークでバランスを取ろうとするチームにも有効なはずです。

13.1　遠くから信頼を築く

　かつて、物理的な共有オフィスなしに強いチームを作るのはほぼ不可能だと固く信じていた時期もありました。ランチタイムやコーヒータイムの気楽なおしゃべりなしに、どうやって仕事のやりとりを超えた関係性を作れるというのでしょうか？ ホワイトボードなしに創造的に協働するにはどうしたらいいでしょうか？ 同じ部屋にさえいない人たちと、どうやって信頼を築けるというのでしょうか？

　最後の質問に対する回答は、特に驚くべきものです。「Remote Work Insights You've Never Heard Before」（https://oreil.ly/LCohz）という素晴らしい記事で、エンジニアリングのリーダーであるサラ・ミルスタインは「物理的に一緒にいるチームよりもリモートチームのほうが強い信頼関係を持ち、よりうまく働ける」という大胆な主張をしています。ミルスタインは、いくつかの理由を挙げていますが、自分がいちばん納得できたのは、1996年にデブラ・マイヤーソンが提唱した「すばやい信頼」（https://oreil.ly/M7shY）という概念です。マイヤーソンは、一時的なチームですばやく決定的に信頼を築く方法について模索しました。ミルスタインが指摘したのは、そのようなダイナミクスは分散チームでも同じように働くということです。端的に言えば、公的で長続きするチームという物理的、社会的な構造のなかにいない場合は、**お互いにすばやく信頼するという選択をする必要があるのです。**他の人の肩越しにのぞきこんだり、オフィスに最初に来る人、最後に出る人をチェックしたりすることはできません（もし本当に本当に本当に必要なら、デジタルツールを使って、そのような信頼していないふるまいを再現することは可能です）。

　忘れてはならないのは、すばやい信頼によるスピードの向上には、分散チームのメンバーがお互いを信頼するという判断が必要であり、その判断を下すのは、さまざまなバックグラウンド、経験、期待を持つ複雑な人間だということです。さまざまな人たちからなるさまざまなチーム間で信頼関係を築くための唯一のレシピや戦術ハンドブックはありません。分散チームにおいて特に顕著ですが、チームで信頼を築くのに「ベストプラクティス」の適用だけでは不十分です。チームのメンバー同士で、どのように働きたいと思っているのか？ その理由は？ といった会話がなされるように促さなければいけません。

　たとえば、ビデオミーティングでカメラをオンにすべきかどうかについては、さまざまな議論があります。信頼を築くためには不可欠だと主張する人もいますし、自宅から働くという現実に向き合っている人たちに無用なプレッシャーをかけるだけだと言う人もいます。そして、こういった議論の存在自体が、分散チームにとっていちば

ん都合の悪い事実の証明なのです。つまり、人はそれぞれ異なり、チームもそれぞれ異なります。仕事場も、1つの場所を共有するものから、自宅のスペースが入り込むごちゃごちゃしたものまでさまざまで、仕事のあり方が変われば事態はもっと複雑になる、ということです。

リモートチームで信頼を築く能力について同僚たちから高く評価されている経験豊富なプロダクトリーダーのレイチェル・ニーシャムは、この問題に対して価値のある視点を提供してくれています。「カメラオンルールを導入すべき? 導入しないべき?」と考えるよりも、「みんなにリモートミーティングにもっと積極的に参加してもらうにはどうしたらいいだろう?」と考えるほうが好きだと彼女は言っています。ニーシャムは私にこう指摘しました。「カメラオンルールにだいたい従っていたとしても、ルールが人を判断するのに使われてしまいます。それは、最後には信頼をむしばむことになります。おもしろいのは、カメラをオンにするかといったちょっとした問題にも、だいたいいつも根深いものが絡んでいることです」。

問題の根を追っていくと、ハイパフォーマンスの分散チームのレシピなんてないことに、程なく気づくことになります。8章で議論したように、小さな変更を行い、チームでそれらの変更についてのレトロスペクティブを行うという繰り返しが、いちばん持続可能な道です。

分散チームの言語バリアを超えて衝突を解決する

リサ・モ・ワグナー
プロダクトコーチ

数年前、エンジニアリングの担当者とリファクタリングの進め方について意見が合わなかったことがあります。そんな会話は何回も経験していましたし、いつもは開発者たちと綿密に連携し、そのような仕事の重要性について理解し、適切に仕事の優先順位を設定できていました。でも、今回、エンジニアリング担当者と私はお互いコミュニケーションするのに苦労していました。コミュニケーションに使っている言語は、2人とも母国語ではありませんでしたし、出身の文化圏は大きく違うものでした。その上で、地理的に分散したチームでの信頼を築こうとしていました。自分はひどいプロダクトマネージャーだと相手には思われているだろうなという感覚を振り払うことができませんでした。必要な仕事を一緒に

やるのがだんだん難しくなっていったのです。

　信頼していた同僚にアドバイスを求めたところ、エンジニアリングの担当者に文書でフィードバックをすることを提案されました。一緒に働くのが困難であった状況について自分の観点でどう感じたかを文書で明確に示せれば、担当者も受け取った情報をオフラインのときに処理でき、次に話すのが楽になるだろうとの希望にもとづくものでした。そこで、私はいくつかの例について記述し、全部エンジニアリング担当者に送りました。次の週に30分議論する時間も設定しました。

　要点だけ説明すると、私たちは2時間も話し続けました。素晴らしい対話でした。送ったフィードバックをそれぞれ検討しました。文書による記録があることで、ないときよりはるかに対話しやすくなりました。文書にしたある状況について議論していたとき、彼は「このときのことは覚えているけど、そんなひどい状況だとは思わなかったな。なんでそんなに大変だったの？」と言いました。私は、自分がひどいプロダクトマネージャーだと思われていると考えたこと、それで防御的な態度になったことを説明しました。しばらく聞いてから、彼は言いました。「あなたが無能だとは思わないし、すごく良いプロダクトマネージャーだと思いますよ。発言に全部合意できるわけではない、というだけです」。そのとき、お互いに、相手のことをたくさんの思い込みで判断していたことに気がつきました。私たちは、思い込みを捨てて誠意を持って一緒に働くことに合意しました。

　ミーティングの終わりには、ダンジョンズ＆ドラゴンズ[†1]のジョークを言い合って笑い合うようになっていました！　でも、きっともっと大事だったのは、お互いにもっと腹を割ってコミュニケーションできていたら、最初からもっと良い仕事上の関係を作れたであろうという点を理解して、会話を終えられたことです。分散チームで働いているとき、特にグローバルで分散しているときは、自分の思い込みにたやすく陥ってしまいます。**地理的な場所、言語、文化を超えてコミュニケーションするには、弱みを見せることと努力が不可欠です。でも、その努力は常に価値があります。**

[†1]　訳注：1974年に登場した世界で最初のロールプレイングゲーム。改版が続けられており根強いファンが多い。

13.2　シンプルなコミュニケーションアグリーメントが意味のある信頼を築く

　信頼は大きくとらえどころのないコンセプトです。多くのチームが信頼を築くための具体的な手順を探してもがいています。ここ数年間で私が驚いたことは、日々のコミュニケーションに対する期待が合っていないことが、しばしばチームの信頼構築のいちばんの障害になっていることです。信頼が損なわれたときの例を挙げてみるようにチームに頼んでみると、「メールで返事をくれると思っていたのに、くれなかった」とか、「チームメイトから大量のメッセージが来てさばききれない。全部読んでないと思われてそう」のようなシンプルな例が多かったのです。

　数年前の自分の小さな分散チームとの出来事を思い出しました。私のビジネスパートナーの1人は、ニューヨークとリマで仕事をしていました。もう1人はニューヨークとマドリードでした。私自身は、オレゴン州ポートランドへ引っ越したばかりでした。土曜日の午後、妻とダウンタウンを歩いていると、ポケットから通知音が連続して鳴りました。ピコン！　ピコン！　ピコンピコンピコン！　電話を調べてみると、ビジネスパートナーたちが共同編集している Google ドキュメントに大量のコメントをしているようです。歩道で立ち止まってしまい、頭を振りました。「ごめん、家に戻らないと。大事なことみたいだ」と私は妻に言いました。

　家に帰る途中、怒りつつも心配になり始めていました。こんなにメッセージをいきなり送りつけるビジネスパートナーは誰だろう？　なんて信頼のない、ビジネス上の意味ないパートナーシップなんだろう？　そもそも**パートナー**だったのか？　妻と家に着いたころには、私はすっかり**怒りに燃えていました**。電話を手に持ち、ビジネスパートナーを呼び出し、なんで週末の真っ最中に大量のメッセージを送ってきたのか説明を求めました。完全に面食らったという様子で彼女は返事をしました。「コメントをあなたが見るとは思っていなかったの。ちょっと作業する時間が取れただけなのよ。でも、なんで Google Docs コメントの通知をオンにしているの？　ひどい音がするだけでしょう」。

　このコメントにすっかり反省した私は、次回のパートナーとのミーティングを自分の思い込みについての謝罪で始めることになりました。そして、作業時間に時差のある状況でコミュニケーションする場合に困っていることがないかと聞きました。以下のような課題が見つかりました。

- レスポンス時間に対する合意が取れていない（例：ビジネスパートナーから

メールが来たら絶対に緊急でないとしても緊急と考えてしまう）

- タスクにかかる時間の期待が明確でない（例：「ちょっとこれを見てくれる」とビジネスパートナーに言われたら、どれくらいの時間を期待されているか？）
- インボックスがあふれていて、新しいメッセージや重要なメッセージを見つけられない（例：ビジネスパートナーのインボックスに未読メールが 100 通溜まっていたら、どうやって私の送ったメールが見つけてもらえるか？　重要だとどうやってわかるか？）

　そのような課題にもとづき、短い合意事項に答えるための質問一式をまとめ、「コミュマニュアル」と呼び始めました。質問は以下のとおりです。

- それぞれのチャネル（メール、SMS、Slack など）の非同期メッセージに、どれくらいすばやく反応することを期待するか？
- お互いに仕事をお願いするときに、明示すべき基準は？（例：どれくらいの期間お願いするのか？　納期は？　この仕事が遅れると他の仕事に影響を与えるのか？）
- 個人とチームの仕事時間は？　仕事時間以外に送受信したメッセージの扱い方は？

　自分たちの答えは 1 ページのドキュメントにまとめました。それが、みなさんが見ているテンプレート（https://oreil.ly/twnb4）のもとになりました。チームはそれぞれ違います。それぞれのコミュマニュアルも違うでしょうし、違うべきです。特に分散チームの場合は、まず、「チームのメンバーからメッセージを受け取ったら、どれくらい早く返信がくることを期待しますか？」という質問をするところから始めてみましょう。チーム全員からすぐに同じ答えが返ってこないなら（普通のことです）、明示的にコミュニケーションアグリーメントを決めることの重要性を示す良い例になります。

13.3　同期コミュニケーションと非同期コミュニケーション

　チームで既存のコミュニケーションチャネルとセレモニーを 2x2 のグリッドにまとめるというエクササイズを私はよく使っています。グリッドの 1 つの軸は、「集合」

（全員が単一の物理的なスペースを共有）から「分散」（それぞれが別々の自分の物理スペースから働く）です。もう1つの軸は、「同期」（対面の会話や通話などメッセージの送信と受信は同時に行われる）から「非同期」（メールやメッセージングサービスのようにメッセージの送信と受信は独立して行われる）です。2022年1月の時点では、結果は**図13-1**のようになることが多いです。

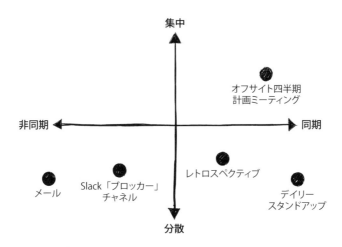

図13-1　2022 年 1 月ごろの典型的なチームのチャネルとセレモニー

　このエクササイズを何十回もやっていると、2つの特徴的なパターンが現れてきます。1つめは、どのチャネルが同期で、どのチャネルが非同期かという点で合意できないケースが多いことです。Slack や Teams のようなチャットプラットフォームで顕著に表れます。チャネルに対して即時に注意を払うことを期待する人がいる一方、1 日に 1 回か 2 回チェックすれば十分と考える人もいます。このような分断があることが、明示的なコミュニケーションアグリーメントの重要性を示してもいるのです。

　2つめは、いろいろな意味で油断ならないパターンです。多くのチームは同期の時間をまず「進捗報告」のために使っているということです。そして、そのようなチームは、同期的な進捗報告はみんなの認識を合わせ複雑な仕事に取り組む調整をするための有効な方法だと認識しています。でも多くのチームにとっては、同期進捗ミーティングは苦痛で時間の無駄です。

　「メールで済むミーティングからまたもや生還してしまった」と愚痴ったことのある人なら、まったく同じ経験を共有しているでしょう。多くのチームにとっては、分

散作業の適用範囲を広げることで、ある種の避けられない審判の日に近づいています。「なんでもう終わったことを話すのに、貴重な時間を使ってるんだ？」と思うのです。タイムゾーンをまたがって働くチームにとっては、同期の時間を用意するのは大変な苦労を伴います。

同期時間と非同期時間の使い方は、チームによって異なります。ここからは、分散チームで同期コミュニケーションと非同期コミュニケーションを利用するアプローチについて見ていきます。「同期サンドイッチ」というやり方に統合している分散チームもいます。

13.4 分散チームのための同期コミュニケーション： 時間と空間を企画する

一緒に働いたことのあるチームの多くは、同期時間を進捗報告から、協働して判断を下す時間にシフトさせたいと考えていました。そう考えるようになったのは、10人ほどの参加者はみんな寝ぼけていて、しかも半分はメールをチェックしているような状況で、意思決定しようとしていることに気づいたからでした。同期コミュニケーションの使い方について分散チームと会話していて、頻繁に使われる言葉に「意図的」があります。「チームが一緒に過ごす時間の構造を決めてファシリテーションするときは、かなり『意図的』にやる**必要がある**」のように使われます。共有のオフィススペースで働いているあいだは、部屋の中心にホワイトボードを転がしておけば、解決策を「ひねりだす」ことはできました（解決策の品質については議論の余地はあるかもしれません）。でも、参加者がみんな Zoom で参加していて、1 クリック先にはメール、オンラインショップ、ネコの動画といった誘惑が転がっていたとしたらどうでしょう？ 幸運を祈ります。

分散プロダクトチームに同期的な協働に活発に参加し続けてもらうには、驚くほどの計画、準備そして規律が必要です。チームの同期協働を最大に活用するために、細心の注意を払って空間と時間を企画するのに役立つコツをいくつか紹介します。

短く集中する

キャリアの初めのころ、4 時間のスプリントプランニングミーティングに、リモートのチームメンバーは、単に「オンライン参加」できると思っていました。遅くなってしまいましたが、そのときのメンバーには心から謝罪したいと思っています。4 時間のリモートミーティングに集中して参加してもらうのは、誰

にでも頼んでいいことではありません。特に、ミーティングに結論がなく、適切に計画されていない場合はなおさらです。当時、リモートの同期ミーティングは、すべて1時間を上限にしようとしていました。それより長いミーティングは、いくつかの1時間セッションに分割して、それぞれに明確なインプット、アウトプット、ゴールを設定しようとしました（「同期サンドイッチ」アプローチについては、のちほど触れます）。

共有ドキュメントで作業する

同期ミーティングを適切に構成し目的を明確にするためには、誰か1人に議事録を頼むのではなく、みんなで共有ドキュメントで作業するのが有効です。ロードマップやペライチのような共有ドキュメントを作ろうとしているなら、ミーティングで達成したいアウトカムを参加者全員にとって具体的で利用しやすいものにできます。現実を見ましょう。ドキュメントのゲートキーパーとしてのプロダクトマネージャーが議事録担当を1人で受け持つよりも、共有ドキュメントで一緒に作業をしたほうが、共同オーナーシップの感覚を育むのに役立ちます。

慣れたツールを使う

どんな非同期のコラボレーションツールも、現地現物にはかないません。口に出してしゃべるほうが楽な人もいますし、問題領域に詳しい人もいます。いろいろな人がいるのです。しかし、新しいツールを1つ導入しようとすれば必ず、参加者のあいだに生じる格差は1つどころか**2つ**になります。導入するツールに慣れた人と慣れていない人の格差、新しいツールを使うことに慣れている人と慣れていない人の格差です。Google Docs（もしくはホワイトボード代替としてのGoogleスライド）はいちばん簡単なツールで、多くの人はすでに使っていると想定できます。機能性についてのトレードオフというよりは、使いやすいかどうか、慣れているかどうか、という点が重要なことが多いです（もちろん「慣れた」ツールはチームによって異なります。新しいコラボレーションツールやプラットフォームに精通したチームもいるでしょう）。

準備と練習には3倍かける

いちばん大事だと思いますが、守るのは難しいです。高い価値のある同期時間をチームで1時間用意するには、準備と練習に**3倍**の時間がかかると想定してください。チームで1時間のロードマップ作成セッションを計画しているな

ら、前日までにカレンダーで3時間の時間を確保し、ロードマップセッションの最終的なアウトカムをどのようにするか、セッション内のステップをどう構成するかをしっかり考えてください。スムーズに進めるために、自分だけで、もしくは同僚と一緒に何度かセッションの練習をするのもいいでしょう。

これらの提案の共通するテーマは、分散チームでうまく同期時間を使うためには、「意図的な」準備と練習がたくさん必要になるということです。でも、準備と練習を厭わなければ、チームは、同じオフィスで働いていたころよりも、より積極的に参加し、より協働しやすくなっていることでしょう。優先順位づけやロードマップ作成のように重要な協働作業を行う場合、単一の共有デジタルワークスペースでやれるようにすることで、当事者意識や参加意識をいちばん高められます。そしてチームがこのようなやり方に慣れてきたら、地理的もしくは組織的な距離のせいで巻き込みにくかったステークホルダーを巻き込むのも簡単になっているでしょう。

シンプルなインパクトエフォートマトリクスで
リモートチームの協働を促す

ジャネット・ブランクホースト
プロダクトマネジメント担当ディレクター、Aurora Solar
(https://oreil.ly/NZI13)

ある顧客のリモート開発チームは違うタイムゾーンにいました。アジャイルなやり方で働いていることにはなっていましたが、プロセスは分断されていました。プロダクトマネージャーがJiraに大量のユーザーストーリーを書き込み、優先順位をつけて、壁の向こうの開発者とデザイナーのリモートチームに投げ込んでいたのです。つまり、プロダクトマネージャーは特定の機能の実装難易度の評価をすべて思い込みでやっていました。開発チームは、重要なプロダクトに関する決定から除外されているように感じていました。

チームが特に大きく重要なプロジェクトに取りかかるとき、何かを変えなければいけないのは明らかでした。そこで、プロダクトマネージャー、デザイナー、開発者を全員集めて、「何を作るのか？ なぜ作るのか？」といったこれまでとはまったく違う対話を行う場を用意しました。技術的もしくは戦術的な懸念事項について話し始める前に、まず、取り組もうとしているコアのユーザーニーズについて対話しました。そして、「そのニーズにどうやって取り組んだらよいか？」

という自由形式の質問を続けました。集めたアイデアをとてもシンプルな、2x2のインパクトエフォートマトリクスにプロットしました（**図13-2**）。軸となるのは、「作るのがどれだけ大変か？ ユーザーにどれだけのインパクトがあるか？」です。開発者は、それぞれのアイデアにどれだけの労力がかかるかを話す機会が得られました。プロダクトマネージャーは、ユーザーに向けたインパクトを説明する機会が得られました。

　ミーティングが終わる前に、大きなブレイクスルーがありました。プロダクトマネージャーがいちばん欲していながら開発が難しすぎると諦めていた解決策が、検討していた他のアプローチと比較しても特に難しくないことがわかったのです。プロダクトのユーザーにとっていちばん価値のあるものを届け、開発者の時間をいちばん有効に使うという道に、全員がコミットできました。開発者たちも、素晴らしいと考えていました。**あらかじめ決められたタスクをこなすのではなく、実際にプロダクトを決める対話に参加できたからです。**

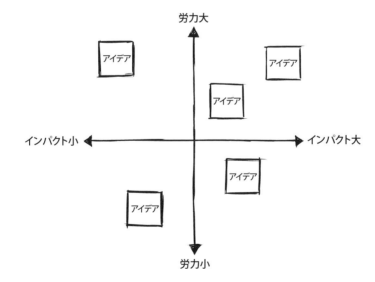

図13-2　インパクトエフォートマトリクス

13.5　分散チームのための非同期コミュニケーション：具体的な期待を設定する

　分散チームでは同期時間の調整が難しいため、分散チームの多くは非同期コミュニケーションをすぐに好むようになります。非同期コミュニケーションによって、すごい量の複雑な問題に取り組む人たちにとっては、必要な柔軟さが手に入ります。午後1時のミーティングは、有無を言わさず1日を半分に割ってしまいますが、メールや共有ドキュメントは、都合の良いときに反応できます。

　開発者の時間とエネルギーを節約するため、分散プロダクトチームは「クイックピン」の山でコミュニケーションする癖を身に付けてしまいます。「ちょっと見てくれる」、「ちょっと質問があるんだけど」といった短いメールやSlackチャットなどの非同期メッセージが大量に飛び交い、通常の業務時間内では処理できないほど溜まってしまうのです。

　クイックピンを送るのは本当に時間がかかりません。でも全体としてとらえてみましょう。それらのメッセージ、それからそれらに対する応答も含めると、メッセージを受け取り、コンテキストを理解し、優先順位づけをする立場からすると、際限のない時間のコミットメントが必要になります。始めるのに1分もかからなかったメールのスレッドが、問題が解決するまで、あるいは放棄されるまで、何日もの生産的な時間を食いつぶすことになるのです。

　送信するのがいちばん早くていちばん簡単な非同期メッセージは、皮肉なことに、返信するのにものすごく時間がかかり不安を引き起こすことが多いのです。フレンドリーに見せたり、しつこく要求しているように感じさせないようにしたりするために、（たとえば、えっと、メッセージを送っている理由とか、欲しい応答の種類とか、期限といった）重要な情報を非同期メッセージに入れないことがあります。送っている側としては、フレンドリーでかっこいいと考えるかもしれませんが、受け取った側からすると、何が必要なのか、いつ必要なのか、どれだけ重要なのかを想定しなければいけないことになります。

　非同期メッセージで扱われる仕事が増えるにつれて、私は、何が必要なのか？　なぜ必要なのか？　をなるべく直接明確に書くようにより気を配るようになりました。実際にやるのは言うほど簡単ではありません。自分を正直でいさせるために、以下のチェックリストを印刷してデスクに貼っています。

「送信」ボタンを押す前に自分に問いなさい。

- メールを読んだ受信者は、10 秒以内に、取ってほしいアクションがわかるか？
- 期待する結果と納期は明記してあるか？
  - （例）金曜日の午後 3 時までにレビューしてほしい
  - （例）来週の火曜日より前にミーティングを設定したい
- 複数の受信者に送る場合は、それぞれの受信者への依頼事項は明確か？
  - （例）情報共有のためにアブドゥルとレイチェルを cc に加えています
- フィードバックを求める場合は、どんな種類のフィードバックを求めているのか、フィードバックを求める理由を明確に示したか？
  - （例）来週火曜日のプレゼンテーションの概要を添付します。全体構成を 10 分以内でレビューしてください。何か抜けていることがあれば知らせてください。木曜日の朝からプレゼンテーションの作成を始めますので、それまでにフィードバックをいただけると大変助かります
- 一般的なフォローアップやチェックの場合は、どんなタイプの**反応・アクション**が欲しいかを明確にしているか？
  - （例）プレゼンテーションの準備のために来週 15 分いただけないかと思ってメールのフォローアップをしています。火曜日の午前中の都合がよいです。午前 11 時はどうでしょうか？

メールでも、Slack でも、Teams や他のチャネルでも、送信する非同期メッセージに時間と労力をもっとかけましょう。そうすれば結果的に、同僚の時間と労力を節約できます。

13.6 「同期サンドイッチ」を作る

分散チームで良い仕事をするためには、同期コミュニケーションと非同期コミュニケーションを最大限に活用したいと考えるでしょう。同期コミュニケーションによって、あなたは同僚と一緒に新しいアイデアを生み出す機会が得られます。非同期コミュニケーションによって、あなたも同僚も、グループでのプレッシャーから解放された状態で自分の考えを磨く機会が得られます。

分散チームで重要な作成物を完成させたり重要な判断を下したりする必要がある場

合、私は「同期サンドイッチ」（**図13-3**）と呼ぶ構成のミーティングを設定します。

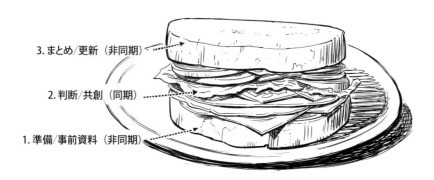

3. まとめ/更新（非同期）

2. 判断/共創（同期）

1. 準備/事前資料（非同期）

図13-3　同期サンドイッチ。どのパンが「1枚め」かと言う点で熱い議論がありましたが、美味しい 具を乗せるのに必要な下のパンを1枚めとします

同期サンドイッチには、3つのほぼ自明なステップがあります。

- ミーティングの1日前までには、事前に読む資料を非同期で送る。自分の考え をまとめる時間が必要な参加者も参加しやすくなり、グループ全体が手持ちの タスクや質問に向き合えるようになる
- タイムボックスを設定した同期ミーティングをファシリテーションし、判断を 下し、ドキュメントを一緒に作成し、事前資料で説明された問題を解決する
- 同期ミーティングから1日以内に、次のアクションを含むフォローアップを非 同期で送る。ミーティングの勢いを削ぐことなく、ミーティングの参加者全員 が、その時点では他のことをやっていたとしても、アウトカムを見て理解でき るようにする

同僚が自分の考えをまとめる時間を取り、その考えを共有の計画や判断として統合 するスペースを確保し、決まった計画や判断を理解して進められる機会を作るため に、この3つのステップは良い出発点になります。自分の同期サンドイッチを書き出 すためのテンプレートは、https://oreil.ly/sJyti にあります。

去年、対面でやっていた長時間のミーティングはほとんどすべて分解して、ビデオ チャットと共有ドキュメントによる一連の小さな同期サンドイッチにしました。アー リーステージのスタートアップでロードマップ作成のエクササイズをやる場合の例で は、まず1時間のセッション1つで、次の3か月、6か月、9か月、1年で達成する必

要のあるミッションクリティカルなビジネスマイルストーンを特定します。セッションの終わりに、合意したマイルストーンを参加者に送り、いろいろな達成方法（既存の製品、新製品、サービス、パートナー）ついて考えてみるように依頼します。そこから、次の同期サンドイッチミーティングを設定し、それぞれのカテゴリーの具体的なアイデアを検討し、インパクトを見積もり、最初のセッションで合意したマイルストーンに沿う形で優先順位を決めます。

　ロードマップ作成の最初から最後までのプロセス全体としては、全部で 1 時間の同期サンドイッチを 4 回、それを 1〜2 週間かけて実施することになります。以前に議論した 3 倍ルールに従えば、準備とファシリテーションを加えて全体として 16 時間かかります。はい、16 時間です。大きなコミットメントです。私の経験では、重要な判断を下す必要のあるチームには、価値のあるコミットメントです。ファシリテーション付きの短いセッションから得られる参加意識と協働のレベルは高く、もっと長く時間をかけて緩い構造で対面で行ったミーティングで経験したものをはるかに超えていました。

　他のコミュニケーションのやり方と同じく、同期サンドイッチもチームと協働し、チームが自分のものとしたときにいちばん価値を生み出せます。参加者が事前資料を読み込んでいなさそうな場合は、同期ミーティングの初めに 10 分ほどの時間を取って、「事前資料を読んで質問を準備する」時間にしましょう。いつものように、チームの具体的なニーズに合わせて調整し、チームと一緒にチームのニーズを理解し取り組んでください。

13.7　非公式なコミュニケーションのためのスペースを作り、それを守る

　家から働くのがあたりまえになるまで、私は午後 3 時のコーヒーブレイクの熱烈な信奉者でした。午後の憂鬱なひとときに、私はなるべくたくさんの人を集めて、町の「いい珈琲屋」まで繰り出しました。デザイナー、開発者、マーケティング担当、プロダクトマネージャー、幹部といろいろな人たちの一団になりました。コーヒーブレイクでは、普段の仕事では直接コミュニケーションする必要性がない人たちを集めることがよくありました。組織にとって、そこでの会話は公式なミーティングの大半より有益だったと思います。

　自宅から働くようになると、**いつでもどこでも**ブレイクを取れるというアイデアは、遠い昔のおとぎ話のように思えてきました。重要な情報パイプライン、信頼でき

る士気ブースターとして機能していた非公式なコミュニケーションの多くがあっという
うまに消えてしまいました。「Zoom ハッピーアワー」や「雑談専用」チャットルー
ムなどで、そういうコミュニケーションを取り戻そうという取り組みのほとんどは、
耐え難いほど落ち着かないものだったのです。

それから数年、チームに非公式のコミュニケーションを取り戻そうという試みは、
小さいながらも有効なステップを進めてきました。オフィスでの儀式を再現しようと
するのではなく、分散ワークのリズム、制約、現実を反映した**新たな儀式を作ろう**と
していました。もちろん儀式のやり方は、チームによって大きく異なります。それで
も、一定のパターンがいくつか見えてきました。あなたのチームの出発点になるで
しょう。

人がお互いを発見するのを助け、つながりを信頼できるようにする

午後 3 時のコーヒーブレイクの素晴らしいのは、人が話し、新しいつながり
を作り、サイロ化されかねなかった情報が共有されるところを実際に**目にする
ことができる**点です。同じような社会的なつながりを作れるようなスペース
は分散チームには存在せず、自然に個別の対話が発生することはありません
（Zoom のブレイクアウトルームを使って、再現しようとしたチームもいまし
たが、想定どおりにうまくいくのをまだ見たことがありません）。

非公式のコミュニケーションをうまくやれているチームは、明示的にしろ暗黙
的にしろ、「全員がオープンな場所でたくさんの情報を共有できるスペースを
作ろう」というモードから、「幅広い人を知れるスペースを作ろう。お互いの
大事な情報交換は、あとで自分たちの時間でやってくれるだろう」というモー
ドにシフトしたようです。Zoom ハッピーアワーや雑談専用 Slack チャネルが
失敗だと思っているプロダクトマネージャーの多くは、有用なフォローアップ
がそれらのチャネルの外で行われていることが**見えていない**ようでした。その
ような会話が実際になされているかを知るいちばんの方法は、いつもどおり、
チームとレトロスペクティブをやることです。

仕事外ですでにやっていることを共有できる機会を作る

チームの参加意識を高めようとしたチームの多くは、ある意味**仕事に似たゲー
ムや活動**をやろうとしました。ちゃんと楽しんでやれているチームや個人もい
るようですが、ただでさえ忙しいところに「娯楽の強制」を追加されただけと
感じている人もいます。私もどちらかと言えば後者です。「娯楽の強制」は困

るくらいいろいろなところで見ますし、そうやったところで、同僚の本当の個性や嗜好などはわかりません。

チームにまったく別のアクティビティに参加してもらう代わりに、私の知っているプロダクトマネージャーの多くは、メンバーがすでに仕事外でやっていることを共有してもらう機会をうまく作っています。たとえば、一緒に仕事をしたあるチームは、「月曜日に思い出す」スレッドを Slack チャネルに作り、週末にやった楽しいことをみんなで共有できるようにしています。小さくて強制でもないアクティビティのおかげで、チームはメンバーお互いを個人として知れるのです。ハイキングやコンサートに一緒に行くようになった人もいます。そういう話は枚挙に暇がありません……。

安全で安心と感じられるなら、対面できる時間を作ってみよう

分散環境における非公式のコミュニケーションは、対面とはまったく違うことは理解できました。一方、対面の非公式コミュニケーションには他にない価値があることも確かです。安全安心と感じられる状況で対面による活動を再開するようになって、同僚と食事や散歩を一緒にできないことで失っていたものに気がつきました。もちろん、まずは安全で安心であることです。オフサイトで大規模な対面のイベントをやりたいなら、参加者個人個人の安全安心の基準は違うことを理解し、それぞれの基準を尊重してください。

自分のブレイクを忘れずに

コーヒーブレイクは、まず第 1 にブレイクです。効果的に同僚とコミュニケーションする時間とエネルギーを維持したいなら、まずは自分が休んで充電する時間が必要です。「月曜日に思い出す」チャネルや、新メンバー歓迎の Zoom コールに入る時間さえないと言うチームメンバーがいたら、必要な休憩を取れているか、何か助けられることはないか、優しく聞いてみましょう。

分散ワークへのシフトは、簡単でも予測可能でもありません。非公式のコミュニケーションに期待すること自体の大幅な調整が必要になることも多いです。でも、分散ワークが優劣ではなく、ただ**違うこと**を本当に受け入れられれば、世界中の人たちと強固な関係を築くことのできる素晴らしい機会でもあるのです。

２つのオフィスをつなげる非公式対話のスペースを作る

トニー・ハイル

プロダクトシニアディレクター、Twitter

前 CEO、Scroll（https://scroll.com）

Chartbeat の CEO だったとき、チームは全員が同じ部屋で働いていました。採用が難しいのと、ちょっとうるさいのが難点ですが、偶然の会話というはるかに大きな利点がありました。うまくやれているチームにとって、信頼は大きな位置を占めます。そして、信頼は公式の定例ミーティングの外での会話で培われるのです。対面での交流が好きですが、分散チームとはいつもできるわけではありません。

Scroll では、オレゴン州ポートランドとニューヨークにオフィスがありました。２つの物理的に離れたオフィスのあいだで、偶然の会話ができる部屋をどうやったら作れるかという、おもしろい問題に取り組むことになりました。

この問題を解決し、共有されたスペースであるという感覚を育むために、２つのオフィスのあいだに常時接続のビデオリンクを設置しました。オフィスに出勤すると、部屋の中央にある大きなスクリーンで、別のオフィスに出勤している人全員が見えます。ちょっと聞きたい質問や話したいことがあったら、ボタンを押せばオーディオリンクがつながります。公式なミーティングを設定しなくても、ボタンを押して、同じ部屋で一緒に働いているときと同じように「ちょっといい？」と声をかけるだけです。ニューヨークとハンガリーのチームを同じようにつなげたというゴーカー・メディアから着想を得ました。

大人数のメンバーが全員がリモートで働いている状況でも適用できるやり方かどうかはわかりません。私たちにとっては、そうすることでしか得られない対話のスペースを開くことになりました。チームの仲間意識やチーム内コミュニケーションに大きな差をもたらしました。プロダクト開発には、欠くことのできないものです。

13.8　ハイブリッドな時代：対面とリモートのバランスを取る

　これを書いている時点で、リモートワークの未来について確実に言えることは、何も確実なことはない、ということです。「職場回帰」するとの予想であふれましたが、これまでのところ、どれも当たっていません。未来は、ある程度の「ハイブリッド」になるのは確かでしょう。家から働く人もいれば、オフィスから働く人もいます。「出勤日」が数日、「在宅勤務日」が数日といった働き方などもあるでしょう。

　本章の中心となるアイデアは、チームのコミュニケーションは、積極的に取り組み、一緒に育むべきものだということです。オフィスで働くことと自宅から働くことの境界が曖昧になり複雑化していく状況ではなおさらです。複雑さが増すほど、必要なコミュニケーションも増すことを忘れないでください。コミュニケーションを続けましょう。

13.9　まとめ：あなたのコミュニケーション能力の強化トレーニング

　プロダクトマネジメントは難しいものです。リモートプロダクトマネジメントはさらに難しくなります。でも、共有オフィススペースがないことで、チームとどうコミュニケーションするかという点により思慮深く取り組むようになりました。リモートワークを自分のコミュニケーション能力の強化トレーニングと考えてみましょう。今はしんどくて快適ではないかもしれませんが、次に難しい仕事をするときに、やっておいてよかったと思うことでしょう。

13.10　チェックリスト

- リモートワークと対面での仕事に優劣はないと認識しましょう。単に違うだけです
- すべての分散チームは、それぞれ違うことを認識しましょう。チームの一人ひとりを知り、一緒に働くことで、個々のニーズに合ったリズム、ペース、チャネルを見つけてください
- 「メッセージを同僚から受信したとき、どれくらいすばやく返信することが期待されているか？」といった質問に対して、明確で一貫した回答が適切に文書

化されているようにしましょう

- コミュマニュアルなどの運用マニュアルを一緒に作り、チームの信頼をむしばむ日々の誤解を避けましょう

- 特にタイムゾーンをまたいでいる場合、チームにとって貴重な同期時間をうまく使うために熟慮しましょう。「進捗報告」ミーティングがメールで簡単にできそうなら、チームにどう思うか聞いてみてください

- 分散チームで同期ミーティングを効果的に行うには、準備と練習がたくさん必要なことを忘れないでください。チームのために1時間の同期ミーティングを行う前に、3時間の準備と計画の時間を取りましょう

- 共有ドキュメントとビジュアルプラットフォームを利用して、リモートミーティングでの直接参加を促しましょう

- 曖昧でオープンエンドな質問のメールをチームに送ろうとする衝動に耐えましょう。やってほしいこと、やってほしい理由、期限を具体的に示しましょう

- 重要なミーティングの前に事前資料、終了後にフォローアップを送りましょう（同期サンドイッチ）

- チームメンバーが自分の活動や興味を簡単に共有できる機会を用意してください

- ハイブリッドワークの未来を見つけたという人のことを信じないでください。絶えず注意を払い、変化に対応して調整し、チームと率直にコミュニケーションを続けましょう

14章
プロダクトマネージャーのなか のマネージャー（プロダクト リーダーシップ編）

　プロダクトマネジメントの現実に向き合う準備ができていなかった私は、プロダクトリーダーシップを取る準備はそれ以上にできていませんでした。とは言え、自分としては準備できているつもりでいました。何年ものあいだ、毎日胃を痛めながらプロダクトマネジメントをしてきたので、組織をどのように運営するかについては全部わかったと思っていました。少なくとも何をしては**いけないか**は全部わかったつもりでした。自分では、「責任者がどうしてこんなにわかりやすい失敗をするのかわからない。もし適切なポジションに昇進できたら、全体の混乱を一瞬で解決できるのに」と思っていたのです。

　何回か昇進したあとも、「全体の混乱」は解決されないまま、ほとんど残っていました。そして、状況を改善しようと取り組んだほとんどの施策は、自分がプロダクトマネージャーだったときは別に問題なく機能した施策だったにも関わらず、より状況を悪くしているようでした。かつて私自身も仕事終わりの飲み会でリーダーの悪口を言っていましたが、そんなリーダーたちにも、少しずつですが共感するようになってきていました。

　そのうちに、**私の**悪口を言うために仕事終わりの飲み会が催されているのではと思うようになりました。「クールな上司」でいたかったのですが、直属の部下のミスが自分の印象を悪くするのではないかと恐れるようにもなっていました。課題を抱えたメンバーが自分のところに来ると、昔の癖が出て「わかる、そうだよね、この会社はめちゃくちゃだよね！」と同情を示すようになっていました。当然ながら、表向きは会社をちゃんとさせるべき立場の人間のセリフとしては、これはまったく適切ではありませんでした。

　要するに、マネージャーになるにあたって、どれだけ学び、アンラーニングをし、

そして再度学ぶべきか、もっと理解できていればよかったと思います。新任、あるいはマネージャー志望の人向けには多くの素晴らしい資料があります。たとえば、リチャード・バンフィールド、マーティン・エリクソン、ネイト・ウォーキングショーの『Product Leadership』(O'Reilly)、ジュリー・ズオの『フェイスブック流 最強の上司』（マガジンハウス、原書 "The Making of a Manager" Portfolio）、そして、カミール・フルニエの『エンジニアのためのマネジメントキャリアパス』（オライリー、原書 "The Manager's Path" O'Reilly）といった本です。これらの本をすべて読み、面識のあるプロダクトリーダーに頻繁にアドバイスを求めてください。本章で説明するように、良いプロダクトマネージャーであることが、良い**マネージャー**やリーダーになれることを保証するものではありません。

　本章の目的のため、「公式な組織構造を通じて、あるいは非公式に築いてきた信頼関係にもとづいて、他人の仕事に責任を持つ人物」を指して、**マネージャー**や**リーダー**と便宜的に呼んでいます。プロダクトマネジメントのあらゆることと同じように、この区別は不明確かつ曖昧になりえます。大切なことは、組織図上で正式に表現されていようとなかろうと、特定の職責を組織において担っていると理解し、遂行することです。

14.1　出世する

　ほとんどのプロダクトマネージャーには、そのキャリアにおいて、知らず知らずのうちに「私は昇進に値する」というセリフを口に出す時期がやってきます。そしてすぐに、厳しくも重要な教訓を学ぶことになります。

　確かに、私も駆け出しのころは、昇進は大きな変化をもたらす力をくれる輝かしい賞品だと考えていました。自分のすごいアイデアがこの会社で実現できないのは、プロダクトロードマップ全体に権限を持っていないからだと、周りの誰にでも聞こえるような声で文句を言いました。自分より社歴の長い同僚には、自分は丸1年在籍しているのにまだ昇進していないと文句を言いました（元同僚のみなさん、ごめんなさい）。私は好戦的で、権利を主張しがちで、いわゆる嫌な奴でした。

　最終的に、自分が頼りにしていたバランスが取れていて思慮深いエンジニアリング担当VPに連絡を取りました。一つひとつのテーマについて、自分がいかに優れているかぶちまけました。もう**1年**もここにいる！朝・昼・晩、いつだって働いてきた！3人分働いてきた！たくさんのプロダクトをリリースした！私は心を打つエッセイを「これが、私がシニアプロダクトマネージャーに値する理由です」と締めくくりま

した。

エンジニアリング担当VPは、笑顔を浮かべて「教えてくれてありがとう」と言いました。「会社のためにたくさんの素晴らしい仕事をしてきたようですね。では聞きます。シニアプロダクトマネージャーの職責は何だと思いますか？」。

私は固まりました。どういうわけか、そのことについてまったく考えたことがありませんでした。「えーとですね、ご存じかと思いますが、それはその……プロダクトマネージャーみたいで……あー……もっと権限があって……えー……もっと範囲が広くて……その……プロダクトの？」。またも、私を待っていたのは寛大な笑顔でした。そして彼は「ちょっとこんなお願いをしてみよう」と切り出しました。「あなたが思うシニアプロダクトマネージャーの職務記述書を書き出してください。そして、現在あなたが果たせている責任と、まだできていない責任に踏み出すための成長計画をまとめて一覧にしてほしいのです」。

私は苦虫を噛みつぶしたような顔になりました。まだ独りよがりの高揚に包まれていた私は、「もしそれが全部うまくできていたとしたら？」と口走ってしまいました。それでもやっぱり、寛大な笑顔です。「あなたにはそれが何かすらわかっていないんです！ それに、成長の余地は必ずあります。自分はこの役割を完璧にこなせているなどと言う人は、自分の役割をきちんと理解していないのです」。

その最後の発言は腹にパンチを食らったような衝撃がありました。そこにいたのは、プロダクトマネジメントのキャリアを始めて1年かそこらで「自分は世界で最高の**プロダクトマネージャーだ。別に学ぶことなんてない**」と主張していた私でした。そうやって「私は昇進に値する！」と言うこと自体が、自分にあると主張する経験や熟練度が足りていないことを露呈していたのではないでしょうか？

端的に言えば、答えは「はい」です。エンジニアリング担当VPとの厳しい会話は、私にとっての贈り物となりました。以来、おかげさまで、何人ものプロダクトマネージャーに伝えることができたのです。それは、成熟した優れたプロダクトマネージャーなら「私は一生懸命働いてきたし、素晴らしいので昇進に値する」などと考えたりしない、という現実でした。

本書を通して議論しているのは、素晴らしくて、難しくて、厄介な仕事にそれぞれが没頭し始める前に、私たちは自分たちのビジネスとそのユーザーのアウトカムを上げようと努めるところから始めるべきだということです。この原則は、組織内、あるいは組織をまたいで昇進を目指すときにも有効です。以前Mailchimpで一緒に仕事をする栄誉に恵まれたプロダクトリーダーのデイビッド・デューイは、昇進を打診してきたプロダクトマネージャーに最初にする質問を教えてくれました。「今

会社が成し遂げられていないことで、昇進すると会社が成し遂げられることは何ですか？」。この質問の何が素晴らしいかというと、自分の理想とする役割の潜在的なインパクトと、なぜ**自分**がそのポジションにふさわしいのかを考えざるを得ない点です。ベン・ホロウィッツが「Good Product Manager/Bad Product Manager」（https://oreil.ly/z3688）で述べた考え方に立ち戻ると、自分の役割のインパクトを明確にし理解することは、良いプロダクトマネージャーの仕事の一部なのです。

14.2　びっくり！ あなたがしていることはすべて　　　間違い

　ともかく、あなたは職務記述書と成長計画をまとめました。自分が現在している仕事の影響力と、自分がプロダクトリーダーシップの役割に昇進すると高まる影響力について雄弁に伝えました。そして、昇進を勝ち取りました！ あなたは今や複数のプロダクトをマネジメントすることになりました。メンバーは複数いるかもしれませんし、メンバー1人と**非常に重要な**プロダクト1つ、という場合もあるでしょう（またも変化は止まりません！）。

　これまでの人事評価では「物事を**成し遂げる**ロックスター」と評価されていました。美しいプロダクト仕様を書き、目をみはるようなミーティングをファシリテーションし、上司らしく自分の時間と取り組みに優先順位をつけています。そして今、より多くのことをこなせるようになっています！

　ちょうど新しい役割に慣れ始めたころ、若手プロダクトマネージャーが新しいプロダクトの提案資料を持ってきます。そしてそれは……、自分のドキュメントより確実に美しくはありません。答えておいてほしい論点にもすべて答えられてはいません。さらにいちばん困ったのは、完全に同意するかは迷うような提案で締めくくられているところです。

　チームはこれを明日、経営陣に提案しなければいけません。カレンダーはすでに埋まっています。あなたは期待に応えることに定評があります。昇進を果たしたばかりで、失敗したくありません。しかし、プロダクトリーダーシップの役割になって早々、チームと距離を作るわけにもいきません。というわけで、なるべく親切かつ広い心で「これは素晴らしい。どうもありがとうございます。もしよければ、ちょっと見させてもらって、手を入れてもいいですか？ いやー、本当にどうもありがとう！」と言うことにします。

　あなたはその日の夜8時、ドキュメントを開き手を入れます。ここの文章はちょっ

と書き換えが必要だな。このデータはもう少し明確にしないと。提案資料の最後を飾る提言を書き換え、自分が裏付けられる程度の内容になるようにします。夜10時ごろ、「これできっとうまくいくはずです」と励ましの言葉を添えて、若手プロダクトマネージャーに送ります。PCを閉じて、満面の笑みを浮かべます。こんなに夜遅くまで、チームがうまくいくように残業しているのです。こういった「プロダクトリーダーシップ」は、結局は自分のためになるのかもしれません。

　翌日、あなたはその重要なプレゼンテーションに参加し、あなたの編集した提案資料を言葉を詰まらせながら説明する若手プロダクトマネージャーを見ることになります。経営陣はほとんど関心がないようでした。自分にとっても若手プロダクトマネージャーにとっても、このプレゼンテーションを失敗したくなかったので、割り込むことにしました。「どうもみなさんすみません。少しこの提言の背景にある考えについて補足させてください」。経営陣がピクっと反応します。いくつか質問が出ますが、いずれも事前に回答の準備ができています。提言は承認され、みんな喜んでいるように見えます。

　みんなと言っても、ミーティング終わりの挨拶もせず、さっとログアウトしていた若手プロダクトマネージャーを除いてです。すぐにSlackでDMを送りフォローします。「大丈夫？ 上出来でしたよ！ ちょっとだけミーティングを乗っ取ってしまっていたらごめんなさい。だけど、幹部に私がサポートに付いているところを見せておきたかったんです」。この文章を打ちながら、自分がそれほど心から謝っていないことに気づいています。これはいちかばちかのプレゼンテーションでしたが、確実に成功させたかったし、実際に成功したのです。

　数週間経つと、その成功の勢いは衰えます。次の1on1ミーティングで、若手プロダクトマネージャーは涙をこらえながら訴えました。当初の提言はエンジニアとデザイナー全員とで協力して作ったものだったのに、あなたの提言に置き換えられてしまったことで多くの信頼を失ってしまったと言うのです。さらに悪いことに、社内の別のプロダクトマネージャーは若手プロダクトマネージャーを完全に無視して、代わりにあなたの予定を確保しようとするようになりました。結局、裏で糸を引いて大きな意思決定を下すのがあなただとみんな知っているのです。やれやれです。

　プロダクトの世界では、インディビジュアルコントリビューターの昇進する理由が、リーダーとしては効果的とは言えない行動である場合があります。そして、プロダクトリーダーシップの役割を担うようになると、こういった行動を続けると、互いに関連し合うマイナスの結果をもたらします。それは、自分自身は燃え尽き、チームはやる気も自信も失うことです。古い行動様式を忘れ（アンラーン）、新しい行動様

式を学ぶ（ラーン）必要があるという事実を受け入れましょう。そして、自分の肩書きがいかに立派でイケていようと、新しい行動様式は簡単には身に付けられるものではありません。

14.3　自分自身に課す基準は自分がチームに課す基準

ここ数年、私を訪ねてくるプロダクトリーダーの多くは、チームが燃え尽きる瀬戸際にいることを深く心配しています。「今ちょうど大変なときで、みんなのことが本当に心配なんです。休暇を取ったり、ワークライフバランスを調整したり、一日が終わったら仕事から離れるよう言い続けていますが、まだまだ作業時間も長いし作業量も多すぎだと感じます」と私に言うのです。

それを聞いて私は「**ご自分**は休暇を取ったり、ワークライフバランスを保つことを意識したり、一日の終わりに仕事から離れたりしていますか？」と尋ねます。たいていの場合、この質問には正当化と言い訳の言葉が返ってきます。「まあ、私はそうしようとしてるんですけどね。でも今、チームは私を必要としていますし、やることがたくさんあるんです。**私は残業してまで、チームのメンバーが仕事から離れられるようにしてるんです！**」。

プロダクトリーダーは、まったく同じことをチームが私に伝えたと知ると、たいていは驚きます。

これはもうどうしようもないのですが、プロダクトリーダーであれば、自分自身に課す基準は自分がチームに課す基準になります。もしあなたが夜 8 時までオフィスにいるなら、どれだけ違うと主張しても、チームは自分たちも夜 8 時までいることを期待されていると考えます。もしあなたが土曜日の午後 3 時にメールを送るのであれば、（13 章で議論したように、チームの「コミュマニュアル」で明示的に指定している場合を除けば）チームは土曜日の午後 3 時に返信しなければと考えます。そしてもし自分が 3 年間休暇を取っていなければ、お察しのとおり、チームも「無制限の休暇」制度を使おうとはしないでしょう。

プロダクトリーダーが、やることに圧倒されて忙しすぎて休みを取る暇がないとか、夕食後に PC の電源を切れない、と言ってくる場合によく勧める簡単なエクササイズがあります。同じようにやることに圧倒されている若手のプロダクトマネージャーにもお勧めしているものです。それは、**自分がやっていること**をすべて積み上げて、チームがゴールに到達するのに役立つ順序に並べることです。それから、実際の勤務時間中にまあまあ終わらせられる量の下に線を引くのです（**図 14-1**）。線の下

にあるものは全部委譲するか、形を変えるか、単にやめるだけです。

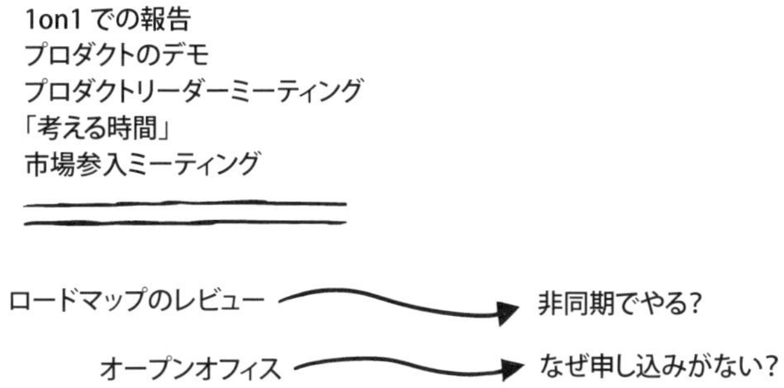

図14-1　影響度の高いものから低いものまで順番に積み上げられたメモ付きのリスト（あなたのリストはもっと長くなるはず！）

　プロダクトリーダーが1日のToDoリストから影響度の低い行動を削除し始めると、チームのメンバーも同じことがやりやすいと感じることはよくあります。あなたがチームの「ために」するすべてのことは、チームからすれば、受け止め、見直し、対応しなければいけないことです。突き詰めれば、優れたプロダクトリーダーになることは、残業時間や一生懸命さ以外の方法で自分の価値を測るすべを学ぶことなのです。

幹部に反射的に「はい」と応えることがいかにチームを壊滅させ、あなたを昇進させるか！

Q・S
プロダクトマネージャー、技術系大企業

　数年前、同僚である部門長レベルのプロダクトリーダーが、会社のCEOに意見を聞いてもらう珍しい機会を得ました。何よりこのプロダクトリーダーは、CEOが私たちの取り組みを気に入ったことをとても喜んでいました。「これは素晴らしい。火曜日までにリリースできますか？」とCEOが聞きました。同僚は、間髪入れずに「もちろんです」と答えたのでした。

　CEOの関心で大胆になったこのプロダクトリーダーは、チームに戻ると「週末の予定をキャンセルしてください。家族に電話をして、しばらく会えないと伝

えてください。CEO が火曜日にこれを欲しいと言っているので、実現させない
と」と言いました。チームはプロダクトを世に送り出すべく必死の努力を始め、
実際にそのとおり送り出すことができました。

　数週間後、メンバーの何人かはそのまま辞めてしまいました。事前の予告なし
に週末を会社で過ごしたいと思う人は誰もいません。辞めた人を責められるはず
がありません。ところで、チームをリードしたプロダクトリーダーはどうなった
でしょうか? 昇進しました!「物事を達成できるプロダクトリーダー」と評判
になり、すぐに VP になりました。

　今日まで絶えず思い浮かぶことがあります。もし、あの部門長が CEO に「は
い」と言う代わりに、「それはわかりません。チームに確認します。差し支えな
ければ、なぜ火曜日でなければいけないのか教えていただけないでしょうか?」
と言っても昇進できたでしょうか? 昇進しないだろうと想像するのは簡単なこ
とで、その疑念こそが彼があの瞬間「はい」と言った理由だと推測できます。し
かし、その「はい」は、チームと組織全体にとって多大な代償となったことは間
違いありません。いちばん優秀なエンジニアが何人か失われたのです。

　今は自分が似たような状況に直面したとき、このことを思い出すようにしてい
ます。**シニアリーダーから質問があったときは、努めて好意的に解釈した上で、
暗黙の要求としてではなく、本当の質問として扱うことにしています。また、自
分自身からの質問も同じく暗黙の要求として受け取られるかもしれないことに気
をつけています。**物事を額面どおりに受け取るという単純な作業は、とても勇気
が必要なことです。反射的に「はい」と言ったときのように、すぐに肯定的に評
価をしてもらえるわけではないでしょう。しかし最終的には、それがチームの満
足度と組織の健全性を高めます。

14.4　自律性の限界

　この 10 年ほどのあいだに、プロダクトリーダーシップの議論を決定づけた 2 つの
言葉があるとすれば、それは「自律」と「権限委譲」です。自律とは「マイクロマネ
ジメントせずに、チームに賢い判断をさせる余地を作ること」であり、権限委譲とは
「決定したことを効果的に実行するために必要な情報とリソースをチームに与えるこ
と」です。

これらは崇高かつ健全なゴールですが、効果的に達成することの難しさは並大抵ではありません。マーティ・ケーガンの『EMPOWERED』（日本能率協会マネジメントセンター、原書 "Empowered" Wiley）やクリスティーナ・ウォドキーの『Team That Managed Itself』（Cucina）といった本では、権限委譲されたチームの現実を具体的に描き、そのようなチームを生み出す困難さを説明しています。

残念ながらプロダクトリーダーのなかには（もちろん私もそうでした）、「自律」（とマイクロマネジメントへの恐怖）とは、単に「チームを放っておいて良い仕事をさせる」許可だと誤解している人が多いです。これは、自分の古い習慣が新しい役割では役に立たないことに気づき始め、ますます広がる責任範囲のバランスを取るのに苦労しているようなプロダクトリーダーにとっては魅力的な幻想です。

この誤解を両側で見た経験のある私としては、「好きなようにやればいい」という言葉は最終的に自律も権限委譲も生まないと断言できます。食事会を計画しているときは「何でもいいよ！」と言っていた人たちが、いざ食べ始めるとなると事前に言わなかった好みや食事制限について語り出し、苦労したことがある人も多いはずです。たいがいの人は結局注文するときに食べ物に対するこだわりを見せますし、ほとんどのプロダクトリーダーも結局プロダクトを作るときにプロダクトに対するこだわりを見せます。プロダクトリーダーが「マイクロマネジメント」から「自律」に大きく舵を切るのを何度も見てきましたが、チームにとっては、プロダクトリーダーの欲しいものを**作ること**から、プロダクトリーダーが欲しいものを**察すること**に急に変わっただけでした。そして、私が間違ってビーガンの人たちを「PORK」というお店に連れて行ってしまったときと同じように、チームはおそらく間違った推測をする可能性があります。

権限委譲されたチームに関する定番の記事の1つ（https://oreil.ly/kOWUB）（マネジメントとリーダーシップの違いについての示唆に富んだ視点も含んでいます）で、マーティ・ケーガンは「権限委譲された」チームは切り離されたチームという意味ではないことを明確にしています。

> チームが本当の意味で権限委譲されるには、リーダーの考えるビジネスの背景、特にプロダクトビジョンが必要です。それから、マネジメントの支援、特に継続的なコーチングは欠かせません。そうすることでチームは、自分たちに与えられた課題を解決するための最善の方法を見つけられるようになっていくのです。

つまり、単に「チームを放っておく」ことは権限委譲をすることとは違います。優

れたプロダクトリーダーシップとは、現場のチームとつながりを断つことではなく、むしろチームを支援する新しい方法を見つけることです。

14.5　明確なゴール、明確なガードレール、小さなフィードバックループ

　プロダクトチームをマイクロマネジメントしないように支援することは、すべてのプロダクトリーダーにとって難しいことです。それぞれのプロダクトリーダーがそれぞれの方法を持っていますが、バランスを取るのに一貫して役に立つことが3つがあります。明確なゴール、明確なガードレール、そしていちばん重要なのは、小さなフィードバックループです。

　チームに明確なゴールを提供するという考え方は非常に明快で、本書や他の多くの本で詳しく議論されています。チームがどうやって成功を定義するのかわからなければ、成功を実現できません。10章で議論したように、アウトカムとアウトプットのシーソーを「アウトカム」側に倒すことがチームの実行力をさらに高める力になります。

　明確なガードレールを提供するのは少し難しいのですが、それはプロダクトリーダーがマイクロマネジメントの瀬戸際に向かって歩いているような感覚によくなるからです。しかし、プロダクトリーダーはチームが入手しづらい重要な情報を入手できることが多くあり、その情報を自分の手元にとどめておいてもチームのためになりません。たとえば、自分のチームの1つが現在評価している特定の解決策にCEOが猛烈に反対していることや、極秘の買収計画のため、特定の技術システムが数か月以内に廃止される可能性があることを知っているかもしれないのです。これらはプロダクト組織が乗り越えなければいけない現実的な制約や懸案事項であり、責任追及や言い訳じみた物言いを避けて伝えるためには、勇気、自制心、練習が必要です。

　最後にいちばん重要なこととして、優れたプロダクトリーダーは、小さなフィードバックループで仕事をします。プロダクトリーダーはカレンダーが埋まっているような忙しい人が多く、それがチームとの会話の間隔を広げてしまう要因になってしまうことがあります。これによって、チームに与えられたゴールやガードレールを誤解したり、すでに閉ざされた道を進みすぎたりする可能性が残ります。あるいは、プロダクトリーダーが見る前にチームが先走りすぎて、「おや、少し誤解があるようだ」と言われることもあります。

　プロダクトマネージャーとして最悪だったのは、プロダクトリーダーシップ向けの

重要なプレゼンテーションで、たったひとこと「いや、これは欲しいものとぜんぜん違う」と言われたときです。しかし、自分自身がプロダクトリーダーになったとき、何年もかけてこういった経験から学んだことは、「嫌な奴になるな」ではなく「フィードバックがないままで長期間放置するな」でした。今では、プロダクトリーダーに、チームと何をレビューするにしても、その前に長い時間を取るのを避けるようはっきりとアドバイスしています。「忘れないでください。うまく行くやり方はこうです。ドラフトの作成に 1 時間以上かけてはいけません。数日以内にできたものを持ってきてください。一緒にレビューしましょう」。

　未完成のドラフト（9 章で議論したタイムボックスで作るペライチなど）と小さなフィードバックループによって、組織全体にわたってビジョンと実行をよりうまくそろえられます。これはまた、自分が提供したガイドラインとガードレールが、具体的なプロダクトのアイデアに取り入れられる過程で失われたり誤解を生んだりするのを先んじて防ぐことに役立ちます。

避けられない「お前のプロダクトは最低だ」メールとの付き合い方

マイケル・L
プロダクトリーダー、成長ステージのスタートアップ

　プロダクトリーダーになるころには、自分の持つ大まかな責任がどのようなもので、それをどう扱うかについてかなり理解が進んでいるでしょう。チームを築き、規律を整え、チームを奮い立たせて動かし続けます。他の機能領域のリーダーたちと交流し、何が起きていて、なぜ起きているのかを確認します。こういったことをすべて上手にこなしても、プロダクトリーダーシップの役割をする人はほぼすべて、「なんでお前のプロダクトはダメなんだ？」という CEO からの露骨なメールを大勢の宛先の 1 人として受け取るときが来ます。

　私自身のキャリアのうち特に思い出深い例が 1 つあります。それは、私やCTO を含む部門を横断した多くのリーダーに送られた CEO からのメールで、「顧客サポート体験がとっ散らかっていて、これは承服できない。誰が責任を持っているんだ」と問うものでした。私たちは、KPI への関連性が高い他の仕事をするため、顧客サポート体験の刷新を先送りにしていました。そのころ導入したロードマップツールを見れば、誰でもそれが見えるようになっていました。

でも、ロードマップに載っているというだけでは、なぜ、どういう根拠でそれが優先されたのかは、CEO を始めとして、誰にでもわかるわけではありません。実際にプロダクトの体験が悪い状況ならなおさらです。

ですから、このメールが来て、どう返したものか考えました。私が何か返す前に、別のリーダーが「私は自分のチームの判断を支持します。できることには限りがあります」と口を挟んできました。このような状況で自分のチームを守ろうとする衝動は完全に共感できますが、この返信は状況をさらに悪化させる結果になり、激しいメールの応酬が週末を通して続きました。結果として CEO が「これは悪い意思決定だった。背景に戦略的な思考が見えてこない。それにもし自分が顧客なら、こんなひどい体験をしたアプリは二度と使わない」と断言して終わりました。

肝心なのは、必ずしも CEO が間違っているわけではないことです！ 私たちが何を優先するかの判断を間違った可能性が高いのです。最終的に、私のチームのグループプロダクトマネージャーがまず自分たちがやらなければいけなかったことを巻き取って整理しました。幹部にどのように優先順位が決定されたかひととおり説明し、CEO のビジョンにより一致するよう修正したのです。

プロダクトリーダーシップの役割に就いて、表向きはどんなにうまくいっているように見えても、「なんでお前のプロダクトは最低なんだ？」というメールを受け取ることがあることは覚えておくとよいでしょう。 それから、その瞬間、とてもつらい思いをすることにもなります。詐欺師にでもなった気分になると思います。自分が最低なせいでプロダクトも最低なのではないかと思うかもしれません。しかし結局、このような経験から学べることが常にあります。すべてのプロダクトリーダーは強みも弱みもあり、良い日もあれば悪い日も経験して、失敗もします。本当に難しいのは、こういった失敗からの学びに開かれた姿勢でいることなのです。

14.6　自分自身を客体化する

直感とは反するものですが、「自らを不要とせよ」という組織化の CORE スキルのための行動指針は、プロダクトリーダーになっても有効です。最高のプロダクトリーダーは自分の知識や知恵、経験を客体化することで、日々の細かいプロダクトの開発

に過剰に関与しなくてもチームを導けるよう、常に努力をしています。

　本章で説明した小さなフィードバックループは、どのような助言がいちばん緊急で重要かを特定するのに役立ちます。たとえば、一緒に仕事をしたあるプロダクトリーダーは、チームが定義した「アウトカム」が、実装しようとしている機能リストのように見えるというフィードバックを常に受けていることに気がつきました。複数のプロダクトマネージャーと同じ会話をしたあと、何がアウトカムで何がそうではないかを評価する際に考えるべき点をチェックリストにして共有しました。

- それは計測可能か？
- 自分たちのコントロールできる範囲の少し外側か？（マーケットからのフィードバックが必要か？）
- 今年の会社のゴールにつながるか？

　同じように、本章ですでに取り上げたプロダクトリーダーのデイビッド・デューイは、個人やチーム間の対立の仲裁依頼が多かったので、プロダクトリーダーシップの指針を書き上げました。許可がもらえたので、いちばん気に入っている部分をここに引用します。

> 私はコミュニケーションこそが、ほとんどすべての問題の解決策の扉を開くカギだと信じています。何かが起こっているだとか、誰かが何かを考えているだとか言う人がよくいますが、「当事者と話しましたか？」と聞くと、答えは「してません」です。私からの返答は「今私に言ったことをそのままの言葉で相手に伝えてきてください」です。

　このようなシンプルな文書を作って共有することで、時間をやりくりしながらも影響力を広げられます。さらに、自分の思考プロセスを客体化することで、その思考プロセスそのものの理解も深まり、プロダクトリーダーシップに対する自分自身の取り組みをふりかえる絶好の機会にもなります。

14.7　プロダクトリーダーシップの実践

　プロダクトリーダーシップの旅路でよく遭遇する3つのシナリオを見ていきましょう。これらのシナリオは厳密には正式なプロダクトリーダー向けではありませんが、現役のプロダクトマネージャーであれば誰でもリーダーシップスキルを育てられるも

のです。以前の章と同じように、読み進める前に時間を取って、自分だったらどう対処するかふりかえってみてください。

14.7.1　シナリオ1

　エンジニア：やることになっていた作業が終わりました！ 次は何に取り組めばいいでしょうか？（**図14-2**）

図14-2　エンジニアが次に何に取り組むか尋ねる

実際に起こっていること

　これは、昇進を目指そうとするプロダクトマネージャーにとっては、いちばんうれしい瞬間の1つでしょう。明らかに、チームのなかに信頼と信用を築いていて、**本物の**プロダクトマネージャーが尋ねられるような重要な質問を受けています。しかし、2章で議論したように、チームのメンバーがこの質問をすること自体、自分自身がチームのボトルネックになり、かつ自分の組織化スキルを培うことに失敗している兆候かもしれません。自尊心は満たされるかもしれませんが、チームにとっては問題

です。

あなたがすること

　チームの全員が、目指しているゴールと、そのゴールを達成するための戦略について、一点の曇りもなく理解しているか確認してください。これはチーム全体の意思決定プロセスをレベルアップするために、自分を客体化し、体系化する非常に重要な瞬間の1つです。次に何をするのか常にわかるような、透明性の高い優先順位づけの仕組みを作りたいとチームに伝えてください。それから、その仕組みを一緒に作ってください。

パターンと避けるべき罠

これを作ってください！

　繰り返しになりますが、英雄的なプロダクトマネージャーになって即座に回答する誘惑に抵抗してください。あなたに聞かなくてもチーム全体がこの質問に回答できるはずです！

好きなものを作ってください！

　プロダクトマネージャーのなかには、チームに「次に何をしたいですか？」と聞くだけの優先順位づけのミーティングを実施する人もいます。これは、同僚のやる気を維持するためのいちばん簡単な方法に感じられるかもしれませんが、結局は意見ではなくアウトカムに対して優先順位をつけなければいけません。

ごめんなさい、本当に忙しいんです。次の優先順位づけミーティングで話しませんか？

　チームのエンジニアが優先順位づけのミーティングとミーティングのあいだで何をすべきか迷う場合、カレンダーが埋まっていることよりも大きな問題があります。エンジニアを追い払うのではなく、何が起きているのか深く理解するために時間を作ってください。エンジニアチームはやることがなくなってしまったのでしょうか？　次に何が来るのかをつかもうとしているのでしょうか？　そうだとして、それはなぜ？　辛抱強く質問し、耳を傾けてください。

14.7.2　シナリオ2

他のプロダクトマネージャー：ところで、この仕事はどちらかと言うと私たちの管

轄だと思います。ここからは自分たちでやるので、何か必要なことがあれば声をかけます（**図14-3**）。

図14-3　もう1人のプロダクトマネージャー「了解！」

実際に起こっていること

より複雑な組織で多くの責任を負うようになると、「所有権」が不明確で曖昧になる状況にぶつかることが確実にあります。こういった状況は、プロダクトマネージャーやリーダーがプロダクトもしくは組織の重要だと感じる部分の主導権を奪い合う、リスクの高い親権争いにすぐに発展することもあります。要するに、これらの争いは多くの巻き添え被害を伴い、表向きの勝者を含めて、誰にとってもほとんどうまくいきません。

あなたがすること

争点になっている仕事が、自分のチームのゴール、他のプロダクトマネージャーのチームのゴール、そして組織全体のゴールにどのように当てはまるのかをよく理解

することに努めてください。争点の仕事が自分のゴールより、他のプロダクトマネージャーのゴールにより近いかもしれませんが、時間をかけて調べなければわかるわけがありません。あなたの仕事はビジネスとユーザーのためのアウトカムを届けることで、プロダクトのなるべく多くを「所有」することではないことを忘れないでください。いちばん合理的な道に集中し、「あなたが持つか、私が持つか」という二元的な考え方の枠をなるべく早く超えようと努力してください。ビジネスゴールに対して最善を尽くすために、両チームがどのように協力できるのかを話し合うために、フォローアップの会話の機会を提案することを検討してください。そして、チームの連携に必要であれば定例ミーティングを提案してください。

パターンと避けるべき罠

そうですね。いいんじゃないですか（こっそりマネージャーに文句を言う）

その場では同意しているように見せかけて、そのあとすぐにマネージャーに文句を言うことは「私を信用してはいけません」と言っているようなものです。もし、他のプロダクトマネージャーが争点の仕事を進めるべきではないと思うのであれば、そのプロダクトマネージャーと直接解決する責任があります。本当に解決案にたどり着けないのであれば、争点の仕事がどのように会社全体のゴールと整合しているかの情報をより多く持っているであろう、上位のマネージャーに仲裁を相互に求めることができないか、もう 1 人のプロダクトマネージャーに提案することを検討しましょう。

そうですね。いいんじゃないですか（こっそり自分のチームで仕事を始める）

何度か、プロダクトマネージャーが表向きは自分たちから離れている仕事を始めるのを見たことがあります。自分たちのほうが早く、良い仕事ができたとしたら自分たちの正当性を主張できると考えているからです。これは重複した仕事を生み、信頼を損ない、一般的に状況を悪化させます。

そうですね。いいんじゃないですか（こっそりプロダクトマネージャーの悪口を人が聞こえるところで言う）

これはおそらくこのシナリオではいちばん一般的に現れるアンチパターンです。防御的な反応が引き起こされ、プロダクトへの殉教者精神が始まり、あっというまに、バーで（あるいは Slack でこっそりと）そのプロダクトマネージャーがいかに**大馬鹿**で**自分のことをおとしめようとしているのか**を語り始めます。4 章で話したように他のプロダクトマネージャーの意図はほとんど関係

ありません。実際に大馬鹿者なのかもしれませんし、すでにあふれているお皿から仕事を引き受けようとしてくれている愛すべき人かもしれません。自分が達成したいアウトカムに集中し、同僚について憶測や愚痴を言う衝動に抵抗しましょう。

いいえ、私のチームが対応すべきだと思います。ありがとうございます（他のプロダクトマネージャーは必然的にここで説明した 3 つのいずれかで反応する）

鴨狩りだ！ 兎狩りだ！ 鴨狩りだ！ 兎狩りだ！[1] プロダクトマネージャーとしてのあなたの仕事は、良い決定を促進することであり、明確なゴールがない状態で延々と堂々巡りすることではありません。プロダクトリーダーは、正式な肩書きに関係なく、自分自身の野望より、常にビジネスとユーザーのゴールを優先させます。

14.7.3　シナリオ 3

直属の部下：申し訳ないですが、マーケティング側のメンバーが、秋の大きなイベントの前にリリースを予定しているものに対して、完全に現実離れした期待を抱いているみたいなんです（**図 14-4**）。

実際に起こっていること

このような発言は、ちょっとした余談だったり重要な助けの要請だったりするので、もう少し掘り下げないと背景に何があるかを実際には理解できません。私自身、特に頭の痛い問題に対処せずに済ませられないかと、試しにマネージャーに言い訳をしてみたことが何度もあります。また、特に頭の痛い問題をマネージャーに提示し、解決する最善の方法を一緒に考えてもらうことを本当に望んでいることもあります。

あなたがすること

具体的にしましょう。直属の部下に、その期待が具体的に何なのか、何が現実離れしていて、そのズレがもたらす可能性のある問題について聞きましょう。マーケティング部門の適切な関係者との時間を設定し、**部下**（自分自身ではなく！）が直接これらの問題を解決できるよう手助けを提案します。そして、もしマーケティングの同僚と本当に解決策を見つけられなかった場合、会話を円滑に進めるために介入する意思

---

†1　訳注：ルーニー・テューンズによる短編アニメ作品『標的は誰だ』から。バッグス・バニー（ウサギのキャラクター）とダフィー・ダック（カモのキャラクター）がそれぞれの猟の解禁だと言い合うシーン。

図14-4　プロダクトリーダーの直属の部下がマーケティングの役立たずについて愚痴る

があることを伝えてください。ただし、会話を進めることと**引き継ぐこと**はまったく
違うことを念頭に置いておいてください。

パターンと避けるべき罠

笑。マーケティングって最悪だよね

プロダクトリーダーシップの立場に就くと、公式であれ非公式であれ、始めに
学ぶいちばん難しい教訓の1つは、かつてしていたように同僚について不平を
言えないことです（実際、かつてしていた同僚についての不平も言うべきでは
なかったと気づくかもしれません！）。これは直接マネジメントをしているメ
ンバーと話すときは特に当てはまります。

心配しないで大丈夫。私はチームを支えるし、チームがリリースしようとするものを守ります

組織の他からくる合理的でない現実離れした期待から直属の部下を守りたくなるかもしれませんが、この方法では、部下から仕事がうまくなる機会を奪います。対立を解決する方法を学ぶのは、プロダクトマネージャーにとってとても重要です。このような対立から直属の部下を守ることは本当の意味での親切心ではありません。

まあ聞いて。私たちはマーケティング主導の組織なんです。私たちの CEO はマーケティング出身です。そういうものなんです

プロダクト組織の階層を上がるにつれ、多くは疲労のため、「CEO」や「組織」や「経営陣」、あるいは「後期資本主義の社会的圧力」のせいにしたくなることがあります。これらはチームや組織にとって、実際に制約になるかもしれませんが、あなたの仕事は部下がこれらの制約を慎重に乗り越えるのを助けることであり、無力感や殉教者ぶりを見せることではありません。

笑。プロダクトマネージャーでいるのって最悪だよね

プロダクトマネジメントの厳しい仕事にいくらか共感することは良さそうです。しかし、この共感が実際のプロダクトマネジメントの厳しい仕事の代用品になることは決してありません。

14.8　まとめ：最高の自分へ踏み出す

あなたがプロダクトリーダーシップの正式な役割を手に入れようとしているかどうかに関係なく、プロダクトリーダーシップの教訓は、プロダクトのどんな役割であろうと、あなたが信頼を高め、より大きなアウトカムを引き出すのに役立ちます。ただし、プロダクトリーダーシップでは、おそらくあなたが最初に評価され、昇進するきっかけとなった対処機構[†2]や「物事を成し遂げる」行動のいくつかを諦めることがほぼ確実に求められることを覚えておいてください。以前のように自身の保身を乗り越え、自分の強みと弱み（最高のプロダクトリーダーでも両方あります！）を素直に見つめ直し、自分の実践を絶え間なく進化させる心構えを持ってください。

[†2]　訳注：原文では coping mechanisms。ストレスに対応するために意識的に行う行動のこと。

14.9 チェックリスト

- プロダクトリーダーを目指すすべての人は、あなたを含めて長所と短所があることを認識しましょう。学びも成長もいつも伸びしろがあります
- 昇進を追求するときは、その昇進がどのようにビジネスのゴール達成に役立つかを考えます。自分がそれに「値する」理由ではありません！
- リーダーの肩書きに昇進させる行動が、必ずしもリーダーになったあとも役に立つとは限らないことを認識しておき、そういった行動をいつでも捨てられる準備をしましょう
- 自分自身に課している基準はチームに課している基準であることを忘れないでください。夜に仕事から離れてほしければ、自分が夜に仕事から離れましょう。休暇を取ってほしければ、自分が休みましょう
- 圧倒されて疲弊したら、チームのゴールにどれだけ貢献しているかにもとづいて、自分がやっているすべてのことを優先順位順に積み上げたリストを作りましょう。作ったあとは、本来の業務時間内にできないことは委譲するかやめるかしましょう
- たとえ情報が制約的あるいは、マイクロマネジメント的であると感じたとしても、チームが適切な判断を下すために必要な情報を確実に得られるようにしましょう
- 部下やチームの重要なプロジェクトや成果物が、フィードバックを受けないまま長い時間放置されないようにしてください。9章で議論したように、未完成のドラフトを時間制限付きで共同作業しましょう
- 同じ会話を何度もしていることに気づいたときは、会話で自分が話す内容を共有ドキュメントとして客体化する機会を探しましょう
- 重要な質問や戦略的な質問がたくさん寄せられたときは、自分の自尊心をチェックしましょう。チームができるだけ自分たちでそれらの質問に答えるように組織化することが仕事の一部であることを忘れてはいけません
- プロダクトの特定部分を「所有」する縄張り争いを避け、ビジネスとユーザーに対して推し進めるアウトカムに集中してください
- 直属の部下からの不平不満を真剣に受け止め、チームが頭の痛い問題を解決するための余地と指針を提供することに最善を尽くしてください
- 本書の5章をプロダクトリーダーの視点で再読してください。5章で共有されている話や状況において、上位のステークホルダーはどのようにしたらもっと

効果的に働きかけられたでしょうか？

15章
良いときと悪いとき

モバイルアプリの代理店の BuildFire の調査（https://oreil.ly/YPTde）によると、2022 年初頭の時点で、Apple の App Store には 196 万のアプリがあり、Google Play ストアには 287 万のアプリがあったそうです。

また同社によると、スマートフォンのユーザーが 1 日に使うモバイルアプリは平均で 10 個、1 か月の平均は 30 個だそうです。

これは多くのプロダクトマネージャーをがっかりさせることでしょう。

私がこの統計を引用したのは諦めのためではなく、Apple、Netflix、Facebook、Google といった企業のように大成功するプロダクトを作れることはめったにないという期待値を設定するためです。優れたプロダクトマネージャーは、いつも失敗するプロダクトに取り組んでいます。「ベストプラクティス」、完璧な優先順位づけのフレームワーク、アジャイルの魔法の言葉のどれもプロダクトの成功を保証してくれません。

成功して地位を築いたプロダクトに取り組んでいるプロダクトマネージャーも、イライラするような問題に直面します。老舗企業では、リスクを避けるようになり、官僚主義や政治がはびこり、ときには明確なユーザー価値がある小さな変更を行うことすら難しいこともあります。数字上は正しい方向に向かっていても、そういうときほど、急激に変化するユーザーニーズを先取りすることがものすごく困難です。

プロダクトマネジメントは簡単な仕事ではありませんが、プロダクトマネジメントのプラクティスを使えば、みんなの仕事が簡単になります。プログラマーはコミュニケーションがうまくなり、マーケティング担当は技術的な仕事にワクワクするようになり、幹部は上位の戦略決定が戦術にもたらす影響を理解できるようになります。優れたプロダクトマネジメントは、良いときでも悪いときでも、じわじわ広がる対立構造やズレを学習、共有、コラボレーションの機会へと変えてくれるのです。

15.1　自動操縦の組織の心地よい静寂

　ほぼすべてのプロダクト組織、そして特に成熟したプロダクト組織では、チームが「自動操縦」モードに入る時間が長く続くのが普通です。これは、外部環境がとても良好で、数字はすべて正しい方向に進んでいて、誰もプレッシャーを感じていないのが理由であることもあれば、誰も数字に注意を払わなくなり、説明責任をほとんど持たず、監督もしないでプロダクトチームを運営しているのが理由であることもあります。そして、ときには、すべての適切な部品が適切な場所に配置されていて、よく手入れされたプロダクトマシンのように運営しているのが理由ということもあります。

　でも、この自動操縦モードにはかなりリスクがあります。チームに新しい挑戦や新鮮な視点がない状態が長く続くと、「今のやり方」が成功の唯一の道だと感じ始めることがあるのです。現状にそぐわない新しいアイデアは、骨抜きにされたり、はねつけられたりします。チームは閉鎖的になって、好奇心をなくし、重要な質問が放置され、重要な機会が失われます。

　チームが自動操縦のように感じたら、挑戦的なアイデアや別の説明を探すことが今まで以上に重要になります。たとえ数は多くなくてもプロダクトを使うのをやめたユーザーがいれば、その人たちと会話して、何が間違っていたのかを理解しましょう。競合のプロダクトを探して、基本的なユーザーニーズにどう対応しているのかを文書化しましょう。もしくは、6章で説明したように、ユーザーニーズが変わっているならペルソナを最新にしましょう。難しい質問をチームにするのもよいでしょう。進んでいる道が完全に間違いだとしたら？　あなたが経験している直線的な成長が、可能性のほんの一部だとしたら？　あなたがいちばん直接的に責任を負う仕事に対して、その根底を揺るがすような質問を投げかけることで、素直に好奇心を持つことの模範を示してください。

　最後に、これらの難しい質問を時間を区切ってプロトタイプを作成するといった実際の共同作業につなげてください（**図15-1**）。1週間で最初からプロダクトを作り直すとしたら？　既存のプロダクトは山のような思い込みや歴史的偶然のもとで作られていて、もはやビジネスやユーザーの役に立っていないとしたら？　全面的に考え直したプロダクトのプロトタイプを作ることで、これらの大きな疑問と、ユーザーに向けて疑問に答えるための小さなステップを結び付けられるようになります。

　このようなプロトタイプに取り組む方法のなかで私のお気に入りは、1時間の「プロダクト再発明」のセッションを行うことです。準備はとても簡単です。部門をまたいでステークホルダーを集め、ユーザーペルソナとユーザーが達成したいタスクを割

り当て、ユーザーがタスクを完了させるのに役立つプロダクトを**完全に再構築**する方法を示すデジタルか紙のプロトタイプを 5 分でまとめるのです。できあがったものはほぼ間違いなく、操作もシンプルで、やりたいことがスムーズにできる UX になっているでしょう。このようなシンプルな UX は、既存のプロダクトの複雑で機能満載な画面とは鮮やかな対照をなすことがよくあります。

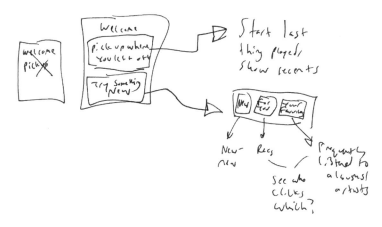

図15-1　ある有名な音楽ストリーミングサービスを想定した 5 分間のペーパープロトタイピングセッションの結果。雑ではあるが実際のもので、バツでの取り消し線やくねくねした矢印も含まれている。こんな雑で再現性の低いプロトタイプでも、ユーザーが好みそうな体験の種類について多くのことを教えてくれる

15.2　良いときは（必ずしも）簡単なときではない

このように急ぎの課題がなく、その結果自動操縦モードになっていることがプロダクト組織にとって本当に良い状況を表していないなら、いったい何がそれを表しているのでしょうか？ 以下では、あなたの仕事がチームや組織の健全性と成功に貢献していることを示す一般的な指標をいくつか紹介します。

対立をオープンに議論している

健全なプロダクト組織の特徴は、対立がないことではなく、むしろ防御的な態度を取ったり、エゴによって攻撃したり、受動的攻撃性のある形で暗に攻撃したりすることなく、オープンに対立に対処して解決する能力を持つことです。4 章で説明したように、意見の相違は集団で良い意思決定を下すための重要な

ツールです。

全員が自分たちのしている仕事に注力していると感じている

健全なプロダクト組織では、全員がチームのしている仕事に注力し、一緒に働くための仕事のやり方に関心を持っています。新しいプロダクトのアイデアやプロセス改善を提案して、肩をすくめられるようなら、プロダクトチームから完全で揺るぎないサポートを得られているとは言えません。多くの場合、無関心は反対よりももっと危険です。

新しい情報（や新しい人）を脅威ではなく、好機だと考えている

健全なプロダクト組織では、間違った道に進んでいるというシグナルから目をそらすことはありません。定量的目標が達成できなさそうということを共有するのに四半期のレビューまで待つこともありません。プロダクトマネジメントのCOREスキルにあるように、自分たちのミッションはユーザーの現実と組織の現実の橋渡しをすることであり、それに役立つなら、どんな情報でも人でもアイデアでも贈り物だと考えています。

　まとめると、プロダクトマネージャーとして本当にうまくいっているときというのは、必ずしも物事が簡単に運んでいるときではありません。また、必ずしも会社そのものがうまくいっているときでもありません（もちろん会社がうまくいっていればそれに越したことはありません）。プロダクトマネジメントがいちばんうまくいっているときというのは、新しい課題を積極的に探し、素直な気持ちで、好奇心を持ち、先入観なく取り組んでいるときです。

　このような時期がプロダクトのメジャーリリースや、新しい機能のリリースに向けた追い込みや、ここいちばんのプレッシャーのかかる状況と重なることが多いのは偶然ではありません。いちばんコラボレーションや適応力が必要で、新しいことにすばやく挑戦する気持ちがあるときこそが、プロダクトマネジメントが本当に輝くときなのです。それと同じだけのエネルギーと興奮を自分の仕事で日々持ち続けることが、本当の課題です。

15.3　世界の重荷を背負う

　キャリアの初期のころ、プロダクトマネージャーの仕事とは、「間違いが起きる前に、間違いになりそうな小さなことを考えることだ」とメンターに言われました。そ

れに対して私は、「それなら、何にせよ自分がまさにいつもやっていることなので、この仕事はぴったりですね」と返しました。

　世界の重荷を背負いこもうとする人にとって、プロダクトマネジメントは**ハマりすぎる仕事**です。プロダクトマネージャーをしていると、競合がリリースした新しいプロダクトから、同僚との個人的な意見の相違まで、自分が遭遇する問題はすべて自分が解決しなければいけないと感じがちです。組織が混乱していると、プロダクトマネジメントに対して常に厳しい要求があるものの、まるで無意味だと感じることもあります。これはまるで、大きな石を押して山を登るそばで、もっと重要な石が自分の横を転がり落ちていくようなものです。

　プロダクトマネージャーとしての自分の最悪な瞬間は、このように仕事のあまりの重さに管理不能と感じたときに起きました。私は善意の同僚の前でかんしゃくを起こし、シニアリーダーとのミーティングを飛び出し、怒られることを恐れてチームにとって重要な情報を隠しました。こうした悪いふるまいの大半は「このチームや会社が完全に崩壊するのを防げるのは自分だけ」という間違った考えによるものでした。

　こういうときは、プロダクトマネジメントの人やものをつなげる性質が、組織の不和を増幅してしまうことがあります。プロダクトマネージャーとして、あなたは組織の人をつなげる責任を持っています。あなたが直接的かつ継続的に介入せず、つながりが壊れて足並みがそろわなくなるほど、チームや組織と忘却のはざまに立つ唯一の存在だと感じ始めるようになります。このとき、あなたはあちこちに同時にいて、火消しをして、争いを解決しなければいけないと感じ始めることでしょう。友人や、ときには同僚に対しても、全部が混乱してるなんてどういうことだと文句を言うことでしょう。でも、これはあなたが扱うべき混乱であり、運営を続ける方法を考えられるのはあなたしかいません。

　悪いプロダクトマネージャーの典型に照らし合わせると、これは英雄のプロダクトマネージャーとプロダクト殉教者の中間です。チームや会社を救えるのは自分だけだと考え始めたら、危険な道に進んでいます。プロダクトの英雄崇拝と殉教という諸刃の剣に陥らないようにするために取れる手立てをいくつか紹介します。

自分のコントロール外のことをリスト化する

　巨大テック企業があなたのプロダクトと直接競合するものをリリースした？組織のシニアリーダーの2人がCEOの座をめぐって争っている？双方ともあなたの仕事に重大な影響を与えるかもしれないですが、別の会社のロードマップも他人の野望もコントロールできません。自分がコントロールできない

ことをリスト化して、全員のすべての問題を解決するのが自分の仕事なのではないことを忘れないようにしましょう。

重要なことを委譲する機会を探す

英雄崇拝と殉教のサイクルを打ち破る方法の1つは、本当に重要なことを同僚に委譲することです。組織的な機能不全からチームを守ろうとするのではなく、チームがステップアップして、共通の成功のために不可欠なことの責任を持ってもらうように求めるのです。重要なことを同僚に委譲するというのは、あなたが体験してきたのと同じ摩擦やストレスにその同僚が直面するかもしれないことを意味します。簡単ではありませんが、良いことではあります。自分だけが問題解決の能力と責任を持っていると感じるのではなく、グループとして課題に対処する機会になるでしょう。

チームをまとめるいつものルーティンや儀式に顔を出す

大変なときは、特に緊急性を認識していないものは、無視されがちです。対面かリモートでのチームの非公式の集まり、ざっくりしたブレインストーミングの会話、チームのショー＆テルのセッションといったものは、大変な状況になると、真っ先にカレンダーから消えるのが普通です。私もそうでしたが、ストレスを抱えたプロダクトマネージャーが1人減ったところで、チームは喜んで集まると思うかもしれません。でも、あなたが参加しないと、チームは「あなたにとってチームと過ごす時間はそれほど重要ではない」という強力で危険なメッセージを受け取ることになります。**同僚**は、チームにはもっと重要なことはないのかといぶかしがるかもしれません。

プロダクトマネージャーとしてできる最善のことの1つは、普通のこと、楽しいこと、いつものことをチームと一緒にやるための時間を守ることなのです。たとえとても困難な問題の最中でも、顔を見せて、その場にいて、余裕を持つことが重要だと見本を見せましょう。余裕があれば、いったん下がって、コミュニケーションし、つながることができるはずです。

15.4　世界最高の会社で働いていることを想像する

キャリアにおいては、「良いとき」と「悪いとき」が入り混じってぼやけて、グレーな「大丈夫なとき」に見えることが何度もあるでしょう。これは組織の現実的な制約に折り合いをつけているときです。何が可能で何が不可能なのかがかなりはっきりわ

かります。やりたいことを全部できるわけではありませんが、**十分に**できています。チームは正確には自動操縦ではなく、まだ戦わなければいけないこともあれば、乗り越えなければいけない課題もあります。でも、どの戦いが負けそうで、どの課題は克服できなさそうなのかははっきりわかっています。

　時間とともに、このような経験はリスクを避ける鎧のようになっていきます。悪い知らせに対して反応がよくないリーダーを見ると、月次のチェックインでがっかりさせるような数字を伝えるのはやめようと思うかもしれません。チームのエンジニアが反射的にユーザーインサイトを否定するなら、実装の詳細だけに集中させたほうが簡単だと思うかもしれません。組織の他のプロダクトマネージャーが、たくさんの役に立たない機能をリリースすることで報酬を得ているなら、チームがビジネスやユーザーに対して届けようとしているアウトカムにフォーカスしすぎてもほとんど意味がないと思うかもしれません。

　7章で説明したように組織の変えられない制約を認識して、それを踏まえて働くことは、多くの場合、ユーザーに届ける価値に集中するための賢い方法になります。でも、時間が経つにつれて、多くのプロダクトマネージャーは、その制約がもはや存在しなくなったとしても、そのままその制約を仕事に適用し続けます。たとえば、多くのプロダクトマネージャーが「悪い知らせ」を経営陣から隠し続けるのを見てきました。でも、そのような知らせに対して反応がよくないと評判のリーダーがいなくなっても変わらないままです。同じように、多くのプロダクトマネージャーが、この会社が「アウトカムに集中する」ようになることはないと主張するのを見てきました。でも、それは会社のリーダーがプロダクトマネージャーに対して今後数か月でチームが達成したいと考えているアウトカムを明確にするように求めるようになっても変わりません。

　しかし実際には、こうやって先回りして妥協してしまうと、チームが心理的安全性を確保する上で最大の問題になってしまいます。心理的安全性は、ハーバード大学の組織行動学者であるエイミー・エドモンドソンが、論文「Psychological Safety and Learning Behavior in Work Teams」（https://oreil.ly/oT4i2）のなかで「対人関係のリスクを取ってもチームは安全である、というチームメンバーが共有する信念」と説明している概念です。多くのプロダクトマネージャーが、心理的安全性の欠如について経営陣を非難しますが、**プロダクトマネージャー**が会社のリーダーに対してそういった思い込みを持っている、まさにそのせいで、チームは対人関係のリスクを取るのが安全ではないと思い込んでしまっているのです。チームの誰かが、直接関わったことのない会社のリーダーに対してもの申したいと強く思っているなら、その思い

に出所はあるはずで、それはほぼ間違いなくあなたでしょう。

このパターンを打ち破るためにプロダクトマネージャーやリーダーと行った思考実験があります。それが何を意味するかは置いておいて、自分が**世界最高の会社**で働いていることを想像するのです。今日はどんな行動をしますか？「リーダーが悪い知らせに対応できない」と思わないなら、何を伝えますか？「チームがユーザーインサイトに関心がない」と思わないなら、どうチームと関わりますか？「この会社は意味のない大量の新しい機能をリリースすることにしか興味がない」と思わないなら、あなたが取り組んでいるプロダクトの次の大きなステップとして何を提案しますか？

確かに、予想どおりの制約や限界にぶつかることもありますが、予想が外れて驚くこともあります。悪い知らせを扱えないと聞いていた会社のリーダーが実際には対応できるとわかったことが、過去には何度もあります。ズバッと直接伝えられるような悪い知らせの場合は特にそうでした。個人も、個人の集まりによって構成されるチームや組織も、絶対に変化できます。でもそのためには、変化に踏み出す機会を与えられなければいけません。周りの人たちが学習して成長できるように門戸を開いておくことは、プロダクトマネージャーとしてできるいちばん度量が広くて影響力の大きいことなのです。

15.5　まとめ：大変な仕事だがその価値はある

プロダクトリリースの興奮から組織的機能不全や惰性によるストレスまで、プロダクトマネジメントにはかなりの浮き沈みがつきものです。プロダクトマネジメントは、チームや組織で何が起こっていようと、その中心にいなければいけません。つまり、難しいことがたくさん起こっていれば、難しい仕事がたくさんあることになります。

だからこそ、プロダクトマネージャーが同僚の人生や経験に大きな良い影響を与えられるのです。あなたが中心にいるので、あなたが取る行動は影響が大きくなる可能性があります。あなたは、チームと組織のあいだの非公式な大使として、どのように相手とコミュニケーションし、相手に耳を傾け、時間と意見に感謝を示すのかを方向づけることができます。そして、波乱のときには、チームと会社のまさに最高のものを守る勇敢な守護神になることも選べるのです。

15.6 チェックリスト

- 組織やチームが自動操縦に陥らないように気をつけましょう。新しいアイデアや挑戦をいつも積極的にチームに持ち込んでください

- 急いで方向転換しなければいけないような明らかなプレッシャーがない場合でも、プロダクトの別の方向性を探るために時間を決めてプロトタイプを作ってみましょう

- 良いプロダクト組織とは、対立のない組織ではなく、対立を個人攻撃することなくオープンに扱う組織であることを忘れないでください

- プロダクトマネージャーとして最高でいちばん熱狂した瞬間のエネルギーや情熱を日々の仕事に持ち込むようにしましょう

- このチームや組織が崩壊するのを防げるのは自分だけだと思うようになったら、一歩引いてみましょう。自分のコントロール外のことをリスト化し、影響力のある仕事を同僚に委譲し、チームのいちばん価値あるルーティンや儀式を確実に守るようにしましょう

- あなたの役割の「中間」性は、大きな責任と素晴らしい大きな機会をもたらすことを理解してください。チームと組織の最高のものを守り、体現するために、全力を尽くしましょう

- 自分の過去の経験をチームや組織に関する未検証の思い込みへと硬化させないようにしましょう。うまくいくかどうか確実ではないことをやってみて、周りの人にあなたとともに学習して成長する機会を与えるようにしましょう

16章
どんなことでも

10年以上前、「プロダクトマネージャー」という肩書きさえあれば、権力と権威がついてくると考えていました。**マネージャー**という言葉は、何かの責任者であることを示しているようでした。**プロダクト**という言葉から、自分の担当は、プロダクト全体とプロダクト作りに関わる全員だと思っていました。誰もがやってみたくなる仕事ではないでしょうか？

けれど、真実からはかけ離れています。プロダクトマネージャーという肩書きには何もありません。公的な権威も、プロダクトの方向性、ビジョンの決定権限もありません。他の人の助けがなければ、意味のあることなど何もできないのです。パートナーシップと信頼によってプロダクトを導けるようになるには、いついかなるときでも信頼を築き続けなければいけません。そして、解消できない曖昧さ、減らせない複雑さだらけの役割をこなしつつ、信頼を築くための道筋を見つけださなければいけません。

プロダクトマネジメントのやり方を築いていくなかで、あなたは例外なく失敗します。まずい失敗、ひどい失敗、恥ずかしい失敗をするでしょう。単刀直入に言うべきところで、言い逃れをしてしまいます。辛抱しなければいけないときに、衝動的にやってしまいます。「ベストプラクティス」を字面どおりにやろうとして、思いがけないしっぺ返しを食らいます。失敗は、自分自身、自分のチーム、自分の組織に、実際に悪影響を及ぼします。自分の失敗を同僚に寛容にゆるしてもらって、あなたは謙虚になります。そのうちに、自分自身もだんだんゆるせるようになるでしょう。

ここに、プロダクトマネジメントの素晴らしさがあります。あなたがどんなに頭が良くても、プロダクトマネジメントをするには失敗することを学ばなければいけません。あなたがどんなにカリスマでも、プロダクトマネジメントをするには、言動を裏付ける行動が必要なことを学ばなければいけません。あなたの志がどんなに高くて

も、プロダクトマネジメントをするには、同僚をうやまい尊ぶことを学ばなければいけません。プロダクトマネジメントには完璧な職務記述書などありません。隠れるための薄っぺらい権限もありません。成功したいなら、良いコミュニケーター、良い同僚、そして良い人間になる必要があります。

　数年前、プロセス指向の金融サービス大企業向けにトレーニングをしていました。プロダクトマネージャーの日々の仕事について話したとき、最近雇われたプロダクトマネージャーが、自分の仕事が想定外に曖昧であることに不満を持っていました。「毎日会社に来て、毎日まったく違う仕事をしているんだ」と愚痴ったのです。部屋にいたプロダクトマネージャーの同僚たちは、笑顔でした。トレーニングが進むにつれて、彼も笑顔になりました。多くのプロダクトマネージャーがした質問が、彼からも出ました。「私は毎日いったい何をやったらいいんだ？」。自分でも知らないうちに、すでに答えを見つけていました。「どんなことでも」。

付録 A
プロダクトマネジメント実践の ための読書リスト

ここ数年、プロダクトマネージャーのための良質なコンテンツが急激に増えています。以下では、私のプロダクトマネジメントの実践のなかで、大きな影響を受けた本をそれがどう役立つかを添えて紹介します。あくまで書籍だけの紹介です。同じように役立つ記事、ニュースレター、Twitter アカウント、カンファレンスの動画は無数にあります。いつものように、人の意見に耳を傾け、あなたのネットワークで働くプロダクトマネージャーが最近何を読んでいるのか、ためらわずに聞いてみてください。

『**Escaping the Build Trap**』Melissa Perri（O'Reilly、2018）
邦訳『**プロダクトマネジメント —ビルドトラップを避け顧客に価値を届ける**』吉羽龍太郎（訳）、オライリー・ジャパン

- **対象読者**：なぜプロダクトマネジメントが重要なのか、プロダクトマネージャーはどのように組織に大きな価値をもたらすのかに関する概要がよくわかるものを探している人
- プロダクトマネジメントとはビジネスとユーザーのあいだの価値交換を進めることであるというペリの考え方は、この分野のなかでかなりお気に入りです。プロダクトマネジメントとそれがなぜ重要なのかを知りたい実践者や幹部にとって、素晴らしい出発点になります

『**INSPIRED, 2nd Edition**』Marty Cagan（Wiley、2018）
邦訳『**INSPIRED —熱狂させる製品を生み出すプロダクトマネジメント**』佐藤真治、関満徳（監修）、神月謙一（訳）、日本能率協会マネジメントセンター

- **対象読者**：モダンなプロダクトマネジメントに関する基礎となるテキスト

を探している人

- 同僚も、上司も、上司の上司もみんなこの本を読んでおり、あなたも読むべきです。この本にはたくさんの役立つ概念や構造化フレームワークが含まれていて、第 2 版は特に簡潔でわかりやすくなっています

『Strong Product People: A Complete Guide to Developing Great Product Managers』Petra Wille（2020）

- **対象読者**：プロダクトマネージャーやリーダーとして自分や他人の強みを理解し育むための網羅的なガイドを探している人
- この本には役立つアイデアがたくさん含まれていて、どこから始めればよいかわからないくらいです。ただ、ウィルによるプロダクトリーダーシップにおけるコーチングの役割の思慮に富んだ考察は、個人的に特に価値がありました。自分がキャリアを進めるときにプロダクトマネジメントの本を 1 冊だけ自由に使えるとしたら、この本がいいと思います

『Mindset: The New Psychology of Success』Carol S. Dweck（Random House、2006）
邦訳『マインドセット ―「やればできる！」の研究』今西康子（訳）、草思社

- **対象読者**：頑張りすぎの傾向を克服し、間違っていることを受け入れ、新しいことを学ぶ方法を探している人
- 本書の 3 章では、しなやかマインドセットを育てることがプロダクトマネージャーとしての成功のカギになると説明しました。この本によって、自分がどのようになぜ硬直マインドセットになっているのかを理解するのに役立ちました。また、自分が賢いと感じたり、達成感を得たりする瞬間が、チームや組織に大きな損害を与えている可能性があることを理解させてくれました

『Crucial Conversations, Third Edition』Joseph Grenny、Kerry Patterson、Ron McMillan、Al Switzler、Emily Gregory（McGraw-Hill Education、2021）

- **対象読者**：防御的になったり、黙ったり、びくびくすることなく難しい会話をするための戦略を探している人
- プロダクトマネジメントの仕事の大部分で、他人のコメントや質問に対する防御的で逆効果を招くような反応を抑えることが必要になります。この本はプロダクトマネージャーが陥りがちなよくあるコミュニケーションの罠を避けるための素晴らしいリソースです。また、個人的な文脈で難しい

会話を進めるときにも同じように役立ちます。対立に対処する方法の1つである「犠牲者の物語」という考えは、自分自身のプロダクト殉教者になりがちな傾向を理解し、それを克服するのに役立ちました

『The Trusted Advisor, 20th Anniversary Edition』David H. Maister、Charles H. Green、Robert M. Galford（Free Press、2021）

- **対象読者**：顧客やシニアステークホルダーと信頼関係を構築するための実行戦略を探している人
- この本は、自分が仕事ですぐにやってしまいがちな逆効果になる多くの行動について説明しています。この本を読んで以来、コンサルティングの仕事を提案するときに「最高の人材をアサインします」といったようなことは言わなくなりました

『Continuous Discovery Habits』Teresa Torres（Product Talk、2021）

- **対象読者**：すべてのプロダクトチームとその顧客との距離を縮めるための網羅的で実行可能なガイドを探している人
- テレサ・トーレスはプロダクトの世界に多大な貢献をしてきましたが、「最低限、週次で顧客との接点を……」から始まる継続的ディスカバリーの単純明快な定義は、チームや組織が顧客からの学習につながる仕事を実際に重要だと考えているかどうかを評価するための完璧で実用的な方法です

『Customers Included, Second Edition』Mark Hurst（Creative Good、2015）

- **対象読者**：プロダクトの開発プロセスになぜ、どのようにして顧客を巻き込むかを説明した説得力があって思慮に富んだガイドを探している人
- マーク・ハーストは人間とテクノロジーの関係に関する作家、思想家であり、私のお気に入りの1人です。この本はまれに見る良書で、要点を押さえていて、説得力がある実例が満載です

『Just Enough Research, Second Edition』Erika Hall（A Book Apart、2019）

- **対象読者**：ステークホルダーや競合、ユーザーについてリサーチを行うときの、わかりやすくて役に立つガイドを探している人
- この本は、具体的なリサーチのアプローチと、なぜどうやってリサーチを行うのかというざっくりしたガイダンスをとても良いバランスで提供しています。手軽な参考資料であり、読んでいて楽しく、正確で役に立ち、終始興味をそそります。何らかのリサーチを含むプロジェクトに取り組むと

きにはいつも手元に置いておき、具体的なテクニックを読んで、必要に応じて全体の進め方を調整しています

『The Scrum Field Guide: Agile Advice for Your First Year and Beyond, Second Edition』Mitch Lacey（Addison-Wesley Professional、2016）
初版邦訳『スクラム現場ガイド ―スクラムを始めてみたけどうまくいかない時に読む本』安井力、近藤寛喜、原田騎郎（訳）、マイナビ出版

- **対象読者**：アジャイルフレームワークに関する実践的なガイドを探している人
- プロダクトマネージャーのキャリアの初期に、アジャイルソフトウェア開発に関する多くの本を読みました。そのなかでもこの本がお気に入りでした。この本は、アジャイルの実践を始めたときに想定されるチームの反応を理解し、対処するのに特に役立ちました

『Radical Focus, Second Edition』Christina Wodtke（Cucina Media、2021）
初版邦訳『OKR（オーケーアール）―シリコンバレー式で大胆な目標を達成する方法』二木夢子（訳）、日経 BP

- **対象読者**：OKR のフレームワークの詳細や、組織全体のゴール設定についての新しい考え方を知りたい人
- OKR のフレームワークをさまざまな組織で取り入れて、度合いに差はあれど成功してきたなかで、OKR を物語形式で、説得力ある形で説明したこの本を見つけたことは喜ばしいことでした。OKR を導入するときにチームがやりそうなほぼすべての間違いを取り上げ、自分たちが設定したゴールに集中することで、そのゴールが、やるべきでないこと、作るべきでないものについての重要なガイダンスになると強調しています

『Lean Analytics』Alistair Croll、Benjamin Yoskovitz（O'Reilly、2013）
邦訳『Lean Analytics ―スタートアップのためのデータ解析と活用法』角征典（訳）、林千晶（解説）、オライリー・ジャパン

- **対象読者**：プロダクトやビジネスで実際に何が起こっているかを理解するのに分析がどう役立つかを説明した実用的なガイドを探している人
- リーンスタートアップシリーズには素晴らしい本がたくさんありますが、この本がいちばんお気に入りです。定量的な指標に過度に依存することに強い警戒心を持っている自分でも、組織の仕事のやり方を改善するために

なぜ、どのように分析を活用するのかを考える上で、とても役立ちました

**『The Advantage: Why Organizational Health Trumps Everything Else in Business』
Patrick Lencioni（Jossey-Bass、2012）
邦訳『ザ・アドバンテージ —なぜあの会社はブレないのか?』矢沢聖子（訳）、翔泳社**

- **対象読者**：組織の健全性と機能不全について理解を深めたい人
- 多くの人にこの本を1冊としてお勧めしています。というのも組織のよくある機能不全のパターンを他にないくらい明確かつ惜しみなく説明しているからです。この本を読んで、私のプロダクトマネージャーのキャリアのなかで遭遇した組織的機能不全の多くのパターンが、単に私の経験不足によるものではなく、実際に多くのところで起こっていることを理解するのに役立ちました

**『Good to Great』Jim Collins（HarperBusiness、2001）
邦訳『ビジョナリー・カンパニー 2 ―飛躍の法則』山岡洋一（訳）、日経 BP**

- **対象読者**：組織が大きな成果をあげる要因について綿密で科学的に分析したものを探している人
- この本は、なぜ他社が失敗しているのにある会社は成功したのか、その理由について徹底的に調べた本で、示唆に富んでいて、おもしろいガイドです。組織のリーダーについての素晴らしい教訓が含まれていて、いつ、なぜ、どのようにシニアリーダーに対して率直なフィードバックをするかを理解する上で重要だと思いました。続編の『ビジョナリー・カンパニー 3 衰退の五段階』も素晴らしいです

付録B
本書で引用した記事、動画、ニュースレター、ブログ記事

- 「Product Management for the Enterprise」(Blair Reeves) https://oreil.ly/i3Jk7
- 「Product Discovery Basics: Everything You Need to Know」(Teresa Torres) https://oreil.ly/iOYm4
- 「What, Exactly, Is a Product Manager?」(Martin Eriksson) https://oreil.ly/K6MZ3
- 「Interpreting the Product Venn Diagram with Matt LeMay and Martin Eriksson」https://oreil.ly/cBEds
- 「Leading Cross-Functional Teams」(Ken Norton) https://oreil.ly/BN9Ak
- 「Getting to 'Technical Enough' as a Product Manager」(Lulu Cheng) https://oreil.ly/9xWpa
- 「You Didn't Fail, Your Product Did」(Susana Lopes) https://oreil.ly/e6BdT
- 「Good Product Manager/Bad Product Manager」(Ben Horowitz) https://oreil.ly/z3688
- 「The Tools Don't Matter」(Ken Norton) https://oreil.ly/PUblu
- 「The Failure of Agile」(Andy Hunt) https://oreil.ly/HuwWb
- 「The Heart of Agile」(Alistair Cockburn) https://oreil.ly/sUyhQ
- 「Incomplete by Design and Designing for Incompleteness」(Raghu Garud、Sanjay Jain、Philipp Tuertscher) https://oreil.ly/JKMoH
- 「Why Happier Autonomous Teams Use One-Pagers」(John Cutler) https://oreil.ly/FFzbq
- 「One Page/One Hour」https://oreil.ly/nYQeP

- 「Making Advanced Analytics Work for You」(Dominic Barton、David Court) https://oreil.ly/RpgVO
- 「What Are Survival Metrics? How Do They Work?」(Adam Thomas) https://oreil.ly/p962F
- 「Opportunity Solution Trees: Visualize Your Thinking」(Teresa Torres) https://oreil.ly/du5IJ
- 「Don't Prove Value. Create It.」(Tim Casasola) https://oreil.ly/3dXpM
- 「The Truth about Customer Experience」(Alex Rawson、Ewan Duncan、Conor Jones) https://oreil.ly/mOo97
- 「People Systematically Overlook Subtractive Changes」(Gabrielle S. Adams、Benjamin A. Converse、Andrew H. Hales、Leidy E. Klotz) https://oreil.ly/X8QE8
- 「Empowered Product Teams」(Marty Cagan) https://oreil.ly/kOWUB

訳者あとがき

　本書は、Matt LeMay 著『Product Management in Practice: A Practical, Tactical Guide for Your First Day and Every Day After』(ISBN: 978-1098119737) の全訳です。原著の誤記や誤植などについては確認して一部修正しています。

　本書はすでに仕事として十分認知された感のあるプロダクトマネジメントに焦点を当てています。ところが、ある日突然「ビジネスアナリスト」「プロジェクトマネージャー」「プロダクトオーナー」の呼称が「プロダクトマネージャー」に変わってもわからない程度に、その職責は曖昧で日々変わり、仕事の内容も千差万別で、着任するなり手探りで自分なりのプロダクトマネージャーになっていく経験を積まざるを得ないという側面もあります。著者は多くのプロダクトマネージャーに取材し、唯一の正しい手法はないという確信に辿り着きました。各種フレームワークや方法論にしたがってそれらしいチャート作成や論理展開を行うような、一見正しい（そしてまた何もわかっていないエライ人にウケのいい！）プロダクトマネジメントを行うふりをするのはプロダクトマネジメントではありません。著者は、プロダクトに関わる人たちをどのようにつなぎ、そこで起こる日々の課題にどう対峙していくかについて、感情豊かに心得を伝えてくれます。さらに、取材したプロダクトマネージャーの実践例をコラムとして挟むことで、より具体的で共感できる仕立てにしてくれています。

　人やものをつないでいく仕事の根底にはアジャイルな考え方が必須です。著者まえがきでも述べられているように、新任のプロダクトマネージャーは「アジャイル開発宣言を暗記」して鼻息荒く臨むのですが、「アジャイルをやる」ことは本質を見失った態度と言わざるを得ません。本書は原著の第 2 版の翻訳です。初版と第 2 版のあいだには 4 年ちょっとの間が空いています。原著初版の翌年に著者は『Agile for Everybody: Creating Fast, Flexible, and Customer-First Organizations』を続けて上梓しました（拙訳で恐縮ですが、これは『みんなでアジャイル』として日本

語訳が出ています）。著者がプロダクトマネジメントについての本を書いて、次にアジャイルな組織全体のコラボレーションについての本を書いて、結果的にまたプロダクトマネジメントについて第2版にアップデートする必要性を感じたと妄想してどちらも読むと、さらに味わいは増すかもしれません。著者自身は第2版に向けたまえがきで「大きく変わったことはありません」と冗談めかして書いていますが、この数年の変化を受けて感じたことは「仕事にベストを尽くすことに集中すべきだった」という言葉に集約されているのではないでしょうか。

　本書がプロダクトマネージャーのみなさんの日々の実践に役立つことを願ってやみません。

謝辞

　大瀧隆太さん、小笠原晋也さん、大友聡之さん、光田光弘さん、小城久美子さん、小寺暁久さん、中村洋さん、二宮啓聡さん、納富隆裕さん、古橋明久さん、村上雅裕さん、森雄哉さん、山田悦朗さん、横道稔さん、和智右桂さんには翻訳レビューにご協力いただきました。みなさんのおかげで読みやすいものになったと思います。

　企画、編集は、オライリー・ジャパンの高恵子さんが担当されました。いつも手厚い支援をいただいていることに感謝いたします。

訳者を代表して

2023年9月

永瀬美穂

索 引

● 著者紹介

Matt LeMay（マット・ルメイ）

世界的に著名なプロダクトリーダー、著者、キーノートスピーカー。Sudden Compass という会社の共同創業者であり、パートナーも務めている。Sudden Compass はプロダクトリーダー、データアナリスト、ネットワークビルダーの専門家集団で、Spotify、Google、Intuit などの企業と仕事をしている。アーリーステージのスタートアップからフォーチュン 50 の企業に至るまでの幅広い企業で、プロダクトマネジメントのプラクティスを立ち上げ、拡大してきた。また、デジタルトランスフォーメーションとデータ戦略のワークショップを開発し、GE、American Express、Pfizer、McCann、Johnson & Johnson 向けに提供してきた。以前は、音楽スタートアップの Songza（Google が買収）のシニアプロダクトマネージャー、Bitly のコンシューマープロダクトの責任者を務めた。またミュージシャン、レコーディングエンジニアでもあり、シンガーソングライターのエリオット・スミスに関する書籍の著者でもある。妻のジョアンと一緒に、イギリスのロンドンに住んでいる。

● 訳者紹介

永瀬 美穂（ながせ みほ）

株式会社アトラクタ Founder 兼 CBO / アジャイルコーチ。

受託開発の現場でソフトウェアエンジニア、所属組織のマネージャーとしてアジャイルを導入し実践。アジャイル開発の導入支援、教育研修、コーチングをしながら、大学教育とコミュニティ活動にも力を入れている。認定スクラムプロフェッショナル（CSP）。東京都立産業技術大学院大学客員教授、琉球大学、筑波大学非常勤講師。一般社団法人スクラムギャザリング東京実行委員会理事。著書に『SCRUM BOOT CAMP THE BOOK』（翔泳社）、訳書に『チームトポロジー』（日本能率協会マネジメントセンター）、『エンジニアリングマネージャーのしごと』『スクラム実践者が知るべき 97 のこと』『みんなでアジャイル』『レガシーコードからの脱却』（オライリー・ジャパン）、『アジャイルコーチング』（オーム社）、『ジョイ・インク』（翔泳社）。

Twitter：@miholovesq　ブログ：https://miholovesq.hatenablog.com/

吉羽 龍太郎（よしば りゅうたろう）
株式会社アトラクタ Founder 兼 CTO / アジャイルコーチ。
アジャイル開発、DevOps、クラウドコンピューティングを中心としたコンサルティングやトレーニングに従事。野村総合研究所、Amazon Web Services などを経て現職。Scrum Alliance 認定スクラムトレーナー Regional（CST-R）、チームコーチ（CTC）。Microsoft MVP for Azure。著書に『SCRUM BOOT CAMP THE BOOK』（翔泳社）など、訳書に『チームトポロジー』（日本能率協会マネジメントセンター）、『エンジニアリングマネージャーのしごと』『スクラム実践者が知るべき 97 のこと』『プロダクトマネジメント』『みんなでアジャイル』『レガシーコードからの脱却』『カンバン仕事術』（オライリー・ジャパン）、『ジョイ・インク』（翔泳社）など多数。
Twitter：@ryuzee　ブログ：https://www.ryuzee.com/

原田 騎郎（はらだ きろう）
株式会社アトラクタ Founder 兼 CEO / アジャイルコーチ。
外資系消費財メーカーの研究開発を経て、2004 年よりスクラムを実践。ソフトウェアのユーザーの業務、ソフトウェア開発・運用の業務の両方をより楽に安全にする改善に取り組んでいる。認定スクラムトレーナー Regional（CST-R）。著書に、『A Scrum Book: The Spirit of the Game』（Pragmatic Bookshelf）。訳書に『チームトポロジー』（日本能率協会マネジメントセンター）、『エンジニアリングマネージャーのしごと』『スクラム実践者が知るべき 97 のこと』『みんなでアジャイル』『レガシーコードからの脱却』『カンバン仕事術』（オライリー・ジャパン）、『ジョイ・インク』（翔泳社）、『スクラム現場ガイド』（マイナビ出版）、『Software in 30 Days』（KADOKAWA/ アスキー・メディアワークス）。
Twitter：@haradakiro

高橋 一貴（たかはし かずよし）
株式会社アトラクタ アジャイルコーチ。株式会社 CareFran 共同創業者 / 取締役。
2008 年ころよりスクラムマスターとして活動。総合 Web サービス企業でのアジャイル推進、スタートアップでの IoT プロダクト開発、印刷 Web サービス企業での VPoE などを経て、現在はアジャイルコーチングおよび自身の事業の立ち上げを行う。認定スクラムプロフェッショナル（CSP）。訳書に『Fearless Change』『一人から始めるユーザーエクスペリエンス』（丸善出版）。
Twitter：@kappa4

プロダクトマネージャーのしごと　第2版
1日目から使える実践ガイド

2023 年 9 月 1 日　　初版第 1 刷発行
2024 年 4 月 12 日　　初版第 5 刷発行

著　　　　　者	Matt LeMay（マット・ルメイ）
訳　　　　　者	永瀬 美穂（ながせ みほ）、吉羽 龍太郎（よしば りゅうたろう）、 原田 騎郎（はらだ きろう）、高橋 一貴（たかはし かずよし）
発　行　人	ティム・オライリー
制　　　作	アリエッタ株式会社
印 刷 ・ 製 本	三美印刷株式会社
発　行　所	株式会社オライリー・ジャパン

〒 160-0002　東京都新宿区四谷坂町 12 番 22 号
Tel　（03）3356-5227
Fax　（03）3356-5263
電子メール　japan@oreilly.co.jp

発　売　元　　株式会社オーム社
〒 101-8460　東京都千代田区神田錦町 3-1
Tel　（03）3233-0641（代表）
Fax　（03）3233-3440

Printed in Japan（ISBN978-4-8144-0043-0）
乱丁、落丁の際はお取り替えいたします。